高等学校土木建筑专业应用型本科系列规划教材

流 体 力 学

（第 2 版）

主 编　方达宪

副主编　王艳华　王　伟

参 编　金　贤　肖建强　朱文瑾

东南大学出版社
·南京·

内 容 提 要

本书根据教育部高等学校水力学及流体力学课程指导小组对土木类、环境类课程的基本要求,为满足高等学校对应用型人才培养模式、培养目标和课程体系等要求,编写了本教材。

本书共分为 10 章:绪论,流体静力学,流体运动理论与动力学基础,流动阻力与能量损失,孔口、管嘴出流和有压管流,明渠流动,堰流,渗流,量纲分析和相似原理,可压缩气体的一元流动。

在编写过程中主要从流体力学课程的基础地位出发,考虑到与其他课程的联系。本书可作为应用型本科院校的土木工程、环境工程、建筑设备专业的教学用书,也可作为全国注册结构工程师流体力学考试参考书。

图书在版编目(CIP)数据

流体力学 / 方达宪主编. —2 版. —南京:东南
大学出版社,2018.1(2020.1重印)
　ISBN 978-7-5641-7539-9

　Ⅰ.①流…　Ⅱ.①方…　Ⅲ.①流体力学-高等学校-
教材　Ⅳ.①035

中国版本图书馆 CIP 数据核字(2017)第 323990 号

流体力学(第 2 版)

出版发行	东南大学出版社
出 版 人	江建中
责任编辑	史建农　戴坚敏
网　　址	http://www.seupress.com
电子邮箱	press@seupress.com
社　　址	南京市四牌楼 2 号
邮　　编	210096
经　　销	全国各地新华书店
印　　刷	大丰科星印刷有限责任公司
开　　本	787mm×1092mm　1/16
印　　张	16.25
字　　数	410 千字
版　　次	2018 年 1 月第 2 版
印　　次	2020 年 1 月第 2 次印刷
书　　号	ISBN 978-7-5641-7539-9
印　　数	3 001～5 000 册
定　　价	46.00 元

本社图书若有印装质量问题,请直接与营销部联系。电话(传真):025-83791830

高等学校土木建筑专业应用型本科系列
规划教材编审委员会

总 前 言

国家颁布的《国家中长期教育改革和发展规划纲要(2010—2020 年)》指出，要"适应国家和区域经济社会发展需要，不断优化高等教育结构，重点扩大应用型、复合型、技能型人才培养规模"；"学生适应社会和就业创业能力不强，创新型、实用型、复合型人才紧缺"。为了更好地适应我国高等教育的改革和发展，满足高等学校对应用型人才的培养模式、培养目标、教学内容和课程体系等的要求，东南大学出版社携手国内部分高等院校组建土木建筑专业应用型本科系列规划教材编审委员会。大家认为，目前适用于应用型人才培养的优秀教材还较少，大部分国家级教材对于培养应用型人才的院校来说起点偏高、难度偏大、内容偏多，且结合工程实践的内容往往偏少。因此，组织一批学术水平较高、实践能力较强、培养应用型人才的教学经验丰富的教师，编写出一套适用于应用型人才培养的教材是十分必要的，这将有力地促进应用型本科教学质量的提高。

经编审委员会商讨，对教材的编写达成如下共识：

一、体例要新颖活泼。学习和借鉴优秀教材特别是国外精品教材的写作思路、写作方法以及章节安排，摒弃传统工科教材知识点设置按部就班、理论讲解枯燥乏味的弊端，以清新活泼的风格抓住学生的兴趣点，让教材为学生所用，使学生对教材不会产生畏难情绪。

二、人文知识与科技知识渗透。在教材编写中参考一些人文历史和科技知识，进行一些浅显易懂的类比，使教材更具可读性，改变工科教材艰深古板的面貌。

三、以学生为本。在教材编写过程中，"注重学思结合，注重知行统一，注重因材施教"，充分考虑大学生人才就业市场的发展变化，努力站在学生的角度思考问题，考虑学生对教材的感受，考虑学生的学习动力，力求做到教材贴合学生实际，受教师和学生欢迎。同时，考虑到学生考取相关资格证书的需要，教材中还结合各类职业资格考试编写了相关习题。

四、理论讲解要简明扼要,文例突出应用。在编写过程中,紧扣"应用"两字创特色,紧紧围绕着应用型人才培养的主题,避免一些高深的理论及公式的推导,大力提倡白话文教材,文字表述清晰明了、一目了然,便于学生理解、接受,能激起学生的学习兴趣,提高学习效率。

五、突出先进性、现实性、实用性、可操作性。对于知识更新较快的学科,力求将最新最前沿的知识写进教材,并且对未来发展趋势用阅读材料的方式介绍给学生。同时,努力将教学改革最新成果体现在教材中,以学生就业所需的专业知识和操作技能为着眼点,在适度的基础知识与理论体系覆盖下,着重讲解应用型人才培养所需的知识点和关键点,突出实用性和可操作性。

六、强化案例式教学。在编写过程中,有机融入最新的实例资料以及操作性较强的案例素材,并对这些素材资料进行有效的案例分析,提高教材的可读性和实用性,为教师案例教学提供便利。

七、重视实践环节。编写中力求优化知识结构,丰富社会实践,强化能力培养,着力提高学生的学习能力、实践能力、创新能力,注重实践操作的训练,通过实际训练加深对理论知识的理解。在实用性和技巧性强的章节中,设计相关的实践操作案例和练习题。

在教材编写过程中,由于编写者的水平和知识局限,难免存在缺陷与不足,恳请各位读者给予批评斧正,以便教材编审委员会重新审定,再版时进一步提升教材的质量。本套教材以"应用型"定位为出发点,适用于高等院校土木建筑、工程管理等相关专业,高校独立学院、民办院校以及成人教育和网络教育均可使用,也可作为相关专业人士的参考资料。

高等学校土木建筑专业应用型
本科系列规划教材编审委员会

前　言

为推动教材建设,满足高等学校对应用型人才培养模式、培养目标和课程体系等要求,由东南大学出版社组织编写了此教材。

本书根据教育部高等学校水力学及流体力学课程指导小组对土木类、环境类课程的基本要求,主要从流体力学课程的基础地位出发,考虑到与其他课程的联系,在编写时以土木工程为主,兼顾环境工程、建筑设备工程技术等专业的要求选择教材内容,并且覆盖了注册结构工程师流体力学考试大纲的全部内容。

根据土力学、基础工程等课程的要求,在渗流中增加了流网的相关知识;考虑建筑设备工程技术和环境工程专业的要求,适当增加了管网、水泵和一元气体流动的内容。因此,在选择本教材时,考虑到专业、各院校的定位、培养目标的差异和学时数的不同,各专业主讲教师在具体教学中可根据各院校的不同情况,对某些章节有所取舍。

本书共分为10章,主要内容包括绪论,流体静力学,流体运动理论与动力学基础,流动阻力与能量损失,孔口、管嘴出流和有压管流,明渠流动,堰流,渗流,量纲分析和相似原理,可压缩气体的一元流动。其中第1章、第3章由安徽新华学院方达宪、王艳华编写,第2章由金肯学院金贤编写,第4章、第8章由安徽新华学院王艳华编写,第5章、第7章和第10章由南京工程学院王伟编写,第6章由南京工程学院肖建强编写,第9章由淮海工学院朱文瑾编写。全书由王艳华统稿。

在本书编写过程中,浙江大学毛根海教授提出了许多宝贵的意见,在此表示感谢。

由于时间紧迫,加之编者学识所限,尽管作了很大努力,但书中难免有疏漏和不足之处,恳请读者批评指正。

编　者

2011 年 5 月

第 2 版前言

本书在保持前版体系风格的基础上,参照教育部高等学校工科力学课程教学指导委员会流体力学及水力学课程教学指导小组审定的《流体力学(水力学)课程教学基本要求(A 类)》,同时满足应用型本科高校对人才培养模式、培养目标和课程体系等要求,吸收了前一版教材在使用过程中各校教师的意见及建议修订出版。

修订版逐一校订第 1 版中引用的实验资料数据,纠正文、图、符号中的差错,进行文字再加工,增加了课后思考题和习题答案,并提供了完整的解题过程。

土木工程专业是宽口径专业,各校流体力学课程的教学内容和教学时数有较大差别,其理论教学时数多在 30～60 学时之间,教师可根据具体学时数,不需改动章节顺序,对某些章节内容进行删减,完成教学。

修订工作得到了东南大学出版社的大力支持,一些兄弟院校在原书使用过程中提出了许多宝贵的意见和建议,在此致以衷心的感谢。

由于编者学识所限,书中难免有疏漏差错之处,敬请读者批评指正。

本书配有教学课件,以方便教师教学。

作者

2017 年 10 月

目　　录

1 绪 论

1.1 流体力学的任务和研究对象

流体力学(fluid mechanics)是研究流体(fluid)的平衡和机械运动规律及应用这些规律解决实际问题的实用技术科学,是应用力学的一个重要分支。流体力学研究的对象是流体,它包括液体和气体。

自然界的物质一般有三种存在形式:固体、液体和气体。液体和气体统称为流体。宏观的看,固体具有一定的体积和形状,不易变形;液体有一定的体积,不易压缩,形状随容器形状而变,可有自由表面;气体容易压缩,充满整个容器,没有自由表面。从力学分析的意义上看,流体和固体的主要区别在于它们对外力的抵抗能力不同。固体由于其分子间距很小,内聚力很大,所以能保持固定的形状和体积,既能承受压力,也能承受拉力,抵抗拉伸变形;而流体由于分子间距离较大,内聚力小,只能承受压力,几乎不能承受拉力和抵抗拉伸变形;在任何微小切应力作用下,流体很容易发生变形和流动,如微风吹过平静的池水,水面因受气流的摩擦力作用而波动。

流体的基本体征是具有流动性。

当对流体施加剪切外力时,无论此外力如何之小,它总会发生变形,并且将不断地继续变形下去。这种不断继续变形的运动,称为流动。流体的这种在微小剪切力作用下,连续变形的特性,称为流动性。所以,流体就是在剪切外力作用下会发生流动的物体,它不能在承受剪力的同时,使自己保持静止状态。

流体力学研究的基本规律主要由两部分组成,即流体静力学和流体动力学。流体静力学是关于流体平衡的规律,它研究流体处于静止(或相对静止)状态时,作用于流体上各种力之间的关系,如流体间的相互作用力、流体对固体表面的作用力等;流体动力学是关于流体运动的规律,它研究流体运动时,作用于流体上的力和运动之间的关系,即流体运动特性和能量转换等,如管流、明渠流动、堰流、孔口管嘴出流、渗流问题等。

流体力学所研究的问题,都属流体运动的范畴,客观外界存在的流体(特别是水),无论是自然界还是工程中,大多处于运动状态。所以流体力学的大部分内容是讨论流体动力学问题。

流体力学在研究流体平衡和机械运动规律时,要应用物理学及理论力学中有关物体平衡和运动规律的原理,如力学平衡定理、动能定理、动量定理。因为流体在平衡和运动状态下同样要遵循自然界中这些普遍原理,所以说,物理学和理论力学的知识是学习流体力学的必要基础。

1.2 流体力学发展简史及在相关工程中的应用

1.2.1 流体力学的发展简史

流体力学的发展和其他学科一样,依赖于生产实践和科学实验,并受科学发展和社会因素的制约。人类在除水患和兴水利的长期实践中积累了许多有关水流运动规律的知识。

相传我国远古时期就有大禹治水,在秦代公元前 256~公元前 210 年兴建了都江堰、郑国渠、灵渠三大水利工程,其中郑国在陕西泾河上开凿的郑国渠,灌溉泾阳、三原等六县 20 余万亩农田;尤其是四川省灌县岷江上的都江堰,具有灌溉、分洪、航运的综合效益,并且通过都江堰工程所总结的"深淘滩、低作堰",反映了当时人们对明渠水流和堰流有了一定的认识。

公元前 485 年开始修建,隋朝最后完成的从杭州到北京的大运河长达 1 782 km,大大改善了我国南北运输条件,特别是在运河上大量使用船闸,表明了我国劳动人民的高度智慧。

公元 1363 年制造的铜壶滴漏,是利用孔口出流使容器水位变化来计时的工具(即水位随时间变化的规律而制成的)。此外,我国人民很早就能利用水流的冲力带动水碓、水磨和水排等水力机械为生活、生产服务。

世界公认最早的水力学理论是公元前 250 年左右希腊的阿基米德(Archimedes)论述的液体浮力和浮体的定律,奠定了流体静力学的基础。

16 世纪以后,欧洲的封建社会制度逐渐瓦解,资本主义处于上升阶段,工农业生产有了很大的发展,对于流体平衡与运动规律的认识才随之有所提高。如 1650 年帕斯卡(B. Pascal)发现的液体压强传递规律,1686 年牛顿(I. Newton)所建立的牛顿内摩擦定律等。但总体来说,还没有形成流体运动的系统理论。

公元 18 世纪之后,流体力学得到了较快的发展,流体运动的规律沿着两条途径建立了流体运动的系统理论。

其一,用数学分析的方法进行比较严格的推导,建立流体运动的基本方程,包括伯努利方程、欧拉方程等,但是由于这些纯理论的推导所作的某些假定(如忽略了流体的黏性),计算结果与实验不尽相符。

其二,从大量实验和实际观测资料,并根据简化后的一维方程数学分析,建立各运动要素之间的定量关系。

如 1732 年皮托(H. Pitot)发明了量测流速的皮托管;

1769 年谢才(A. Chézy)建立了计算均匀流动的谢才公式;

1856 年达西(H. Darcy)揭示了线性渗流的达西定律。

从 19 世纪末起,理论分析方法和实验分析方法相结合,形成了理论和实践并重的现代流体力学。20 世纪 60 年代以后,由于计算机的发展和普及,流体力学的应用更是日益广泛。

1821—1845 年,纳维叶(C. L. M. H. Navier)和斯托克斯(G. G. Stokes)等人成功地修正了理想流体的运动方程,添加了黏性项,使之成为适用于实际流体(黏性流体)运动的纳维叶-斯托克斯方程。

1883 年雷诺(O. Reynolds)发展了关于层流、紊流两种流态的系列试验结果,提出了动力相似体,后又于 1895 年导出了紊流运动的雷诺方程。

1904 年法国人普朗特(L. Prandtl)提出了边界层概念,创立了边界层理论。

20 世纪以来,随着航空技术的发展,以及大型水利工程、环境工程的需要,流体力学得到了空前的发展。近年来,由于科学技术的飞速发展,流体力学与其他学科相互渗透,形成了一系列边缘学科。航空和航天技术飞速发展带来了高速空气动力学的辉煌成就;而近期生物工程和生命科学的崛起,又正孕育和推动着生物流体力学的突飞猛进。此外,海洋、环境、能源等新兴科学领域也都不断地向流体力学提出了新的研究任务。

1.2.2 流体力学在土木工程中的应用

流体力学在许多工业部门中都有着广泛的应用,在航空工业、造船工业、电力工业、机械工业、化学工业、水利工程、交通运输等都遇到不少流体力学问题,所以说流体力学在所有的工业部门中都有着广泛的应用。

在我们的日常生活和工农业生产部门,都离不开水,在许多与水有关的工程中,几乎都存在着构筑物存水、管渠的输水问题。例如城市的生活用水和工业用水、水力发电、农田灌溉、航运交通、土木建筑、环境保护、供热通风、石油化工、采矿冶金、动力机械等都要碰到大量与流体运动规律有关的问题,而要解决这些问题又必须具备流体力学知识。

譬如进水管路的布置,水管直径和水塔高度的设计,水泵的容量和井的产水量的计算,桥涵孔径的设计,站场路基排水的设计,隧洞的通水和排水的设计等。

如果不具备流体力学知识,就无法进行这方面的设计和计算,若没有真正掌握流体力学知识,那么在选择构筑物的形式或对构筑物的设计会不恰当,不是造成工程投资和管理费用的增大,就是达不到供需要求,甚至造成构筑物的破坏。

流体力学广泛应用于土木工程的各个领域。

(1)在建筑工程中的应用。如解决风对高耸建筑物的荷载作用和风振问题、基坑排水、地下水渗透、水下与地下建筑物的受力分析、围堰修建、海洋平台在水中的受力和抵抗外界扰动的稳定性等。

(2)在市政工程中的应用。如桥涵孔径设计、给水排水、管网计算、泵站和水塔的设计等。特别是在给水排水工程中,取水、水处理、输配水等更是离不开流体力学的知识。

(3)在城市防洪工程中的应用。如河道的过流能力,堤、坝的作用力与渗流问题,防洪闸堤的过流能力等。

(4)在建筑环境与设备工程中的应用。如供热、通风与空调设计和设备选用等。

(5)在水利工程中的应用。水利工程对流体力学的需求更广、更深,仅有本课程这一门大土木公共专业基础课是不够的,还必须学习工程水力学课程,以满足专业的要求。

事实上,目前很难找到与流体力学无关的专业和学科。流体力学已广泛应用于各个领域。

1.3 流体的主要物理力学性质

研究流体机械运动的规律,当然离不开外力的作用,更应了解流体的物理力学性质,外因是通过内因起作用的。因此,首先介绍一下和机械运动有关的流体的主要物理力学性质。

1.3.1 惯性

任何物质都有惯性,惯性是物体保持原有状态的特性。物体运动状态的任何改变,都必须克服惯性作用。质量是惯性大小的度量,质量越大,惯性越大。当流体受到外力作用使运动状态发生改变时,流体就要产生反抗其改变的反作用力,即惯性力。

设物体的质量为 m,加速度为 a,则惯性力为

$$\vec{F} = -m\vec{a} \tag{1-1}$$

单位体积的质量称为密度,以 ρ 表示,单位 kg/m^3。

若某一质量为 m,其体积为 V 的均质流体,其密度为

$$\rho = \frac{m}{V} \tag{1-2}$$

对于非均质流体,各点的 ρ 不同,要确定空间某点流体的 ρ,可在包含该点的周围取一微元体积 ΔV,若它的质量为 Δm,则该点的密度为

$$\rho = \lim_{\Delta V \to 0} \frac{\Delta m}{\Delta V} = \frac{dm}{dV} \tag{1-3}$$

流体的密度随温度和压强的变化而变化,在一个标准大气压下,不同温度下水和空气的密度可见表1-1。

表1-1　在一个标准大气压时不同温度下水和空气的密度　　　　　(kg/m^3)

温度(℃)	水	空 气	温度(℃)	水	空 气
0	999.9	1.293	40	992.2	1.128
5	1 000	1.270	50	988.1	1.093
10	999.7	1.248	60	983.2	1.06
15	999.1	1.226	70	977.8	1.029
20	998.2	1.205	80	971.8	1
25	997.1	1.185	90	965.3	0.973
30	995.7	1.165	100	958.4	0.947

液体的密度随温度和压强的变化很小,在绝大多数实际工程流体力学问题中均视为常数,计算时一般采用 $\rho_{水} = 1\,000\ kg/m^3$,$\rho_{汞} = 13\,600\ kg/m^3$。气体的密度随温度和压强的变化而变化,一个标准大气压条件下,0℃ 空气的密度为 $\rho_{空气} = 1.29\ kg/m^3$。

1.3.2　万有引力特性

任何物体之间都具有互相吸引的性质,其吸引力称为万有引力。

在流体运动中,一般只需考虑地球对流体的引力,这个引力就是重力,重力的大小称为重量,用符号 G 来表示。在研究流体所受的作用力时,重力常是一个很重要的力。重量的单位是 N 或 kN,$1\ N = 1\ kg \cdot m/s^2$。重量 G 与质量 m、重力加速度 g 的关系是

$$G = mg \tag{1-4}$$

1.3.3 黏性

黏性是流体固有的物理属性。

前面已经提到,与固体不同,流体具有流动性,静止时不能承受任何微小的切应力及抵抗剪切变形。但当流体处在运动状态时,若流体质点之间存在着相对运动,则质点间要产生内摩擦力抵抗其相对运动,这种性质称为黏性(也称黏滞性)。也就是说,流体内部质点或流层间因相对运动而产生内摩擦力以抵抗剪切变形,这种性质称为黏性,此内摩擦力称为黏滞力。

1) 黏性表象

为了理解流体的黏性,如图 1-1,水沿固定平面壁做平面直线运动,紧靠固体壁面的第一层水层黏在壁面上不动,第一层通过摩擦作用影响第二层的流速,第二层又通过摩擦(黏性力)作用影响第三层流速,依此类推。

从图 1-1 中可看出,离开壁面的距离越大,壁面对流速的影响越小,于是近壁面的流速小、而远离壁面的流速大。若固体边界 y 处的流速为 u,在相邻的 $y+\mathrm{d}y$ 处的流速应为 $u+\mathrm{d}u$。

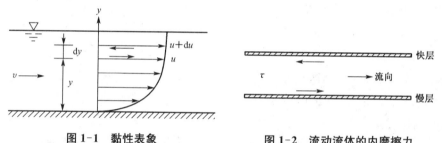

图 1-1 黏性表象   图 1-2 流动流体的内摩擦力

由于各流层的 u 不同,它们之间就有相对运动,上层流得快,它就要拖动下一层,而下一层流得较慢,就要阻止上面一层,于是两层之间就产生内摩擦力,如图 1-2 所示。快层对慢层的内摩擦力要使慢层快一些,而慢层对快层的内摩擦力要使快层慢一些,这就是黏性的表象。因此黏性就是流体的内摩擦特性。

应该指出,黏性对流体运动的影响极为重要。由于运动流体内部存在内摩擦力,于是流体在运动过程中为克服内摩擦力就要不断消耗能量,所以说黏性是引起流体能量损失的根源,因此在分析和研究流体运动中流体的黏性占有很重要的地位。

2) 牛顿内摩擦定律

1687 年,牛顿(I. Newton,1642—1727)在其所著的《自然哲学的数学原理》中提出,并经后人验证:流体的内摩擦力 T 与流体的性质有关,与速度梯度 $\dfrac{\mathrm{d}u}{\mathrm{d}y}$ 成正比,与流层的接触面积 A 成正比,与接触面上的压力无关,即

$$T = \mu A \frac{\mathrm{d}u}{\mathrm{d}y} \tag{1-5}$$

以应力表示为

$$\tau = \mu \frac{\mathrm{d}u}{\mathrm{d}y} \tag{1-6}$$

式(1-5)、式(1-6)称为牛顿内摩擦定律。

式中流速梯度 $\dfrac{\mathrm{d}u}{\mathrm{d}y}$ 为速度在流层法线方向的变化率。为进一步说明其物理意义,在距离为 $\mathrm{d}y$ 的上、下两流层间取矩形流体微团,这里的微团即质点,只是在考虑尺度效应(旋转、变形)时,习惯称为微团。如图 1-3 所示。

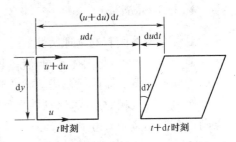

图 1-3 流体质点的剪切变形速率

因微团上、下层的速度相差 $\mathrm{d}u$,经时间 $\mathrm{d}t$,微团除位移外,还有剪切变形 $\mathrm{d}\gamma$。由于 $\mathrm{d}t$ 很小,$\mathrm{d}\gamma$ 也很小,所以有

$$\mathrm{d}\gamma \approx \tan(\mathrm{d}\gamma) = \frac{\mathrm{d}u\,\mathrm{d}t}{\mathrm{d}y}$$

$$\frac{\mathrm{d}u}{\mathrm{d}y} = \frac{\mathrm{d}\gamma}{\mathrm{d}t} \tag{1-7}$$

因此,牛顿内摩擦定律又可写成

$$\tau = \mu \frac{\mathrm{d}\gamma}{\mathrm{d}t} \tag{1-8}$$

比例系数 μ 称为动力黏性系数,简称黏度,单位为 N・s/m² 或帕斯卡・秒(Pa・s)。动力黏性系数是流体黏性大小的度量,μ 值越大,流体越黏,流动性越差。

3)流体的黏度

流体的性质对摩擦力的影响是通过动力黏度 μ 来反映的,黏性大的流体 μ 大,黏性小的流体 μ 小。

流体的黏度随流体种类的不同而不同,一般在相同条件下液体的黏度要大于气体黏度,并随温度和压强的变化而变化。但随压强变化甚小,通常可以忽略,而对温度变化较为敏感。并且对于液体和气体的黏度随温度变化规律是不同的,其中液体的 μ 值随温度的升高而减小,而气体 μ 值随温度升高而增大。这是由于液体分子间距较小,相互吸引力及内聚力较大,内聚力是产生黏度的主要原因。随着温度升高,分子间距增大,内聚力减小,从而使液体黏度减小。气体分子间距大,内聚力很小,黏度主要是气体分子动量交换的结果。温度升高时,气体分子运动加快,分子的动量交换速率加剧,切应力随之增加,黏度增加。

在分析黏性流体的运动规律时,会经常同时出现 μ 和 ρ 的比值,因此在实际计算中,人们常用运动黏度 υ 来表示,运动黏度系数的单位用 m²/s 或斯托克斯(St)表示。

$$\upsilon = \frac{\mu}{\rho} \tag{1-9}$$

在实际计算中,可查阅有关手册中各种流体的黏温曲线,或用经验公式计算。水和空气在常压下不同温度时的黏度见表 1-2 和表 1-3。

对于水,υ 可按下列经验公式计算:

$$\upsilon = \frac{0.017\,75 \times 10^{-4}}{1 + 0.033\,7\,t + 0.000\,221\,t^2} \tag{1-10}$$

式中：t——水温(℃)。

表 1-2　水的黏度

T(℃)	μ (10^{-3}Pa·s)	υ (10^{-6}m²/s)	T(℃)	μ (10^{-3}Pa·s)	υ (10^{-6}m²/s)
0	1.792	1.792	40	0.656	0.661
5	1.519	1.519	45	0.599	0.605
10	1.308	1.308	50	0.549	0.556
15	1.140	1.140	60	0.469	0.477
20	1.005	1.007	70	0.406	0.415
25	0.894	0.897	80	0.357	0.367
30	0.801	0.804	90	0.317	0.328
35	0.723	0.727	100	0.284	0.296

表 1-3　一个大气压下空气的黏度

T(℃)	μ (10^{-3}Pa·s)	υ (10^{-6}m²/s)	T(℃)	μ (10^{-3}Pa·s)	υ (10^{-6}m²/s)
0	0.017 2	13.7	90	0.021 6	22.9
10	0.017 8	14.7	100	0.021 8	23.6
20	0.018 3	15.7	120	0.022 8	26.2
30	0.018 7	16.6	140	0.023 6	28.5
40	0.019 2	17.6	160	0.024 2	30.6
50	0.019 6	18.6	180	0.025 1	33.2
60	0.020 1	19.6	200	0.025 9	35.8
70	0.020 4	20.5	250	0.028 0	42.8
80	0.021 0	21.7	300	0.029 8	49.9

【例 1-1】　一平板在油面上做水平运动(如图 1-4 所示)，已知平板的速度为 $u=400$ mm/s，油层的厚度 $\delta=0.5$ mm，油的动力黏度 $\mu=0.1$ Pa·s，求作用在平板单位面积上的黏性阻力。

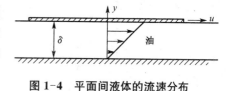

图 1-4　平面间液体的流速分布

【解】　由题意可知：

直接与平板接触的油层附在平板上，随平板一起运动，与之相邻的下面油层，作用在该层上的切应力(方向与平板运动方向相反)等于作用在平板单位面积上的黏性阻力。

由牛顿内摩擦定律，可知 $\tau = \mu \dfrac{\mathrm{d}u}{\mathrm{d}y}$。若油层内流速按直线分布($\delta$ 很小，可近似为直线分布)，$\dfrac{\mathrm{d}u}{\mathrm{d}y}=\dfrac{u}{\delta}$，故

$$\tau = \mu \frac{u}{\delta} = \frac{0.1\,\text{Pa·s} \times 400\,\text{mm/s}}{0.5\,\text{mm}} = 80\,\text{N/m}^2$$

【例 1-2】　旋转圆筒黏度计，外筒固定，内筒由同步电机带动旋转。内外筒间充入实验

液体(图 1-5)。已知内筒半径 $r_1 = 19.3\,\text{mm}$,外筒半径 $r_2 = 20\,\text{mm}$,内筒高 $h = 70\,\text{mm}$。实验测得内筒转速 $n = 10\,\text{r/min}$,转轴上扭矩 $M = 0.004\,5\,\text{N·m}$。试求该实验液体的黏度。

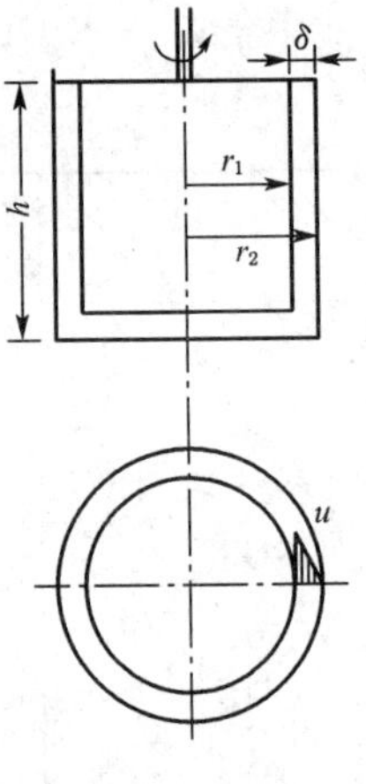

【解】 充入内外筒间隙的实验液体,在内筒带动下做圆周运动。因间隙很小,速度近似直线分布,不计内筒端面的影响,内筒壁的切应力为

$$\tau = \mu \frac{\mathrm{d}u}{\mathrm{d}y} = \mu \frac{\omega r_1}{\delta}$$

式中

$$\omega = \frac{2\pi n}{60}, \quad \delta = r_2 - r_1$$

扭矩

$$M = \tau A r_1 = \tau \times 2\pi r_1 h \times r_1$$

解得

$$\mu = \frac{15 M \delta}{\pi^2 r_1^3 h n} = \frac{15 \times 0.004\,5\,\text{N·m} \times (20 \times 10^{-3}\,\text{m} - 19.3 \times 10^{-3}\,\text{m})}{3.14^2 \times (19.3 \times 10^{-3}\,\text{m})^3 \times 70 \times 10^{-3}\,\text{m} \times 10\,\text{r/min}} = 0.952\,\text{Pa·s}$$

图 1-5 旋转黏度计

1.3.4 压缩性与膨胀性

流体不能承受拉力,但可承受压力,在密闭容器内流体表面上用活塞加压,流体就受到压力,受压后的流体体积 V 要缩小,密度 ρ 要加大,除去外力后能恢复原状。流体的压缩性是流体受压,体积缩小,密度增大,除去外力后能恢复原状的性质。流体的膨胀性是指流体受热,体积膨胀,密度减小,温度下降后能恢复原状的性质。

液体和气体虽属流体,但其压缩性和膨胀性大不一样,下面分别说明。

1) 液体的压缩性和膨胀性

液体的压缩性用压缩系数来表示,它表示在一定的温度下,压强增大 1 个单位,体积的相对缩小率。某液体在压强为 p 的情况下,其体积为 V,当压强增加 $\mathrm{d}p$ 后,体积将缩小 $\mathrm{d}V$,压缩系数为

$$\kappa = -\frac{\dfrac{\mathrm{d}V}{V}}{\mathrm{d}p} = -\frac{1}{V}\frac{\mathrm{d}V}{\mathrm{d}p} \tag{1-11}$$

κ 的单位是压强单位的倒数,即 Pa^{-1},式中的负值考虑液体受压 p 增大,V 减小,其值为负值,为使 κ 为正值,故取负号。

根据液体压缩前后质量不变

$$\mathrm{d}m = \mathrm{d}(\rho V) = \rho \mathrm{d}V + V \mathrm{d}\rho = 0$$

得

$$-\frac{\mathrm{d}V}{V} = \frac{\mathrm{d}\rho}{\rho}$$

所以,压缩系数 κ 可表示为

$$\kappa = \frac{1}{\rho}\frac{\mathrm{d}\rho}{\mathrm{d}p} \tag{1-12}$$

压缩系数的倒数是体积弹性模量,用 K 表示,即

$$K = \frac{1}{\kappa} = -V\frac{\mathrm{d}p}{\mathrm{d}V} = \rho\frac{\mathrm{d}p}{\mathrm{d}\rho} \tag{1-13}$$

K 值越大,表示液体越不容易压缩,$K \to \infty$ 表示绝对不可压缩。K 的单位是 Pa。

液体的压缩系数随温度和压强变化,水的压缩系数见表 1-4,表中压强单位为工程大气压,1 at = 98 000 N/m²。

表 1-4　水的压缩系数 $\kappa(\times 10^{-9}/\mathrm{Pa})$

温度(℃) ＼ 压强(at)	5	10	20	40	80
0	0.540	0.537	0.531	0.523	0.515
10	0.523	0.518	0.507	0.497	0.492
20	0.515	0.505	0.495	0.480	0.460

液体的膨胀性用体积膨胀系数 α_V 来表示,它表示一定的压强下,温度增加 1℃,体积的相对变化率。若液体的原体积为 V,温度升高 $\mathrm{d}T$ 后,体积增加 $\mathrm{d}V$,其体积膨胀系数为

$$\alpha_V = \frac{1}{V}\frac{\mathrm{d}V}{\mathrm{d}T} = -\frac{1}{\rho}\frac{\mathrm{d}\rho}{\mathrm{d}T} \tag{1-14}$$

α_V 越大,液体越容易膨胀,α_V 的单位为 K^{-1} 或 $℃^{-1}$。

液体的膨胀系数随压强和温度变化,水的膨胀系数见表 1-5。

表 1-5　水的膨胀系数 $\alpha_V(\times 10^{-4}/℃)$

压强(at) ＼ 温度(℃)	1～10	10～20	40～50	60～70	90～100
1	0.14	1.50	4.22	5.56	7.19
100	0.43	1.65	4.22	5.48	7.04
200	0.72	1.83	4.26	5.39	

从表 1-4 和表 1-5 中可以看出,水的压缩性和膨胀性都很小,压强每升高一个大气压,水的密度约增加 1/20 000;在常温(10～20℃)情况下,温度每增加 1℃,水的密度约减少 1.5/10 000。

所以在一般情况下,水的压缩性和膨胀性可忽略不计,只有在某些特殊情况下,如水管阀门突然关闭时发生的水击现象、自然循环的热水采暖系统等问题时,才需考虑水的压缩性和膨胀性。

2) 气体的压缩性和膨胀性

气体和液体不同,具有比较显著的压缩性和膨胀性,气体的密度随压强和温度发生显著的变化,在一般常温常压下,常用气体(如空气、氮、氧、二氧化碳)的密度 ρ、T、p 三者之间的关系,符合理想气体状态方程,即

$$\frac{p}{\rho} = RT \tag{1-15}$$

式中:p——气体的绝对压强(N/m^2);

ρ——密度(kg/m^3);

T——热力学温度(K);

R——气体常数,在标准状态下,$R = \dfrac{8\,314}{M}$ $J/(kg \cdot K)$,M 为气体的分子量。空气的气

体常数 $R = 287$ $J/(kg \cdot K)$。

最后应指出,当气体处于很高的压强,很低的温度,或接近于液体时,就不能当作理想气体看待,式(1-15)就不适用了。

【例1-3】 20℃体积为 2.5 m^3 的水,当温度升到80℃时,其体积增加多少?

【解】 20℃时水的密度为 $\rho_1 = 998.23$ kg/m^3,80℃时密度为 $\rho_2 = 971.83$ kg/m^3,因为质量守恒,所以温度升高时体积会随密度降低而增加,即有

$$-\frac{dV}{V} = \frac{d\rho}{\rho}$$

用增量 ΔV、$\Delta \rho$ 代替 dV 和 $d\rho$,代入数据

$$\Delta V = -\frac{\Delta \rho}{\rho}V = -\frac{\rho_2 - \rho_1}{\rho_1}V_1$$

$$= -\frac{971.83\ kg/m^3 - 998.23\ kg/m^3}{998.23\ kg/m^3} \times 2.5\ m^3 = 0.066\,1\ m^3$$

则

$$\frac{\Delta V}{V_1} = \frac{0.066\,1\ m^3}{2.5\ m^3} \times 100\% = 2.64\%$$

体积增加了 2.64%。

【例1-4】 若要使水的体积减小 0.1%、1%,则应使压强分别增加多少?(已知水的体积弹性模量 $K = 2\,000$ MPa)

【解】 由式(1-13)可知 $\quad \Delta p = -K\dfrac{\Delta V}{V_1}$

当 $\Delta V/V_1 = -0.1\%$ 时 $\quad \Delta p = -2\,000$ MPa $\times (-0.1\%) = 2.0$ MPa

当 $\Delta V/V_1 = -1\%$ 时 $\quad \Delta p = -2\,000$ MPa $\times (-1\%) = 20.0$ MPa

所以,要使水的体积减小 0.1%、1%,则应使压强分别增加 2.0 MPa 和 20.0 MPa。

1.3.5 表面张力特性

1) 液体的表面张力

在我们的日常生活中,有雨后水滴在枝头悬而不滴落、水面稍高出碗口而不外溢等现象,这就是流体力学中所说的表面张力起了作用。那么什么是表面张力呢?

自由表面上液体分子由于受两侧分子引力不平衡,使自由面上液体分子受有极其微小的拉力,这种拉力称为表面张力。表面张力仅在自由表面存在,而在液体内部并不存在,即它是一种局部的受力现象。

表面张力的大小是用表面张力系数 σ 来衡量的。σ 是指在自由表面上单位长度所受拉

力的数值(N/m)。表面张力是由内聚力引起的,所以随温度升高而变小,另外它也随表面接触情况和液体的种类的不同而不同。如 20℃时,与空气接触,水的表面张力 $\sigma = 0.074$ N/m,水银的表面张力 $\sigma = 0.54$ N/m。

由于表面张力很小,一般来说,对液体的宏观运动不起作用,可忽略不计,只有在某些特殊情况下才显示其影响。比如毛细管现象、水滴及气泡形成、液体射流的裂散及水力小模型的试验问题中,表面张力是比较重要的。

2) 毛细管现象

在流体力学试验中,经常使用盛有水(或水银)的细玻璃管做测压计,由于表面张力的影响,使玻璃管中的液面和与之相通的容器中的液面不在同一水平面上,若玻璃管中盛的是水,由于水的内聚力小于水同玻璃管的附着力,则玻璃管中液面上升;若盛的是水银,由于水银的内聚力大于水银同玻璃管的附着力,则玻璃管中的液面下降(见图1-6),这也就是物理学中所说的毛细管现象,因此说表面张力引起了毛细管现象。

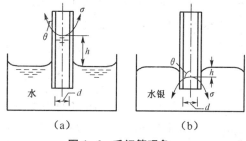

(a)   (b)

图1-6 毛细管现象

毛细管液面上升和下降的高度可以根据表面张力的大小来确定。当温度为20℃时:

水在玻璃管中上升高度 $h = 29.8/d$ mm

水银在玻璃管中下降高度 $h = 10.5/d$ mm

上式表明:液面上升或下降的高度与管径成反比,即玻璃管内径越小,液面差值越大(毛细管现象引起的误差越大),所以实验室用的测压管内径不宜过小(一般不小于 10 mm),同时还要注意毛细管作用所引起的误差。

1.4 作用在流体上的力

力是物体机械运动状态发生变化的原因,因此要研究流体机械运动规律,就要从分析作用在流体上的力入手。作用于流体上的力是多种多样的,按其作用方式的不同,分为两大类:表面力和质量力。

1.4.1 表面力

表面力作用于被研究流体的表面,其大小与作用面大小有关。表面力的大小除用总的作用力来度量之外,也可用单位面积上所受的表面力,即应力来度量。

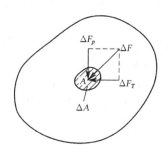

图1-7 表面力

若在运动的流体内取隔离体为研究对象,周围流体对隔离体的作用如图1-7所示。设 A 点为隔离体上一点,包含 A 点取微小面积为 ΔA 上的总表面力为 ΔF,将其分解为:法向分力(压应力) 则 $p = \Delta F_p/\Delta A$,切向分力(切应力) $\tau = \Delta F_T/\Delta A$。

以上两式分别为 ΔA 上的平均压应力和平均切应力。若使微小面积 ΔA 无限缩小至 A 点,即

$$p_A = \lim_{\Delta A \to 0} \frac{\Delta F_p}{\Delta A} \quad 即为 A 点的压应力，习惯上称为 A 点压强。$$

$$\tau_A = \lim_{\Delta A \to 0} \frac{\Delta F_T}{\Delta A} \quad 即为 A 点的切应力。$$

1.4.2　质量力

质量力是作用在流体内部质点上，它是通过流体的每一部分质量而作用于流体。其大小与流体质量成正比，又称体积力。大小除用总的作用力来度量外，也可用单位质量力来度量，其单位质量力是作用在单位质量流体上的质量力。

若某一质量为 m 的均质流体，作用于其上总的质量力为 $\vec{F}$，则所受的单位质量力 $\vec{f}$ 为

$$\vec{f} = \frac{\vec{F}}{m} \tag{1-16}$$

若总的质量力 $\vec{F}$ 在三个坐标轴上的投影分别为 F_x、F_y、F_z，则单位质量力 $\vec{f}$ 在相应坐标的投影分别为 X、Y、Z，则有

$$\left. \begin{array}{l} X = \dfrac{F_x}{m} \\[2mm] Y = \dfrac{F_y}{m} \\[2mm] Z = \dfrac{F_z}{m} \end{array} \right\} \tag{1-17}$$

若用矢量表示，则单位质量力为

$$\vec{f} = X\vec{i} + Y\vec{j} + Z\vec{k} \tag{1-18}$$

如果作用在流体上的质量力只有重力（图 1-8），则单位质量力

$$X = 0, Y = 0, Z = \frac{-mg}{m} = -g$$

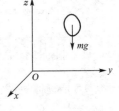

图 1-8　重力

1.5　流体的力学模型

实际流体都具有各种物理力学性质，在研究流体机械运动的规律时，不可能同时考虑所有因素，往往需要抓住主要矛盾，建立力学模型，对流体加以科学抽象，以便建立流体运动的数学方程式，这种研究方法在固体力学中也经常采用，所以物理力学模型的概念具有普遍意义。

在流体力学中常用的物理力学模型有连续介质模型、理想流体和不可压缩流体。

1.5.1　连续介质模型

流体和任何物质一样，都是由大量的流体分子所组成（在标准状态下，1 000 mm³ 的水中约含有 3.3×10^{22} 个分子，相邻分子间距约为 3.1×10^{-7} mm；1 000 mm³ 气体中含有 2.7×10^{19} 个分子），实际上分子间是不连续而有空隙的。

流体力学在研究流体运动时,仅研究由于外力作用下的机械运动,而不研究流体内部的分子运动,也就是研究流体的宏观运动,而不研究其微观运动,这是因为分子间空隙的间距与生产上需要研究的流体尺度相比是极其微小的。

在流体力学研究中,不是从研究单个分子的机械运动着手,而是把流体抽象化,把流体看作是由无限多个流体质点的连续介质,即认为:流体是一种毫无空隙的充满其所占空间的连续体。所以说流体力学所研究的运动是一种连续介质的连续流动。流体质点是指大小同一切流动空间相比微不足道,又含有大量分子具有一定质量的流体微元。

提出把流体当作连续介质模型来研究,其优点为:

建立连续介质模型,可摆脱分子运动的复杂性,对流体物质结构简化,可运用高数中连续函数作为工具,即按连续介质模型,流体运动中的物理量可视为空间坐标和时间变量的连续函数,这样就能用数学分析方法来研究流体运动。

同时,长期的生产和科学实验证明,利用连续介质模型,所求得流体运动的规律和基本理论与客观实际符合,证明这个假设是合理、正确、科学的,而不是任意的。可以说它是流体力学中第一个根本性假设。连续介质模型用于一般的流动是合理有效的,但对于某些特殊问题,如高空稀薄气体的运动、掺气水流等就不再适用了。

连续介质模型是瑞士科学家欧拉(Euler)在 1755 年首先建立的,它作为一种假设对流体力学的发展起着巨大作用。

1.5.2　理想流体

实际的流体,无论是液体还是气体,都是有黏性的。黏性的存在,给流体运动规律的研究带来了极大的困难。为了简化理论分析,特引入理想流体的概念。所谓理想流体,是指黏性 $\mu = 0$ 的假想流体。理想流体实际上是不存在的,它只是一种对物性简化的力学模型。

由于理想流体不考虑黏性,所以对流动的分析大为简化,从而容易得出理论分析的结果。所得结果,对某些黏性影响很小的流动,能够较好的符合实际;对黏性影响不能忽略的流动,则可通过实验加以修正,从而能比较容易的解决许多实际流动问题。这是处理黏性流体运动问题的一种有效方法。

1.5.3　不可压缩流体

实际流体都是可压缩的,然而有许多流体,如水等,其密度变化很小,可忽略不计,由此引出了不可压缩流体的概念。

所谓不可压缩流体,是指每一个质点在运动过程中,密度不变化的流体。对于均质不可压缩流体,密度时时处处无变化,即 $\rho = $ 常数。因此,不可压缩流体又是一个理想化的力学模型。

如前所述,液体的压缩系数很小,在相当大的压强变化范围内,密度几乎无变化。因此,在研究一般液体平衡和运动问题时,均可按不可压缩流体进行理论分析。

气体的压缩性远大于液体,是可压缩流体。需指出的是,在土木工程中常见的气流运动,如通风管道、低温烟道,其管道不是很长,气流的速度不大,远小于声速(约 340 m/s),气流在流动过程中,密度没有明显变化,仍可作为不可压缩流体处理。

1.6 牛顿流体和非牛顿流体

牛顿内摩擦定律给出了流体在简单剪切流动条件下，剪应力与剪应变率的关系。这种关系反映流体的力学性质，称为流变性。表示流变关系的曲线，称为流变曲线。把符合牛顿内摩擦定律的流体称为牛顿流体，否则称为非牛顿流体。水、空气、汽油、煤油、甲苯、乙醇等都属于牛顿流体。

牛顿流体的动力黏性系数 μ，在一定的温度和压力下是常数，剪应力与剪应变率成线性关系，流变曲线是通过坐标原点的直线（图 1-9 中的 A 线）。

除了前面提到的牛顿流体，自然界和工程中还有许多非牛顿流体，其流变曲线不是通过原点的直线（图 1-9 中的 $B \sim D$ 线）。

如宾厄姆流体（图 1-9 中 B 线），当切应力超过一初始值 τ_B 时才能流动。宾厄姆流体是工业上应用广泛的液体材料，如牙膏、某些石油制品、高含蜡低温原油、新拌水泥砂浆、上水污泥等都是宾厄姆流体。

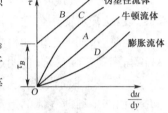

图 1-9　流变曲线

而多数非牛顿流体，如某些原油、高分子聚合物溶液、醋酸纤维素、人的血液、沙拉酱食品等都是伪塑性流体。伪塑性流体的流变曲线，大体上是通过坐标原点，并向上凸的曲线（图 1-9 中的 C 线）。伪塑性流体的流动特点是，随着剪应变率的增大，表观黏度降低，流动性增大，表现出流体变稀。

膨胀流体的流变曲线大体上是通过原点并向下凹的曲线（图 1-9 中的 D 线）。膨胀流体的流动特点是，随着剪应变率的增大，表观黏度增大，流动性降低，表现出流体增稠。特别是高浓度的挟砂水流、淀粉糊、阿拉伯树脂胶溶液等都是膨胀流体。

本书只讨论牛顿流体。

1.7 流体力学的研究方法、课程性质、目的和要求

1.7.1 研究方法

研究流体力学最基本的方法是理论分析与科学实验，而它们常常是相互结合，相辅相成，彼此不是割裂的。流体力学的研究方法大体上分为理论方法、数值方法和实验方法三种。

理论方法是通过对流体物理性质和流动特征的科学抽象，提出合理的理论模型。对这样的理论模型，根据物质机械运动的普遍规律，建立控制流体运动的闭合方程组，将实际的流动问题转化为数学问题，在相应的边界条件和初始条件下求解。理论研究方法的关键在于提出理论模型，并能运用数学方法求出理论结果，达到揭示运动规律的目的。但由于数学上的困难，许多实际流动问题还难以精确求解。

数值方法是在计算机应用的基础上，采用各种离散化方法，建立各种数值模型，通过计算机进行数值计算和数值实验，得到在时间和空间上许多数字组成的集合体，最终获得定量描述流场的数值解。近三十年来，这一方法得到很大发展，已形成一个专门学科——计算流体力学。

实验方法是通过对具体流动的观察与测量来认识流动规律。理论上的分析结果需要经过实验验证,实验又需要理论来指导。流体力学的实验研究,包括原型观测和模型实验,而以模型实验为主。

1.7.2　课程性质、目的和要求

1) 课程的性质与目的

流体力学是水利、土木、环境类等专业的重要基础课,在诸多工程技术领域中有广泛的应用。通过本课程的学习,使学生掌握流体力学的基本概念、基本理论、基本计算方法和基本实验技能,为有关后续课程的学习、从事工程技术工作、开拓新技术领域和进行科学研究打下基础。

2) 课程的基本要求

(1) 理解流体基本特征与主要物理性质,掌握牛顿内摩擦定律;理解无黏性流体与黏性流体、可压缩流体与不可压缩流体的概念;掌握作用在流体上的力;理解连续介质的概念。

(2) 理解静压强的特性;掌握静力学基本方程、等压面以及液体中压强的计算、测量与表示方法;掌握总压力的计算方法。

(3) 理解描述流体运动的两种方法;理解流动类型和流束与总流等相关概念;掌握总流连续性方程、能量方程和动量方程及其应用;了解连续性微分方程和纳维叶-斯托克斯方程及其物理意义。

(4) 理解黏性流体的两种流态及判别准则;理解圆管层流的运动规律;理解紊流特性、处理方法和紊流切应力;了解边界层概念、边界层分离现象和绕流阻力;掌握沿程损失和局部损失的计算方法。

(5) 理解孔口、管嘴出流的计算方法;掌握简单短管、长管恒定有压流的水力计算方法;掌握串联、并联管道的水力计算方法;了解枝状管网的水力计算方法和环状管网的计算原理;了解水击现象。

(6) 理解明渠流动的特点和两种不同的流动状态;了解断面单位能量、临界水深和临界底坡等基本概念。

(7) 掌握渗流的基本概念和渗流的阻力规律;理解集水廊道和单井的水力计算方法;理解井群的计算原理;了解有压渗流水力要素的流网解法。

(8) 理解声速、马赫数等基本概念;掌握一元恒定等熵气流的基本特性和基本方程;了解可压缩气体在等截面有摩阻管道中的流动特性与计算方法。

(9) 了解量纲分析方法;理解相似概念和主要相似准则及模型实验。

思考题

1. 流体力学对流体做了哪些力学模型的假设?
2. 试从力学分析的角度,比较流体和固体对外力抵抗能力的差别。
3. 流体内摩擦和固体间的摩擦有何不同性质?
4. 理想流体有无能量损失?为什么?
5. 做自由落体运动的流体所受的单位质量力是多少?

习题

一、单项选择题

1. 连续介质的概念指的是（　　）。

   A. 有黏性的、均质的流体

   B. 理想不可压缩流体

   C. 分子充满所占据的空间，分子之间没有间隙的连续体

   D. 不可压缩恒定，且分子之间距离很小的连续体

2. 按连续介质的概念，流体质点是指（　　）。

   A. 流体的分子

   B. 流体内的固体颗粒

   C. 几何的点

   D. 几何尺寸同流体空间相比是极小量，又含有大量分子的微元体

3. 静止流体中的切应力 τ 等于（　　）。

   A. $\mu \dfrac{\mathrm{d}u}{\mathrm{d}y}$ 　　　　B. 0 　　　　C. $\rho l^2 \left(\dfrac{\mathrm{d}u}{\mathrm{d}y}\right)^2$ 　　　　D. $\mu \dfrac{\mathrm{d}u}{\mathrm{d}y} + \rho l^2 \left(\dfrac{\mathrm{d}u}{\mathrm{d}y}\right)^2$

4. 牛顿内摩擦定律中的内摩擦力的大小与流体的（　　）成正比。

   A. 速度 　　　　B. 角变形 　　　　C. 角变形速度 　　　　D. 压力

5. 流体动力黏性系数在通常的压力下，主要随温度变化，下面答案正确的是（　　）。

   A. 动力黏性系数随温度的上升而增大

   B. 水的动力黏性系数随温度的上升而增大

   C. 空气动力黏性系数随温度的上升而增大

   D. 空气动力黏性系数随温度的上升而减小

6. （　　）流体可作为理想流体模型处理。

   A. 不可压缩 　　　　　　　　　　B. 速度分布为线形

   C. 黏性力为零 　　　　　　　　　D. 黏性力很小

7. 在测量液体压强时，小直径测压管出现上升或下降的现象，主要是受到（　　）。

   A. 重力 　　　　B. 表面张力 　　　　C. 黏性力 　　　　D. 压力

8. 用小直径（$d < 8\,\mathrm{mm}$）测压管测水的压强时，测量得到的计算压强与实际压强值比较应（　　）。

   A. 稍大 　　　　B. 稍小 　　　　C. 一样 　　　　D. 不定

9. 作用于流体的质量力包括（　　）。

   A. 压力 　　　　B. 摩擦阻力 　　　　C. 重力 　　　　D. 表面张力

10. 单位质量力的国际单位是（　　）。

    A. N 　　　　B. Pa 　　　　C. N/kg 　　　　D. $\mathrm{m/s^2}$

二、计算题

1. 空气的密度 $\rho = 1.165\,\mathrm{kg/m^3}$，动力黏性系数 $\mu = 1.87 \times 10^{-5}\,\mathrm{Pa \cdot s}$，求它的运动黏性系数 υ。

2. 有一如图 1-10 所示的底面积为 $600\,\mathrm{mm} \times 400\,\mathrm{mm}$ 的木板，质量为 $5\,\mathrm{kg}$，沿一与水平

面成 20° 的斜面下滑。油层厚度为 0.6 mm，如以等速度 0.84 m/s 下滑，求油的动力黏度 μ。

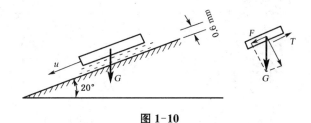

图 1-10

3. 在半径为 0.13 m 的固定圆筒内，转动着一个半径为 0.12 m 的同心圆筒，两个圆筒都是 0.3 m 长。如果两个圆筒之间充满液体，保持 2π rad/s 的角速度需要 0.880 N·m 的力矩，试求液体的黏性系数。

4. 活塞加压，缸体内液体的压强为 0.1 MPa 时体积为 10^{-3} m^3，压强为 10 MPa 时体积为 9.95×10^{-4} m^3，试求液体的体积弹性模量。

2 流体静力学

流体静力学研究流体平衡(包括静止和相对平衡)的规律及其应用,它在工程实际中有着广泛、丰富的应用。例如,通过测算作用于闸门和挡水坝上的静水压力来设计其规格及其放置位置;测量流体压强的各种仪器的工作原理就是利用流体等压面的特性等。其中所说的静止状态是指流体与地面间无相对运动的状态;相对平衡状态是指流体与地面间有相对运动,但流体内部质点之间及流体与容器之间均无相对运动的状态,这种状态也称为相对静止状态。

根据前面所学知识可知,处于静止或相对平衡状态的流体是不显示黏滞性的,流体内部质点之间及流体与容器之间的相互作用都是以压力的形式表现。所以,流体静力学的任务实质上就是研究处于这两种状态下流体内部压强的分布规律以及利用这些规律解决流体中某一点的压强和作用在某一作用面上的压力计算问题。在不需要加以区分时,通常将处于静止和相对平衡状态的流体称为平衡流体。

2.1 静止流体中压强的特性

2.1.1 静压强的概念

在平衡流体内部相邻两部分之间相互作用的力或流体对固体壁面的作用力称为压力,用大写字母 F 表示。压力的大小与面积 A 成正比。为研究压力在面积上的分布情况,引入静压强的概念。

在静止流体中取一作用面 ΔA,其上作用的压力为 ΔF,则当 ΔA 缩小为一点时,平均压强 $\dfrac{\Delta F}{\Delta A}$ 的极限定义为该点的流体静压强,以符号 p 表示,即 $p = \lim\limits_{\Delta A \to 0} \dfrac{\Delta F}{\Delta A}$。

在国际单位制中,压力单位为 N 或 kN;流体静压强的单位为 N/m²,也可用 Pa 或 kPa 表示。

2.1.2 静止流体中压强的特征

静止流体中的压强具有以下两个特性:

(1) 静止流体只能承受压应力,即压强;压强的方向垂直指向作用面。

静止流体不能承受任何切应力,因为流体一旦受到切应力的作用就会发生连续不断的变形运动。静止流体也不能承受拉应力,否则它就会发生膨胀运动。

(2) 流体内同一点静压强的大小在各个方向均相等。

在静止流体中任选一点 $A(X, Y, Z)$,以 A 点为顶点,取一微小四面体 $Aabc$,如图 2-1 所示。它的三个互相垂直的平面△Aac、△Abc、△Aab 分别和坐标轴 x、y、z 相垂直。正交的三棱边长分别为 dx、dy、dz。还有一个斜侧面△abc,它的方向是任意的。因四面体是由静止流体中取出的,它在各种外力作用下处于平衡状态。作用于微小四面体上的力有表面力和质量力。

分析作用在四面体上的力,其中:

表面力:由于静止流体中不存在切力,所以作用于微小四面体各个面上的力只有压力,作用于三个互相垂直的平面上的压强分别为 p_x、p_y、p_z,作用于斜面上的压强为 p_n,由于是微小四面体,可认为各微小面积上的静压强分布是均匀的。作用于四面体各面上的静压力分别等于各个面上的压强和相应面积的乘积,即

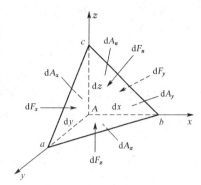

图 2-1 静止流体中任一点
到压强特征二

$$dF_x = p_x \cdot dA_x = p_x \cdot \frac{1}{2} dy \cdot dz$$

$$dF_y = p_y \cdot dA_y = p_y \cdot \frac{1}{2} dx \cdot dz$$

$$dF_z = p_z \cdot dA_z = p_z \cdot \frac{1}{2} dx \cdot dy$$

$$dF_n = p_n \cdot dA_n$$

质量力:单位质量流体所受质量力为 $\vec{f}$,在三个坐标上的分力分别为 X、Y、Z。四面体受到的质量力在三个坐标轴上的分量分别为

$$dF_x = X \cdot \rho \cdot \frac{1}{6} dxdydz$$

$$dF_y = Y \cdot \rho \cdot \frac{1}{6} dxdydz$$

$$dF_z = Z \cdot \rho \cdot \frac{1}{6} \cdot dxdydz$$

因四面体处于平衡状态,上述各力在各坐标轴上的投影之和应等于零。下面以 z 方向为例,进行证明。

将各力在 z 轴上投影后得

$$\sum F_z = p_z \cdot dA_z - p_n \cdot dA_n \cdot \cos(n, z) + z \cdot \rho \cdot \frac{1}{6} dxdydz = 0$$

式中 $\cos(n, z)$ 为斜面的法线方向 n 与 z 轴夹角的余弦。$dA_n \cdot \cos(n, z)$ 为斜面在 xAy 平面上的投影,即

$dA_n \cdot \cos(n, z) = dA_z = \frac{1}{2} dxdy$,代入上式得

$$p_z \cdot \frac{1}{2} dxdy - p_n \cdot \frac{1}{2} dxdy + \rho Z \cdot \frac{1}{6} dxdydz = 0$$

$$p_z - p_n + \frac{1}{3} \rho Z \cdot dz = 0$$

当四面体各边趋近于 0 时,p_x、p_y、p_z、p_n 就是点 A 各方向的静压强,上式变为

$$p_z = p_n$$

同理,对 y 轴和 x 轴可以得出

$$p_x = p_n, \quad p_y = p_n$$

所以

$$p_x = p_y = p_z = p_n$$

但流体中各点的静压强未必相等,静压强的大小与作用面方位无关,是点位置坐标的函数,可表示为 $p = p(x, y, z)$。所以静压强是标量,只有当它针对某个受压面而言时才具有明确的方向。

受压面可以是平面,如平面闸门;也可以是曲面,如弧形闸门。它们所受静压强方向都和受压面垂直,如图 2-2(a)、(b)所示。

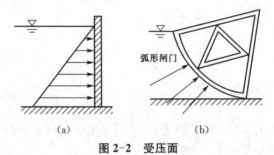

(a)   (b)

图 2-2 受压面

2.2 流体平衡微分方程

2.2.1 流体平衡微分方程——欧拉平衡微分方程

根据力的平衡原理,可推出静压强的分布规律。在静止流体内任取一点 $o'(x, y, z)$,该点压强 $p = p(x, y, z)$。以 o' 为中心作微元直角六面体,正交的三个边分别与坐标轴平行,长度为 $\mathrm{d}x$、$\mathrm{d}y$、$\mathrm{d}z$(图 2-3)。由于微元六面体静止,各方向的作用力平衡。以 x 方向为例,所受的力有表面力和质量力。其中表面力只有作用在 $abcd$ 和 $a'b'c'd'$ 面上的压力。对两个受压面中心点 M、N 的压强 p_M、p_N,取泰勒(Taylor)级数展开式的前两项:

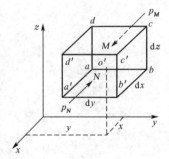

图 2-3 平面微元六面体

$$p_M = p\left(x - \frac{\mathrm{d}x}{2}, y, z\right) = p - \frac{1}{2}\frac{\partial p}{\partial x}\mathrm{d}x$$

$$p_N = p\left(x + \frac{\mathrm{d}x}{2}, y, z\right) = p + \frac{1}{2}\frac{\partial p}{\partial x}\mathrm{d}x$$

由于受压面足够小,可将 p_M、p_N 作为所在面的平均压强,于是 $abcd$ 和 $a'b'c'd'$ 面上的压力为

$$F_M = \left(p - \frac{1}{2}\frac{\partial p}{\partial x}\mathrm{d}x\right)\mathrm{d}y\mathrm{d}z$$

$$F_N = \left(p + \frac{1}{2}\frac{\partial p}{\partial x}\mathrm{d}x\right)\mathrm{d}y\mathrm{d}z$$

质量力大小为 $F_x = X\rho dx dy dz$

由 $\sum F_x = 0$，有

$$\left(p - \frac{1}{2}\frac{\partial p}{\partial x}dx\right)dydz - \left(p + \frac{1}{2}\frac{\partial p}{\partial x}dx\right)dydz + X\rho dx dy dz = 0$$

化简得 $X - \frac{1}{\rho}\frac{\partial p}{\partial x} = 0$

同理，y、z 方向可得

$$Y - \frac{1}{\rho}\frac{\partial p}{\partial y} = 0, \quad Z - \frac{1}{\rho}\frac{\partial p}{\partial z} = 0$$

可统一写为

$$\left. \begin{aligned} X - \frac{1}{\rho}\frac{\partial p}{\partial x} &= 0 \\ Y - \frac{1}{\rho}\frac{\partial p}{\partial y} &= 0 \\ Z - \frac{1}{\rho}\frac{\partial p}{\partial z} &= 0 \end{aligned} \right\} \tag{2-1}$$

式(2-1)用一个向量方程表示：

$$\vec{f} - \frac{1}{\rho}\nabla p = 0 \tag{2-2}$$

式中符号 ∇ 为矢性微分算子，称哈密尔顿(Hamilton)算子。

$$\nabla = \vec{i}\frac{\partial}{\partial x} + \vec{j}\frac{\partial}{\partial y} + \vec{k}\frac{\partial}{\partial z}$$

式(2-1)和式(2-2)是流体平衡微分方程，是瑞士数学家和力学家欧拉在 1755 年推导出来的，又称为欧拉平衡微分方程。该方程表明，在静止流体中各点单位质量流体所受表面力和质量力相平衡。

2.2.2　流体平衡微分方程的积分

将式(2-1)各分式分别乘以 dx、dy、dz 然后相加，得

$$\frac{\partial p}{\partial x}dx + \frac{\partial p}{\partial y}dy + \frac{\partial p}{\partial z}dz = \rho(Xdx + Ydy + Zdz)$$

由于压强 $p = p(x, y, z)$ 是坐标的连续函数，由全微分定理，上式等号左边即是压强 p 的全微分

$$dp = \rho(Xdx + Ydy + Zdz) \tag{2-3}$$

此式是欧拉平衡微分方程的全微分表达式，也称为平衡微分方程的综合式。当作用于流体的单位质量力已知时，便可通过积分求得流体静压强的分布规律。

2.2.3　等压面

压强相等的空间点构成的面(平面或曲面)称为等压面。运用平衡微分方程的综合式，

可以证明等压面的一个重要性质。如图 2-4 所示。

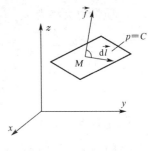

图 2-4　等压面

由方程(2-3)可知,当压强相等($p =$ 常数)时,$dp = 0$,即

$$\rho(Xdx + Ydy + Zdz) = 0$$

由 $\rho \neq 0$,则可得到等压面方程为

$$Xdx + Ydy + Zdz = 0 \qquad (2-4)$$

式中,X、Y、Z 为等压面上某点 M 的单位质量力 $\vec{f}$ 在坐标 x、y、z 方向的投影,dx、dy、dz 为该点处微小有向线段 $d\vec{l}$ 在坐标 x、y、z 方向的投影,于是:

$$Xdx + Ydy + Zdz = \vec{f} \cdot d\vec{l} = 0$$

由向量运动可知 $\vec{f}$ 和 $d\vec{l}$ 正交,从物理意义上说,单位质量力沿等压面任意方向所做的功为零,即等压面与质量力正交。

根据等压面的这一性质,可由质量力的方向来判断等压面的形状。在流体只受重力作用时,等压面为水平面;若同时受到重力和直线惯性力作用时,等压面为斜面;在重力和离心惯性力共同作用下,等压面为曲面。

等压面的概念,常常对流体中某点压强的计算很有帮助。前面提到,流体只受重力作用时,等压面为水平面。那么流体只受重力作用时,水平面是等压面是否成立?需要注意的是,这个结论只适用于相互连通的同一种流体,对于互不连通的流体,两点的水平面就不是等压面。

例如,图 2-5(a)中的点 1 和点 2,虽然同处在同种静止流体中同一水平面上,但由于流体被容器底部的闸门隔开,且阀门两侧流体高度不等,所以通过这两点的水平面就不是等压面;图 2-5(b)的容器中盛有油和水两种互不相混的流体,图中的点 3、4 处在同种相互连通的静止流体中,并在同一水平面上,所以通过这两点的水平面为等压面;而图中的点 5 和点 6 虽说也处在相互连通的静止流体中,并在同一水平面上,但它们分别处在不同的流体中,所以通过这两点的水平面就不是等压面。

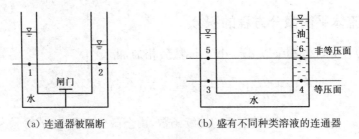

(a) 连通器被隔断　　　　(b) 盛有不同种类溶液的连通器

图 2-5　等压面的判别

2.3　重力作用下流体静压强的分布规律

2.3.1　流体静力学基本方程

设重力作用下的静止流体,设置直角坐标系 $Oxyz$(图 2-6),自由液面的高度为 z_0,压强

为 p_0。现求流体中任一点的压强，由式(2-3)

$$dp = \rho(Xdx + Ydy + Zdz)$$

质量力只有重力，将 $X = Y = 0$，$Z = -g$ 代入上式，得

$$dp = -\rho g dz$$

对均质流体，密度 ρ 是常数，积分上式，得

$$p = -\rho g z + c' \qquad (2\text{-}5)$$

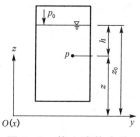

图 2-6　静止液体中的
点压强

式中 c' 为积分常数。等式两边同时除以 ρg，移项得

$$\frac{p}{\rho g} = -z + \frac{c'}{\rho g}$$

$$z + \frac{p}{\rho g} = C \qquad (2\text{-}6)$$

式中 C 仍为积分常数。式(2-6)是重力作用下流体静力学基本方程的形式之一。它表明：当质量力仅为重力时，静止流体内部任一点的 z 和 $\dfrac{p}{\rho g}$ 两项之和为常数。

流体静力学基本方程还有另一种形式。

将边界条件 $z = z_0$，$p = p_0$ 代入式(2-5) 得出积分常数

$$c' = p_0 + \rho g z_0$$

代入式(2-6)得

$$p = p_0 + \rho g (z_0 - z) \qquad (2\text{-}7)$$

式中 $(z_0 - z)$ 是由流体表面到流体中任一点的深度，也就是相应点的深度，用 h 表示，则上式可写成

$$p = p_0 + \rho g h \qquad (2\text{-}8)$$

式中：p_0——流体表面压强；

　　　ρ——流体的密度；

　　　h——流体质点在液面下的淹没深度；

　　　p——淹没深度为 h 处流体质点的静压强。

式(2-8)是计算重力作用下平衡流体中任一点静压强的基本公式。

式(2-8)表明，在重力作用下，流体中任一点的静压强 p 由表面压强 p_0 和 $\rho g h$ 两部分组成。当 p_0 和 ρ 一定时，压强随流体深度 h 的增大而增大，呈线性变化。式中 $\rho g h$ 的物理意义是单位面积上柱形流体的重量。

因为深度相同的点，压强相等，所以在重力作用下的均质流体中，等压面为水平面。

式(2-6)和式(2-8)均称为流体静力学基本方程。它们给出了在重力作用下压强的具体函数形式，是流体静力学计算中最常用的方程。

根据上述公式，由此推论：

(1) 静压强的大小与流体的体积无直接关系。盛有相同流体的容器(图 2-7)，各容器

的容积不同,流体的重量不同,但只要深度 h 相同,由式(2-8)知容器底面上各点的压强都相同。因此,水深 h 等于常数的等深水平面为一般意义上的等压面。

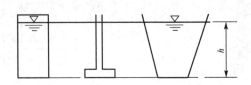

图 2-7　不同体积流体的静压强比较

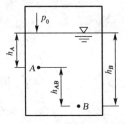

图 2-8　同一容器中不同水深的静压强

(2) 流体内两点的压强差,等于两点间竖向单位面积液柱的重量。如图 2-8 所示,对流体内任意两点 A、B 有

$$p_A = p_0 + \rho g h_A$$

$$p_B = p_0 + \rho g h_B$$

$$p_B - p_A = \rho g (h_B - h_A) = \rho g h_{AB}$$

2.3.2　压强的度量

1) 压强的表示方式

静压强根据计算零点的不同,分为绝对压强和相对压强。

绝对压强是以绝对(或完全)真空状态为计算零点所得到的压强,用符号 p_{abs} 表示;相对压强则以当地大气压强为计算零点所得到的压强,用符号 p 表示。相对压强又称为计示压强或表压强,这是由于工程上所用的压力表,都是把大气压定为零点,它所测得的压强是相对压强。绝对压强和相对压强之间相差一个当地大气压 p_a,即

$$p_{abs} - p = p_a \qquad (2-9)$$

大气压随当地高程和气温变化而有所差异,国际上规定标准大气压(Standard Atmosphere)符号为 atm,1 atm＝101 325 Pa。此外,工程界为便于计算,采用工程大气压,符号 at,1 at＝98 000 Pa,也有用 1 at＝0.1 MPa。

绝对压强和相对压强只是起量点不同而已。绝对压强大于等于零,不可能出现负值;但相对压强可正可负。

工程结构和工业设备都处在当地大气压的作用下,采用相对压强往往能使计算简单。例如,确定压力容器壁面所受压力,如内部压力用绝对压强计算,则还要减去外面大气压对壁面的压力。工程上使用的压强如不加以说明则是指它的相对压强。

需要注意的是:大气压强 p_a 本身也有绝对压强和相对压强,其绝对压强为 101 325 Pa,而相对压强则为 0。

当绝对压强值小于大气压强值时,相对压强会出现负值,称为负压。此时流体会发生真空现象,以负压的大小作为度量流体真空的程度,此负压称为真空度,以 p_v 表示。上式则可变化为

$$p_v = -p = -(p_{abs} - p_a) = p_a - p_{abs} \qquad (2-10)$$

上述四者的相互关系可通过图 2-9 表示。

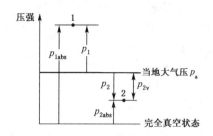

图 2-9　压强不同表达方式间的关系

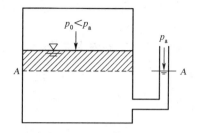

图 2-10　密闭容器

需要加以注意的是,液体和气体都可以出现真空。如图 2-10 所示,左侧为一密闭容器,右侧接一上端开口通大气的细玻璃管,该玻璃管称为测压管。测压管的液体表面作用着大气压强 p_a,是自由液面。若左侧容器内流体的表面压强 $p_0 < p_a$,则在等压面 A-A 以上的液体(画有斜线部分)以及容器液体表面以上的气体压强均小于大气压强,该部分的液体和气体均出现真空。

2) 压强的计量单位

压强的国际单位为 Pa,也常用 kPa 和 MPa。但在实际工程计算中,仍会出现一些以液柱高度来表示压强大小或以大气压为单位来表示压强。

任何一种压强(包括绝对压强、相对压强和真空压强)的大小都可以用某种已知流体的液柱高度($h = \dfrac{p}{\rho g}$)来表示。工程中,常用的液柱高度为水柱高度和汞柱高度,其单位为 mH_2O、mmH_2O 和 mmHg。

如前所述,各地大气压不同。国际上规定标准大气压(Standard Atmosphere),符号为 atm,1 atm = 101 325 Pa。此外,工程界为便于计算,采用工程大气压,符号 at,1 at = 98 000 Pa,也有用 1 at = 0.1 MPa。

$$1 \text{ at} = 98\,000 \text{ Pa} = 10 \text{ mH}_2\text{O} = 736 \text{ mmHg}$$

压强的上述三种计量单位在工程实际中经常采用,需熟练掌握,灵活应用。

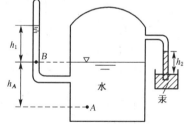

图 2-11　测点静压强计算

【例 2-1】　如图 2-11 所示,左侧玻璃管顶端封闭,水面气体的绝对压强 $p_{1abs} = 0.75$ at,右侧玻璃管倒插在汞槽中,汞柱上升高度 $h_2 = 120$ mm,水面下 A 点的淹没深度 $h_A = 2$ m。试求:(1) 容器内水面的绝对压强 p_{2abs} 和真空度 p_{2v};(2) A 点的相对压强 p_A;(3) 左侧管内水面超出容器内水面的高度 h_1。

【解】　(1) 求 p_{2abs} 和 p_{2v}。

气体的容重很小,在小范围内可以忽略气柱产生的压强,故本题中右侧汞柱液面的压强就是容器内液面的压强 p_{2abs}。由式(2-8):

$$p_a = p_{2abs} + \rho_{Hg} g h_2$$

则

$$p_{2abs} = p_a - \rho_{Hg} g h_2 = 98\,000 \text{ Pa} - 13\,600 \text{ kg/m}^3 \times 9.8 \text{ m/s}^2 \times 0.12 \text{ m} = 82 \text{ kPa}$$

由式(2-10)得

$$p_{2v} = p_a - p_{2abs} = 98 \text{ kPa} - 82 \text{ kPa} = 16 \text{ kPa}$$

(2) 求 p_A

由式(2-10)知,容器内水面的相对压强为

$$p_2 = -p_{2v} = -16 \text{ kPa}$$

则由式(2-8)得

$$p_A = p_2 + \rho g h_A = -16 \text{ kPa} + 1\,000 \text{ kg/m}^3 \times 9.8 \text{ m/s}^2 \times 2 \text{ m} = 3.6 \text{ kPa}$$

(3) 求 h_1

如图 2-11,容器内水面与左侧管内 B 点在同一等压面上,则由式(2-8)得

$$p_{1abs} + \rho g h_1 = p_{2abs}$$

则

$$h_1 = \frac{p_{2abs} - p_{1abs}}{\rho g} = \frac{82 \text{ kPa} - 0.75 \times 98 \text{ kPa}}{1\,000 \text{ kg/m}^3 \times 9.8 \text{ m/s}^2} = 0.87 \text{ m}$$

【例 2-2】 一密闭容器如图 2-12 所示。若水面的相对压强 $p_0 = -44.5 \text{ kPa}$,水面下 M 点的淹没深度 $h' = 2 \text{ m}$。试求:(1) 容器内水面到测压管水面的铅直距离 h;(2) 水面下 M 点的绝对压强、相对压强及真空度。

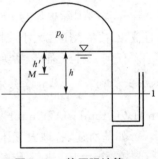

图 2-12 静压强计算

【解】 (1) 求 h

图中 1-1 水平面为相对压强为零的等压面,由式(2-8)得

$$p_0 + \rho g h = 0$$

$$h = -\frac{p_0}{\rho g} = -\frac{-44.5 \text{ kPa}}{1\,000 \text{ kg/m}^3 \times 9.8 \text{ m/s}^2} = 4.54 \text{ m}$$

(2) 求 M 点的压强

① 相对压强

由式(2-8)得

$$p_M = p_0 + \rho g h' = -44.5 \text{ kPa} + 1\,000 \text{ kg/m}^3 \times 9.8 \text{ m/s}^2 \times 2 \text{ m} = -24.9 \text{ kPa}$$

② 绝对压强 $\quad p_{Mabs} = p_M + p_a = -24.9 \text{ kPa} + 98 \text{ kPa} = 73.1 \text{ kPa}$

也可表示为 $7.46 \text{ mH}_2\text{O}$ $\quad \left(= \dfrac{p_{Mabs}}{\rho g} = \dfrac{73.1 \text{ kPa}}{1\,000 \text{ kg/m}^3 \times 9.8 \text{ m/s}^2} = 7.46 \text{ m}\right)$

③ 真空压强 $\quad P_{Mv} = -p_M = -(-24.9 \text{ kPa}) = 24.9 \text{ kPa}$

也可表示为 $\quad 0.25 \text{ at} \left(= \dfrac{24.9}{98} = 0.25 \text{ at}\right)$

2.3.3 测压管水头、单位势能

研究流体静力学方程式(2-6) $z + \dfrac{p}{\rho g} = C$ 具有的几何意义和物理意义。

1）几何意义

式(2-6)中各项都具有长度的量纲,可以用几何高度表示。

在图2-13所示容器的侧壁上装一测压管,测压管可以装在侧壁和底部上任意一点。取任意水平面$O\text{-}O$为基准面。对于流体中任一点(如A点),测压管自由液面K到基准面的高度由两部分组成:

z——某点在基准面以上的高度,称为位置水头;

$\dfrac{p}{\rho g}$——测压管自由液面到该点的高度,也是该点压强所形成的液柱高度,即测压管高度,称为压强水头;

$z+\dfrac{p}{\rho g}$——测压管液面至基准面的高度,称为测压管水头,以H表示。

式(2-6)表明,对于静止流体中任意点的测压管水头H为常数。

2）物理意义

由物理学知识可知,把重量为G的物体从基准面移到高度z后,该物体对所选基准面而言,具有的位能是Gz。对于单位重量流体而言,位能就是$\dfrac{Gz}{G}=z$。因此,z的物理意义就是单位重量流体对于某一基准面的位能。

同理可推,$\dfrac{p}{\rho g}$的能量意义为单位重量流体所具有的压强势能,简称压能。$z+\dfrac{p}{\rho g}$代表了位能与压能之和,是单位重量流体所具有的总势能。式(2-6)表明:在静止流体内部,各点单位重量流体具有的总势能相等。

如图2-13,由式(2-6)可知:

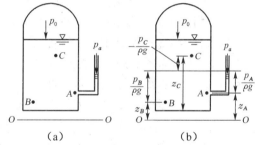

图2-13　静力学方程几何意义

$$z_A+\frac{p_A}{\rho g}=z_B+\frac{p_B}{\rho g}=z_C+\frac{p_C}{\rho g} \tag{2-11}$$

式(2-11)是流体静力学基本方程的另一种形式,它的使用条件是静止的、连续的、质量力只有重力的同一均质流体。

结合静压强的基本方程考虑,有以下几个注意点:

(1)测压管的液面是自由液面,当以相对压强计算时,自由液面的压强等于零,而液体中任意点的$\dfrac{p}{\rho g}$实质上是相对压强所形成的压强水头。

如果容器是敞开的,液体表面与大气相接触,即$p_0=p_a$,液体表面压强为大气压;如果容器是封闭的,且液体表面压强p_0大于或小于大气压强p_a,则容器内的液面就低于或高于测压管的液面。因此,液体中任意点的$\dfrac{p}{\rho g}$并不一定等于封闭容器中液面以下相应点的水深h。

(2)不论容器中的p_0等于、大于还是小于大气压强,静止液体内各点的测压管水头H均为常数,都等于自由液面至基准面的距离。H和z的大小都与所选基准面的位置有关,而压强水头$\dfrac{p}{\rho g}$与基准面的位置无关。

【例 2-3】 试标出图示盛液容器内 A、B 和 C 三点的位置水头、压强水头和测压管水头。以图示 O-O 为基准面。

【解】 压强水头为相对压强的液柱高度，即测压管高度；位置水头为流体质点至基准面的位置高度。

显然，A 点的压强水头 $\dfrac{p_A}{\rho g}$、位置水头 z_A 和测压管水头 $\left(\dfrac{p_A}{\rho g}+z_A\right)$ 如图 2-13(b)图所示。

按式(2-11)，在静止流体内部任意质点的测压管水头相等。那么，以 A 点的测压管水头为依据，B 点的位置水头 z_B 和压强水头 $\dfrac{p_B}{\rho g}$ 可以确定如图。至于 C 点，因为位于测压管水头之上，$p_C < p_a$，故该点的压强水头为 $\left(-\dfrac{p_C}{\rho g}\right)$。如图 2-13(b)所示。

2.3.4 静压强分布图

表示静压强沿受压面分布情况的几何图形称为静压强分布图。以线条长度表示压强的大小，以线端箭头表示压强的作用方向。需要指出的是这里的静压强为相对压强。静压强分布图的绘制规则是：

（1）按照一定的比例尺，用一定长度的线段代表静压强的大小。

（2）用箭头标出静压强的方向，并与该处作用面互相垂直。

需要注意的是：因为静压强与淹没深度之间的关系是直线函数关系，在受压面为平面的情况下，压强分布图的外包线为直线；当受压面为曲面时，曲面的长度与水深不成直线函数关系，故压强分布图的外包线亦为曲线。

图 2-14 所示为一矩形平面闸门，一侧挡水，水面为大气压强，其铅垂剖面为 AB，因为 p 与 h 呈线性关系，所以只需确定 A、B 两点的压强值，连以直线，即可得到该剖面上的压强分布图。闸门挡水面与水面的交点 A 处，水深为零，压强 $p_A = 0$；闸门挡水面最低点 B 处，水深为 h，压强 $p_B = \rho g h$。因压强与受压面垂直，由 B 点作垂直于 AB 的线段 BC，取 $BC = \rho g h$。连接 AC，则三角形 ACB 即为矩形平面闸门上任一铅垂剖面上的静压强分布图。

图 2-15 所示的挡水面 ABC 为折线。在 B 点有两个不同方向的压强分别垂直于 AB 及 BC。根据压强的特性，这两个压强大小相等，都等于 $\rho g h_1$，其压强分布图如图 2-15 所示。

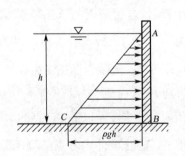

图 2-14 矩形平面闸门的压强分布图

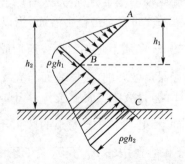

图 2-15 受压面为折线的压强分布图

图 2-16 所示为一矩形平面闸门，两侧有水，其水深分别为 h_1 和 h_2。在此情况下，闸门

上任一铅垂剖面两侧的静压强分布图分别为三角形 ABC 和 DBE。因闸门两侧静压强的方向相反,将两侧压强分布图相减,可得矩形平面闸门上的压强分布图为梯形 AFGB,压强的方向如图所示。

弧形闸门的压强分布为一曲线分布,如图 2-17 所示。

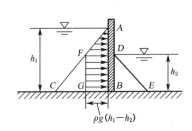

图 2-16 双面受压平板的静压强分布图

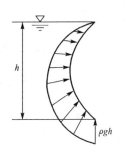

图 2-17 弧形闸门静压强分布图

2.4 压强的测量

实用中,测量流体压强的仪表种类很多,根据其测压原理,主要可以分为液柱式测压计、弹性式测压计和电测式测压计三类。液柱式测压计是以静力学基本方程原理为基础,将被测压强转换成液柱的高差进行测量。其简单、直观、精度较高,但测量范围较小,故常用在实验室或实际生产中测量低压、负压和压差。这里我们只介绍液柱式测压计,关于弹性式测压计和电测式测压计可参考相关资料。

1）U 形水银测压计

前面介绍的测压管只适用于测量较小的压强,否则需要的玻璃管过长,应用不方便。测量较大的压强可用水银测压计。水银的密度较大,沉于被测量流体的下部,测压计需为 U 形。在压差的作用下,水银面出现高差。如图2-18中 B 点的压强为

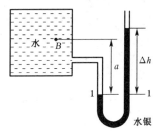

图 2-18 U 形水银测压计

$$p_B = \rho_{水银} g \Delta h - \rho_{水} g a$$

2）压差计

在工程实际使用中,由于许多情况往往关心的是两测压点间的压强差或测压管水头差,这时就可以采用压差计来进行测量。压差计又称比压计,是用于测量液体或气体两点间压强差或测压管水头差的仪器。水银压差计是常用的一种液柱式压差计。

U 形水银压差计实际上就是水银压差计。如图2-19,将其两端分别与两测点 A、B 相连,就可实现该两点压强差或测压管水头差的测量。

图中 MN 为等压面,由 $p_M = p_N$,得

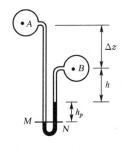

图 2-19 水银压差计

$$p_A + \rho_{水} g(\Delta z + h + h_p) = p_B + \rho_{水} gh + \rho_{水银} gh_p$$

即 A、B 两测点的压强差为

$$p_A - p_B = (\rho_{水银} - \rho_{水})gh_p - \rho_{水} g\Delta z \qquad (2\text{-}12)$$

其中

$$\Delta z = z_A - z_B$$

将上式各项同除以 ρg 并整理可得 A、B 两点测压管水头差为

$$\left(z_A + \frac{p_A}{\rho g}\right) - \left(z_B + \frac{p_B}{\rho g}\right) = \left(\frac{\rho_{水银}}{\rho_{水}} - 1\right)h_p = 12.6h_p \qquad (2\text{-}13)$$

可见，当两测点流体密度已知时，测得水银压差计中的 h_p 和 A、B 两测点的位置水头 z_A 和 z_B，由式(2-12)即可求得压强差值；在两测点流体相同的情况下，其测压管水头差可直接根据测得的 h_p 值，由式(2-13)求得，而不需要考虑 A、B 两测点的位置高度 z_A 和 z_B。

【例 2-4】 测压装置如图 2-20。已测得 A 球压力表读数为 0.25 at，测压计内水银面之间的空间充满酒精，已知 $h_1 = 20$ cm，$h_2 = 25$ cm，$h = 70$ cm，水银和酒精密度：$\rho_{水银} = 13\,600$ kg/m³，$\rho_{酒精} = 800$ kg/m³。试计算 B 球中空气的压强 p_B。

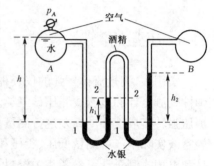

图 2-20 测压装置

【解】 由于空气的密度远远小于液体的密度，故可认为充满空气的整个空间具有相同的空气压强。即 A 球压力表读数可认为是 A 球液面的相对压强；B 球空气压强与曲管测压计中空气压强可认为相等。

于是，首先找出有关的等压面 1-1、2-2，应用静力学基本方程式(2-8)，从 A 球逐步依次推算到 B 球，得

$$p_B = p_A + \rho_{水} gh - \rho_{水银} gh_1 + \rho_{酒精} gh_1 - \rho_{水银} gh_2$$

$$= 0.25 \times 98 \text{ kPa} + 1\,000 \text{ kg/m}^3 \times 9.8 \text{ m/s}^2 \times 0.7 \text{ m} - 13\,600 \text{ kg/m}^3 \times 9.8 \text{ m/s}^2 \times$$

$$0.2 \text{ m} + 800 \text{ kg/m}^3 \times 9.8 \text{ m/s}^2 \times 0.2 \text{ m} - 13\,600 \text{ kg/m}^3 \times 9.8 \text{ m/s}^2 \times 0.25 \text{ m}$$

$$= -27.0 \text{ kPa}$$

2.5 流体的相对平衡

前面讨论了质量力仅为重力作用的流体平衡问题，本节进一步讨论重力和惯性力同时作用下流体的相对平衡问题。

相对平衡是指流体和容器之间无相对运动，而整个系统对地球来说是运动的，如果我们的参考坐标选在运动着的容器上(非惯性系)，则流体相对于容器来说是静止的。下面用平衡微分方程来讨论流体相对静止时的压强分布规律。

2.5.1 等加速直线运动容器中流体的平衡

盛水容器静止时水深 H，该容器以加速度 a 作直线运动，液面形成倾斜平面。选坐标系(非惯性坐标系)$Oxyz$，O 置于容器底面中心点，Oz 轴向上，e 点为 Oz 与液面的交点，如图 2-21 所示。

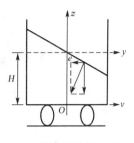

图 2-21　等加速直线运动

1) 压强分布规律

由平衡微分方程(2-3)

$$dp = \rho(Xdx + Ydy + Zdz)$$

质量力除重力外，还有惯性力，惯性力方向与加速度的方向相反，即 $X = 0$，$Y = -a$，$Z = -g$。

$$dp = \rho(-ady - gdz)$$

$$p = \rho g\left(-\frac{a}{g}y - z\right) + c \tag{2-14}$$

液面倾斜后流体体积不变，故 e 点位置不变，$y = 0$，$z = H$，$p = p_0$。由此可定出积分常数 $c = p_0 + \rho gH$，代入式(2-14) 得

$$p = p_0 + \rho g\left(H - \frac{a}{g}y - z\right) \tag{2-15}$$

令 $p = p_0$，得自由液面方程

$$z_s = H - \frac{a}{g}y \tag{2-16}$$

将式(2-16)代入式(2-15)，得

$$p = p_0 + \rho g(z_s - z) = p_0 + \rho gh \tag{2-17}$$

其中 $h = z_s - z$，为该点在自由液面下的淹没深度。上式表明，铅垂方向压强分布规律与静止流体相同。

2) 等压面

在式(2-15)中，令 $p = $ 常数，得等压面方程

$$z = -\frac{a}{g}y + c_1$$

等压面是一簇倾斜平面，其斜率 $k_1 = -\dfrac{a}{g}$，而质量力作用线的斜率 $k_2 = \dfrac{g}{a}$，两者的乘积为 -1，说明等压面与质量力正交。

3) 测压管水头

由式(2-14)得

$$z + \frac{p}{\rho g} = c_2 - \frac{a}{g}y$$

可见,在同一个横断面(坐标 y 一定)上,各点的测压管水头相等。

$$z + \frac{p}{\rho g} = c'$$

2.5.2 等角速度旋转容器中的流体平衡

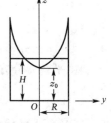

盛有流体的圆柱形容器,静止时流体深度为 H,该容器绕垂直轴以角速度 ω 旋转。由于流体的黏滞作用,经过一段时间后,容器流体质点以同样角速度旋转,流体与容器以及流体质点之间无相对运动,液面形成抛物面。

选动坐标系(非惯性坐标系)$Oxyz$,O 点置于容器底面中心点,Oz 轴与旋转轴重合,如图 2-22 所示。

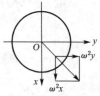

1) 压强分布规律

由式(2-3) $dp = \rho(Xdx + Ydy + Zdz)$ 质量力除重力外,计入惯性力,惯性力的方向与加速度的方向相反,为离心方向,即

图 2-22 等角速度旋转运动

$$X = \omega^2 x, \ Y = \omega^2 y, \ Z = -g$$

$$dp = \rho(\omega^2 x dx + \omega^2 y dy - g dz)$$

$$p = \rho g \left[\frac{\omega^2 (x^2 + y^2)}{2g} - z \right] + c = \rho g \left(\frac{\omega^2 r^2}{2g} - z \right) + c \tag{2-18}$$

由边界条件 $r = 0$,$z = z_0$,$p = p_0$,确定积分常数 $c = p_0 + \rho g z_0$,则

$$p = p_0 + \rho g \left[(z_0 - z) + \frac{\omega^2 r^2}{2g} \right] \tag{2-19}$$

2) 等压面

在式(2-19)中,令 $p = $ 常数,得等压面方程

$$z = \frac{\omega^2 r^2}{2g} + c \tag{2-20}$$

等压面是一簇旋转抛物面。

在式(2-19)中,令 $p = p_0$,得自由液面方程

$$z_s = z_0 + \frac{\omega^2 r^2}{2g} \tag{2-21}$$

将 $z_s - z_0 = \frac{\omega^2 r^2}{2g}$ 代入式(2-19):

$$p = p_0 + \rho g \left[(z_0 - z) + (z_s - z_0) \right] = p_0 + \rho g (z_s - z) = p_0 + \rho g h \tag{2-22}$$

式(2-22)表明,铅垂方向压强分布规律与静止流体相同。对于开口容器 $p_0 = p_a$,以相对压强计,上式化简为

$$p = \rho g h$$

式中：h——该点在自由液面下的淹没深度。

3）测压管水头

由式(2-18)，得

$$z + \frac{p}{\rho g} = c_1 + \frac{\omega^2 r^2}{2g}$$

在同一个圆柱面（r 一定）上，测压管水头相等，即

$$z + \frac{p}{\rho g} = C'$$

式中，C' 为常量。

2.6 液体作用在平面上的总压力

在工程中，除了要知道静止流体的压强分布规律之外，还要确定流体作用在结构物表面上的总压力的大小和作用点，下面我们主要讨论静止液体对固体边壁的作用力的大小、方向及其求解方法。

在已知静压强分布规律后，求流体压力的问题实质上是一个求受压面上分布力的合力问题。受压面可以是平面，也可以是曲面，本节讨论平面上液体压力的计算。

平面上流体压力的方向与平面上静压强的方向是一致的，即垂直指向作用面。因此，平面上液体压力的计算问题就是确定其大小和作用点。对于静止液体，平面上液体压力的大小和作用点可采用解析法和图解法计算。

2.6.1 解析法

1）总压力的大小和方向

设任意形状平面，面积为 A，与水平面夹角为 α（图 2-23）。选坐标系，以平面的延伸面与液面的交线为 Ox 轴。Oy 轴垂直于 Ox 轴向下。将平面所在坐标平面绕 Oy 轴旋转 $90°$，展现受压平面，如图 2-23 所示。

在受压面上，围绕任一点 (x, y) 取微元面积 $\mathrm{d}A$，流体作用在 $\mathrm{d}A$ 上的压力为

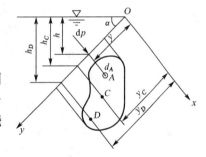

图 2-23 平面上液体总压力(解析)

$$\mathrm{d}F = \rho g h \,\mathrm{d}A = \rho g y \sin \alpha \,\mathrm{d}A$$

作用在平面上的总压力是平行力系的合力，即

$$F = \int \mathrm{d}F = \rho g \sin \alpha \int_A y \,\mathrm{d}A$$

积分 $\int_A y\mathrm{d}A$ 是受压面 A 对 Ox 轴的静矩，将 $\int_A y\mathrm{d}A = y_C A$ 代入上式，且有 $y_C \sin\alpha = h_C$，$\rho g h_C = p_C$。则平面上总压力为

$$F = \rho g y_C A \sin\alpha = \rho g h_C A = p_C A \tag{2-23}$$

式中：F——平面上静止总压力；

h_C——受压面形心点的淹没深度；

p_C——受压面形心点的压强。

上式表明,任意形状平面上的静总压力的大小等于受压面面积与其形心点的压强的乘积。总压力的方向沿受压面的内法线方向,即垂直指向受压面。

2) 总压力的作用点

设总压力作用点(压力中心)D 到 Ox 轴的距离为 y_D,根据合力矩定律,则

$$Fy_D = \int_A y \mathrm{d}F = \int_A y^2 \mathrm{d}A \cdot \rho g \sin\alpha$$

积分 $\int_A y^2 \mathrm{d}A$ 是受压面 A 对 Ox 轴的惯性矩,以 $\int_A y^2 \mathrm{d}A = I_x$ 代入上式得

$$Fy_D = \rho g \sin\alpha I_x$$

将式(2-23)代入化简,得

$$y_D = \frac{I_x}{y_C A} \tag{2-24}$$

由平行移轴公式 $I_x = I_C + y_C^2 A$ 代入得

$$y_D = y_C + \frac{I_C}{y_C A} \tag{2-25}$$

式中：y_D——总压力作用点到 Ox 轴的距离；

y_C——受压面形心到 Ox 轴的距离；

I_C——受压面对平行于 Ox 轴的形心轴的惯性矩；

A——受压面的面积。

其中,$\dfrac{I_x}{y_C A} > 0$,故 $y_D > y_C$,即总压力作用点 D 一般在受压面形心 C 之下。这是压强分布规律导致的必然结果；只有在受压面为水平面的情况下,平面上的压强分布是均匀的,压力中心 D 与形心 C 重合,才有 $y_D = y_C, h_D = h_C$。

几种常见图形的面积 A、形心坐标 l_C 及惯性矩 I_C 的值见表 2-1。

同样,对 Oy 轴应用合力矩定理也可以求出 x_D。然而在工程实际中遇到的平面图形大多具有与 Oy 轴平行的对称轴,此时压力中心 D 必位于对称轴上,无需再计算 x_D。

表 2-1　常见图形的几何特征量

几何图形名称	面积 A	形心坐标 l_C	通过形心轴的惯性矩 I_C	几何图形名称	面积 A	形心坐标 l_C	通过形心轴的惯性矩 I_C
矩形	bh	$\dfrac{1}{2}h$	$\dfrac{1}{12}bh^3$	梯形	$\dfrac{h}{2}(a+b)$	$\dfrac{h}{3}\cdot\dfrac{(a+2b)}{(a+b)}$	$\dfrac{h^3}{36}\cdot\left[\dfrac{a^2+4ab+b^2}{a+b}\right]$

几何图形名称	面积 A	形心坐标 l_C	通过形心轴的惯性矩 I_C	几何图形名称	面积 A	形心坐标 l_C	通过形心轴的惯性矩 I_C
三角形	$\dfrac{1}{2}bh$	$\dfrac{2}{3}h$	$\dfrac{1}{36}bh^3$	圆	$\dfrac{\pi}{4}d^2$	$\dfrac{d}{2}$	$\dfrac{\pi}{64}d^4$
半圆	$\dfrac{\pi}{8}d^2$	$\dfrac{4r}{3\pi}$	$\dfrac{(9\pi^2-64)}{72\pi}r^4$	椭圆	$\dfrac{\pi}{4}bh$	$\dfrac{h}{2}$	$\dfrac{\pi}{64}bh^3$

2.6.2 图解法

对于上边缘与液面平行的矩形平板,一般用图解法比较方便,其步骤是先绘出压强分布图,然后根据压强分布图求总压力。

1)压强分布图

在 2.3.4 节中已讲过,压强分布图是在受压面承压的一侧,以一定比例尺的矢量线段表示压强大小和方向的图形。它是流体静压强分布规律的几何图示。对于与大气连通的容器,流体的相对压强 $p = \rho gh$,故压强沿水深呈直线分布。只要把上、下两点的压强用线段绘出,中间以直线相连,就得到相对压强分布图。几种常见图形压强分布图见图 2-24。

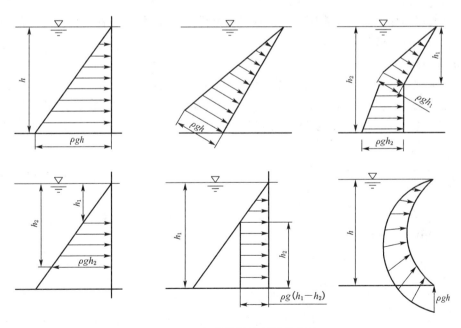

图 2-24 几种常见的压强分布图

2）流体总压力 F 的大小

设底边平行于液面的矩形平面 AB，与水平面夹角为 α，平面宽度为 b，上下底边的淹没深度为 h_2 和 h_1（图 2-25）。

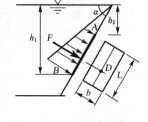

根据压强分布规律，其压强分布图为梯形，总压力的大小等于压强分布图的面积 S 乘以受压面的宽度 b，即

$$F = bS = V \tag{2-26}$$

图 2-25　平面总压力（图解）

根据式（2-23）

$$F = p_C A = \rho g h_C A = \rho g \frac{h_1 + h_2}{2} bL = \frac{1}{2}\rho g L(h_1 + h_2)b$$

式中，$\frac{1}{2}\rho g L(h_1 + h_2)$ 恰为静压强分布图的面积 S。

3）流体总压力 F 的作用点

流体总压力 F 的作用线必通过压强分布图形的形心并与矩形平板的纵向对称轴相交，这一交点即为 F 的作用点 D。总压力方向为垂直指向平板作用面。

根据表 2-1 中梯形形心坐标位置 $y_C = \dfrac{h}{3} \cdot \dfrac{(a+2b)}{(a+b)}$，则对图 2-25 所示，合力作用点位置

$$y_D = \frac{L}{3} \cdot \frac{\rho g h_2 + 2\rho g h_1}{\rho g h_2 + \rho g h_1} + \frac{h_2}{\sin \alpha} = \frac{L}{3} \cdot \frac{h_2 + 2h_1}{h_2 + h_1} + \frac{h_2}{\sin \alpha}$$

D 点的淹没深度为

$$h_D = y_D \sin \alpha = \left(\frac{L}{3} \cdot \frac{h_2 + 2h_1}{h_2 + h_1} + \frac{h_2}{\sin \alpha} \right)\sin \alpha = \frac{L}{3} \cdot \frac{h_2 + 2h_1}{h_2 + h_1}\sin \alpha + h_2$$

这一关系也可由式（2-25）得到（读者可自行推导）。

通过上述两种平面上液体压力的求解方法分析可知，两种方法各有其适用的范围，要看具体情况来进行比选。

【例 2-5】 一铅直矩形平板 AB（图 2-26），板宽 $b = 4\ \mathrm{m}$，板高 $h = 3\ \mathrm{m}$，板顶水深 $h_1 = 1\ \mathrm{m}$，求静水总压力的大小及作用点。

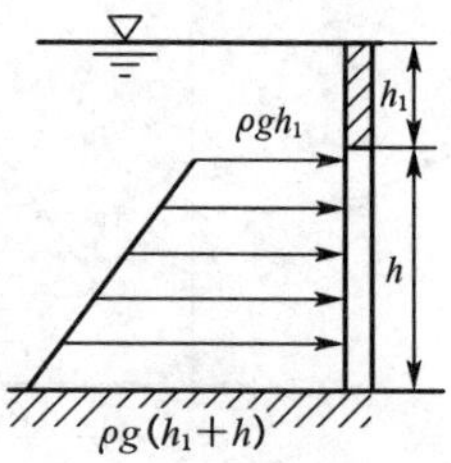

【解】 根据静止流体压强的特性，绘出平板的压强分布图（图 2-26）。总压力的作用点为 D，其淹没深度为 h_D。

（1）用解析法

由式（2-23）得总压力大小为

$$F = \rho g h_C A = \rho g \left(h_1 + \frac{h}{2} \right) b h$$

$$= 1\,000\ \mathrm{kg/m^3} \times 9.8\ \mathrm{m/s^2} \times \left(1\ \mathrm{m} + \frac{3}{2}\ \mathrm{m} \right) \times 4\ \mathrm{m} \times 3\ \mathrm{m}$$

$$= 294\ \mathrm{kN}$$

图 2-26　铅直矩形平板

由式（2-25）可知，总压力的作用点为

$$h_D = h_C + \frac{I_C}{A h_C} = \left(1\ \mathrm{m} + \frac{3}{2}\mathrm{m} \right) + \frac{\dfrac{1}{12} \times 4\ \mathrm{m} \times (3\ \mathrm{m})^3}{4\ \mathrm{m} \times 3\ \mathrm{m} \times \left(1\ \mathrm{m} + \dfrac{3}{2}\mathrm{m} \right)} = 2.8\ \mathrm{m}$$

（2）图解法，由式（2-26）

$$F = \frac{1}{2}\left[\rho g h_1 + \rho g (h_1 + h)\right]hb = \frac{1}{2}\rho g (2h_1 + h)hb$$

$$= \frac{1}{2} \times 1\ 000\ \text{kg/m}^3 \times 9.8\ \text{m/s}^2 \times (2 \times 1\ \text{m} + 3\ \text{m}) \times 3\ \text{m} \times 4\ \text{m} = 294\ \text{kN}$$

压强分布图的重心可从表 2-1 得

$$l_C = \frac{h}{3}\left(\frac{a + 2b}{a + b}\right)$$

这里 $h = 3\ \text{m}$，$a = h_1 = 1\ \text{m}$，$b = h_1 + h = 1\ \text{m} + 3\ \text{m} = 4\ \text{m}$，所以

$$l_C = \frac{3\ \text{m}}{3}\left(\frac{1\ \text{m} + 2 \times 4\ \text{m}}{1\ \text{m} + 4\ \text{m}}\right) = 1.8\ \text{m}$$

总压力作用点位置

$$h_D = h_1 + l_C = 1\ \text{m} + 1.8\ \text{m} = 2.8\ \text{m}$$

【例 2-6】　某干渠进口为一底孔引水洞，引水洞进口处设矩形平面闸门，其高度 $a = 2.5\ \text{m}$，宽度 $b = 2.0\ \text{m}$。闸门前水深 $H = 7.0\ \text{m}$，闸门倾斜角为 $60°$，如图 2-27 所示。求作用于闸门上的静水总压力的大小和作用点。

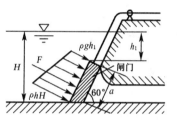

【解】　（1）求静水总压力。闸门形心处的水深

$$h_C = H - \frac{a}{2}\sin 60° = 7.0\ \text{m} - \frac{2.5\ \text{m}}{2} \times \sin 60° = 5.92\ \text{m}$$

图 2-27　倾斜平板闸门

闸门面积　　　　　　　$A = ab = 2.5\ \text{m} \times 2\ \text{m} = 5.0\ \text{m}^2$

由式（2-23）得闸门上的静水总压力

$$F = \rho g h_C A = 1\ 000\ \text{kg/m}^3 \times 9.8\ \text{m/s}^2 \times 5.92\ \text{m} \times 5\ \text{m}^2 = 290.08\ \text{kN}$$

（2）确定静水总压力作用点 D 的坐标 y_D。

根据 $y_D = y_C + \dfrac{I_C}{y_C A}$，其中 $y_C = \dfrac{h_C}{\sin 60°} = \dfrac{5.92\ \text{m}}{\sin 60°} = 6.84\ \text{m}$

矩形闸门对其形心轴的惯性矩为

$$I_C = \frac{1}{12}ba^3 = \frac{1}{12} \times 2.0\ \text{m} \times (2.5\ \text{m})^3 = 2.60\ \text{m}^4$$

故　　　　　$y_D = y_C + \frac{I_C}{y_C A} = 6.84\ \text{m} + \frac{2.60\ \text{m}^4}{6.84\ \text{m} \times 5.0\ \text{m}^2} = 6.92\ \text{m}$

静水总压力作用点 D 在水面下的深度为

$$h_D = y_D \sin 60° = 6.92\ \text{m} \times \sin 60° = 5.99\ \text{m}$$

【例 2-7】 某引水闸采用矩形平面钢闸门挡水，如图 2-28所示。闸门宽度 $B=4.0$ m，上游水深 $H=2.0$ m。水压力经闸门面板传到两根横梁上，要求每根横梁所受荷载相等，试确定两根横梁的位置。

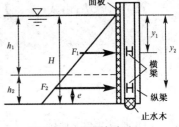

图 2-28　平面钢闸门

【解】 取闸门的单位宽度，即 $b=1$ m 来分析。闸门单位宽度上所受的静水总压力为

$$F = \frac{1}{2}\rho g H^2 b = \frac{1}{2} \times 1\,000 \text{ kg/m}^3 \times 9.8 \text{ m/s}^2 \times (2 \text{ m})^2 \times 1 \text{ m} = 19.6 \text{ kN}$$

每根横梁所受荷载相等，则每根梁单位宽度上所受的水压力为

$$F_1 = F_2 = \frac{1}{2}F = \frac{1}{2} \times 19.6 \text{ kN} = 9.8 \text{ kN}$$

把 F 的压强分布图分为上、下两部分。求 F_1 和 F_2 所代表的该两部分压强分布图的高度 h_1 和 h_2。因 $F_1 = \frac{1}{2}\rho g h_1^2 b$，所以

$$h_1 = \sqrt{\frac{2F_1}{\rho g b}} = \sqrt{\frac{2 \times 9.8 \text{ kN}}{1\,000 \text{ kg/m}^3 \times 9.8 \text{ m/s}^2 \times 1 \text{ m}}} = 1.41 \text{ m}$$

$$h_2 = H - h_1 = 2.0 \text{ m} - 1.41 \text{ m} = 0.59 \text{ m}$$

F_1 和 F_2 的作用线分别通过上、下两部分压强分布图的形心，垂直指向闸门。设 y_1 和 y_2 分别为 F_1 和 F_2 作用线到水面的距离。或者说，分别是两根横梁到水面的距离，则

$$y_1 = \frac{2}{3}h_1 = \frac{2}{3} \times 1.41 \text{ m} = 0.94 \text{ m}$$

下部分压强分布图为梯形。梯形的形心到底边的距离 e 可按表 2-1 计算。对比可知 $b = \rho g h_1 = 1\,000 \text{ kg/m}^3 \times 9.8 \text{ m/s}^2 \times 1.41 \text{ m} = 13.82 \text{ kPa}$，$a = \rho g H = 1\,000 \text{ kg/m}^3 \times 9.8 \text{ m/s}^2 \times 2 \text{ m} = 19.6 \text{ kPa}$，$h = h_2 = 0.59 \text{ m}$。则

$$l_c = e = \frac{h}{3} \cdot \frac{a+2b}{a+b} = \frac{0.59 \text{ m}}{3} \cdot \frac{2 \times 13.82 \text{ kPa} + 19.6 \text{ kPa}}{13.82 \text{ kPa} + 19.6 \text{ kPa}} = 0.28 \text{ m}$$

$$y_2 = H - e = 2.0 \text{ m} - 0.28 \text{ m} = 1.72 \text{ m}$$

2.7　作用在曲面上的液体压力

2.7.1　曲面上的流体总压力

作用于任意曲面上各点处的静止液体压强总是沿着作用面的内法线方向，由于曲面上各点的法线方向各不相同，彼此既不平行也不一定相交于一点，因此不能采用求平面总压力的直接积分法求和，通常将总压力分解为水平方向和垂直方向，然后合成。本节着重讨论工程中常见的静止液体中柱形曲面总压力的计算问题，然后再将其结论推广到三维空间曲面

中去。与平面壁静止液体总压力的计算一样,这里只考虑相对压强引起的作用。

设二向曲面 AB(柱面),母线垂直于图面,曲面的面积为 A,一侧承压。选坐标系,令 xOy 平面与液面重合,Oz 轴向下,如图 2-29 所示。

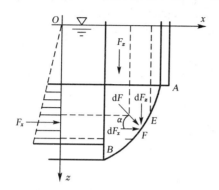 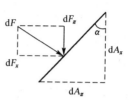

图 2-29 曲面上的总压力

在曲面上沿母线方向任取条形微元 EF,并将微元上的压力 dF 分解为水平分力和铅垂分力两部分。

$$dF_x = dF \cos \alpha = \rho g h \, dA \cos \alpha = \rho g h \, dA_x$$

$$dF_z = dF \sin \alpha = \rho g h \, dA \sin \alpha = \rho g h \, dA_z$$

式中:α——dF 与水平面的夹角;

dA_x——EF 在铅垂投影面上的投影;

dA_z——EF 在水平投影面上的投影。

总压力的水平分力为:$F_x = \int dF_x = \rho g \int_{A_x} h \, dA_x$

积分 $\int_{A_x} h \, dA_x$ 是曲面的铅垂投影面 A_x 对 Oy 轴的静矩,$\int_{A_x} h \, dA_x = h_c A_x$,代入上式,得

$$F_x = \rho g h_c A_x = p_c A_x \tag{2-27}$$

上式表明,液体作用在曲面上总压力的水平分力,等于作用在该曲面的铅垂投影面上的压力。可以按照确定平面总压力的方法来求解 F_x。

式中:F_x——曲面上总压力的水平分力;

A_x——曲面的铅垂投影面积;

h_c——投影面 A_x 形心点淹没深度;

p_c——投影面 A_x 形心点的压强。

总压力的铅垂分力为:$F_z = \int dF_z = \rho g \int_{A_z} h \, dA_z$

积分 $\int_{A_z} h \, dA_z$ 表示曲面到自由液面(或自由液面的延伸面)之间的铅垂曲底柱体的体积,称之为压力体,以 V_p 表示,则

$$F_z = \rho g V_p \tag{2-28}$$

上式表明,液体作用曲面上总压力的铅垂分力等于压力体的重量。

液体作用在二向曲面上的总压力是平面汇交力系的合力,为

$$F = \sqrt{F_x^2 + F_z^2} \tag{2-29}$$

总压力作用线与水平面夹角为

$$\tan\alpha = \frac{F_z}{F_y}, \quad \alpha = \arctan\frac{F_z}{F_x} \tag{2-30}$$

过 F_x 作用线(通过 A_x 压强分布图形心)和 F_z 作用线(通过压力体的形心)的交点,作与水平面成 α 角的直线就是总压力作用线,该线与曲面的交点即为总压力作用点。

2.7.2 曲面上的压力体

式(2-28)中,积分 $V_p = \int_{A_z} h\,\mathrm{d}A_z$ 表示的几何体积称为压力体。

注意,压力体只是作为计算铅垂分力 F_z 而引入的一个数值当量,它并不一定都是由实际流体构成的(见下面实、虚压力体的概念),但 F_z 的大小总是等于充满于压力体的液体重量。

可见,正确绘制压力体是计算铅垂分力 F_z 的关键。压力体一般是由三种面所组成的几何柱状体,它的两个端面为受压曲面本身和它在自由液面或自由液面的延伸面上的投影面,侧面为沿着受压面的边缘向自由液面或自由液面的延伸面所作的铅垂面。注意,这里所提到的自由液面,是指相对压强为零的液面,即测压管液面。当液体的相对压强不为零,即液面不是自由液面(或测压管水面)时,确定压力体就必须以测压管液面为准,而不能以原液面为准了。

压力体可用下列方法确定:设想取铅垂线沿曲面边缘平行移动一周,割出的以自由液面(或延伸面)为上底,曲面本身为下底的柱体就是压力体。

根据曲面承压位置的不同,压力体大致分为以下三种情况:

1) 实压力体

压力体和流体在曲面 AB 的同侧。此时假想压力体内盛有液体,习惯上称为实压力体。F_z 方向向下,如图 2-30。

2) 虚压力体

压力体和液体在曲面 AB 的异侧,其上底面为自由液面的延伸面,压力体内无液体,习惯上称为虚压力体,F_z 方向向上,如图 2-31。

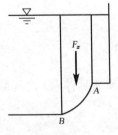

图 2-30 实压力体

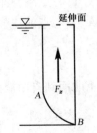

图 2-31 虚压力体

3) 压力体迭加

对于水平投影重叠(即受压曲面为凹凸相间)的复杂曲面,可在曲面与铅垂面相切处将其分为几个部分,分别确定各部分曲面的压力体和竖直分力的方向,然后通过相迭加来确定整个曲面上铅垂分力 F_z 的大小和方向。如图 2-32,可将图(a)中的受压曲面 AB 分为 AC、CD 和 DB 三个部分,各部分的压力体及相应的铅垂分力方向如图(b)、(c)、(d)所示,迭加后的压力体和铅垂分力的方向如图(e)所示。

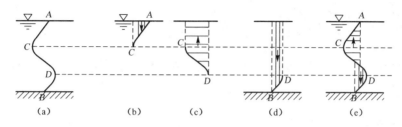

图 2-32 压力体迭加

【例 2-8】 某薄壁钢管直径为 d,承受最大液体压强为 p,由于 $\dfrac{p}{\rho g}$ 比 d 大得多,可以认为钢管内壁的压强是均匀分布的,如图 2-33(a) 所示。若钢管的允许拉应力为 $[\sigma]$,试求管壁的厚度 δ 为多少。

【解】 设管道长度为 Δl,因为可以认为钢管内壁的压强是均匀分布的,故可沿管道任一直径方向将管段分为两半,取其一半分析受力条件。显然,对于如图 2-33(b) 所示的这半个管段而言,在 y 方向的液体压力相互抵消,只有 x 方向的液体压力,即

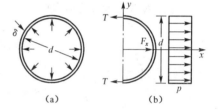

图 2-33 压力管管壁压力

$$F = F_x = pd\,\Delta l$$

为了维持这半个管段的平衡,必有

$$2T = 2\delta\Delta l[\sigma] = pd\,\Delta l$$

故使管段不破裂的管壁厚度 δ 应为

$$\delta \geqslant \frac{p \cdot d}{2[\sigma]}$$

【例 2-9】 某挡水坝如图 2-34 所示。已知 $h_1 = 6\,\text{m}$,$h_2 = 12\,\text{m}$,$l_1 = 5\,\text{m}$,$l_2 = 12\,\text{m}$,试求作用在单位宽度坝面上的静水总压力的大小、方向及该静水总压力对 O 点的力矩。

【解】 上游坝面 ABC 为一折面,可将其视为一特殊曲面计算坝面上的静水总压力。

水平分力由式(2-27)得

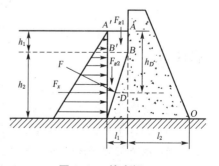

图 2-34 挡水坝

$$F_x = \rho g h_c A_x = \rho g \left(\frac{h_1 + h_2}{2} \right) (h_1 + h_2) b$$

$$= 1\,000 \text{ kg/m}^3 \times 9.8 \text{ m/s}^2 \times \left(\frac{6 \text{ m} + 12 \text{ m}}{2} \right) (6 \text{ m} + 12 \text{ m}) \times 1 \text{ m}$$

$$= 1\,587.6 \text{ kN}$$

竖直分力由式(2-28)得

$$F_z = \rho g V_p = \rho g \left[l_1 (h_1 + h_2) - \frac{1}{2} l_1 h_2 \right] b$$

$$= 1\,000 \text{ kg/m}^3 \times 9.8 \text{ m/s}^2 \times \left(5 \text{ m} \times (6 \text{ m} + 12 \text{ m}) - \frac{1}{2} \times 5 \text{ m} \times 12 \text{ m} \right) \times 1 \text{ m}$$

$$= 588 \text{ kN}$$

合力由式(2-29)得

$$F = \sqrt{F_x^2 + F_z^2} = \sqrt{(1\,587.6 \text{ kN})^2 + (588 \text{ kN})^2} = 1\,693.0 \text{ kN}$$

F 的作用线与水平面的夹角为 α，由式(2-30)得

$$\alpha = \arctan \frac{F_z}{F_x} = \arctan \frac{588 \text{ kN}}{1\,587.6 \text{ kN}} = 20.32°$$

F 对 O 点的力矩为

$$M_O = F_x \frac{h_1 + h_2}{3} - \left[F_{z1} \left(\frac{l_1}{2} + l_2 \right) + F_{z2} \left(\frac{2}{3} l_1 + l_2 \right) \right]$$

式中

$$F_{z1} = \rho g V_{p_{AA'BB'}} = \rho g h_1 l_1 b$$

$$= 1\,000 \text{ kg/m}^3 \times 9.8 \text{ m/s}^2 \times 6 \text{ m} \times 5 \text{ m} \times 1 \text{ m} = 294 \text{ kN}$$

$$F_{z2} = \rho g V_{p_{BB'C}} = F_z - F_{z1}$$

$$= 588 \text{ kN} - 294 \text{ kN} = 294 \text{ kN}$$

$$M_O = 1\,587.6 \text{ kN} \times \frac{6 \text{ m} + 12 \text{ m}}{3} - \left[294 \text{ kN} \times \left(\frac{5 \text{ m}}{2} + 12 \text{ m} \right) + \right.$$

$$\left. 294 \text{ kN} \times \left(\frac{2}{3} \times 5 \text{ m} + 12 \text{ m} \right) \right]$$

$$= 754.6 \text{ kN} \cdot \text{m}$$

思考题

1. 静压强有几种表示方式？

2. 说明压强与水头，绝对压强与相对压强，负压与真空值间的相互关系。

3. 什么是等压面？等压面可以应用到哪些方面？

4. 流体静力学基本方程的几何意义和物理意义是什么？该方程有哪两种基本的表示形式？它们适用于何种流体，反映了静压强怎样的分布规律？

5. 如图 2-35 所示的密闭容器中,液面压强 $p_0 = 9.8\,\text{kPa}$,A 点压强为 $49\,\text{kPa}$,B 点压强为 $39.2\,\text{kPa}$,B 点在液面下的深度为 $3\,\text{m}$,则露天水池水深 $5\,\text{m}$ 处的相对压强为 _____。

    A. $5\,\text{kPa}$ B. $49\,\text{kPa}$ C. $147\,\text{kPa}$ D. $205\,\text{kPa}$

6. 如图 2-36 所示,$\rho_1 g \neq \rho_2 g$,下述哪个静力学方程正确?

    A. $z_1 + \dfrac{p_1}{\rho g} = z_2 + \dfrac{p_2}{\rho g}$ B. $z_3 + \dfrac{p_3}{\rho g} = z_2 + \dfrac{p_2}{\rho g}$

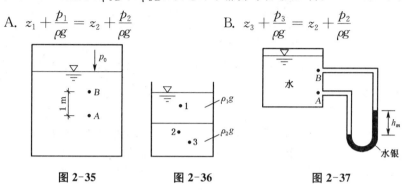

图 2-35   图 2-36   图 2-37

7. 仅在重力作用下,静止流体中任意一点对同一基准面的单位势能为 _____。

    A. 随深度增加而增加   B. 常数

    C. 随深度增加而减少   D. 不确定

8. 如图 2-37 所示 A、B 两点均位于箱内静水中,连接两点的 U 形水银压差计的液面高差为 h_m,下述三种 h_m 值正确的是 _____。

    A. $\dfrac{p_A - p_B}{\rho_m g}$ B. $\dfrac{p_A - p_B}{\rho_m g - \rho g}$ C. 0

9. 如图 2-38 所示,图(a)容器中盛有密度为 ρ_1 的流体,图(b)容器中盛有密度为 ρ_2 和 ρ_1($\rho_2 > \rho_1$)的两种流体,两容器中的水深均为 H。试问:(1) 两图中圆柱形曲面 AB 上的压力体图是否相同?(2) 如何计算图(b)中曲面 AB 上所受到的静水总压力的水平分力和竖直分力?(假设 AB 圆柱形曲面的宽度为 b)

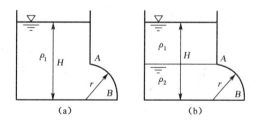

图 2-38

习题

一、单项选择题

1. 如图 2-39 所示封闭容器内表面的压强 $p_0 < p_a$,剖面 ABC 静水压强分布可能正确的是( )。

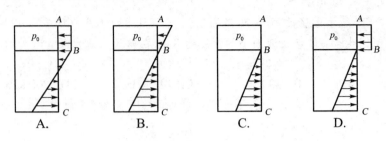

图 2-39

2. 静止流体的压强作用于某作用面的方向是（　　）。

　A. 垂直于受压面　　　　　　　　　B. 不能确定

　C. 指向于受压面　　　　　　　　　D. 垂直而且指向受压面

3. 在地球表面，只考虑重力的作用的静止流体，等压面指的是（　　）。

　A. 测压管水头相等的面　　　　　　B. 充满各种流体的水平面

　C. 充满流体且联通的水平面　　　　D. 充满均质流体且联通的水平面

4. $z+\dfrac{p}{\rho g}=C$，是流体静力学方程式，从物理意义上 $z+\dfrac{p}{\rho g}$ 正确的是（　　）。

　A. 某断面计算点单位重量流体对某一基准面所具有的位置能量

　B. 某断面计算点单位重量流体对某一基准面所具有的压力能量

　C. 某断面计算点单位重量流体对某一基准面所具有的势能

　D. 某断面计算点单位质量流体对某一基准面所具有的势能

5. 绝对压强 p_{abs} 与相对压强 p、真空值 p_v、当地大气压 p_a 之间的关系是（　　）。

　A. $p_{abs}=p+p_v$　B. $p=p_{abs}+p_a$　　　C. $p_v=p_a-p_{abs}$　　　D. $p=p_v+p_a$

6. 流体中某点的绝对压强为 $102\ kN/m^2$，若当地大气压为 1 个工程大气压，则该点的相对压强为（　　）。

　A. $1\ kN/m^2$　　　　　　　　　　B. $4\ kN/m^2$

　C. $-1\ kN/m^2$　　　　　　　　　D. $-4\ kN/m^2$

7. 如图 2-40 所示测压管 1、2，分别在轻油和重油处开孔测压，二者液面高度的关系正确的是（　　）。

　A. 1 管液面高于 2 管液面

　B. 1 管液面低于 2 管液面

　C. 1 管液面等于 2 管液面

　D. 不能确定

图 2-40

8. 金属压力表的读数值是（　　）。

　A. 绝对压强　　　　　　　　　　　B. 绝对压强加当地大气压

　C. 相对压强　　　　　　　　　　　D. 相对压强加当地大气压

9. 如图 2-41 所示，封闭罩下面为开口水池，罩内 A、B、C 的相对压强为（　　）。

　A. $p_C=0$，$p_A=3\rho g$

　B. $p_B=0$，$p_A=1\rho g$

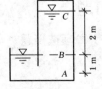

图 2-41

C. $p_C = 0$, $p_B = 2\rho g$

D. $p_B = 0$, $p_C = 2\rho g$

10. 为了求二向曲面引入压力体的概念,压力体是由三个条件构成的封闭体,下列不是构成二向曲面剖面条件的是( )。

A. 受压面曲线本身

B. 水面或水面的延长线

C. 水底或水底的延长线

D. 受压面曲线边缘点到水面或水面的延长线的铅垂线

二、计算题

1. 敞口油箱,深度为 $3\,m$,油的密度为 $800\,kg/m^3$,求箱底相对压强。

2. 一密封水箱如图 2-42 所示,若水面上的相对压强 $p_0 = -44.5\,kPa$,求:(1)h 值;(2)求水下 $0.3\,m$ M 点处的压强,要求分别用绝对压强、相对压强、真空度、水柱高及大气压表示;(3)M 点相对于基准面 0-0 的测压管水头。

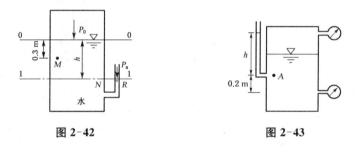

图 2-42   图 2-43

3. 如图 2-43 所示封闭水容器安装两个压力表,上压力表的读数为 $0.05\,kPa$,下压力表的读数为 $5\,kPa$,试求 A 点测压管高度 h。

4. 如图 2-44 所示盛水容器,右端安装水银测压计测得 $a = 0.2\,m$, $h = 0.1\,m$,试求容器中心点的真空值。

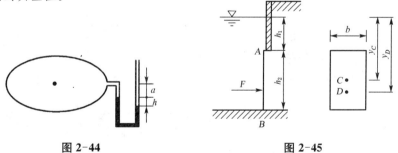

图 2-44   图 2-45

5. 如图 2-45 所示为一铅直矩形闸门,已知 $h_1 = 1\,m$, $h_2 = 2\,m$,宽 $b = 1.5\,m$,求总压力大小及其作用点位置。

6. 如图 2-46 所示的矩形平面 $h = 1\,m$, $H = 3\,m$, $b = 5\,m$,求平板上合力的大小及作用点位置。

7. 如图 2-47 所示,左边为水箱,其上压力表的读数为 $-0.147 \times 10^5\,Pa$,右边为油箱,油的 $\rho = 750\,kg/m^3$,用宽为 $1.2\,m$ 的闸门隔开,闸门在 A 点铰接。为使闸门 AB 处于平衡,必须在 B 点施加多大的水平力 F?

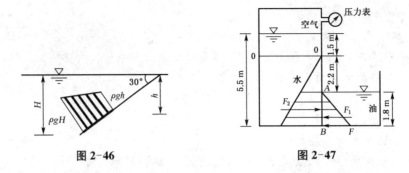

图 2-46　　　　　　　　　图 2-47

8. 绘制图 2-48 中 AB 面上的静压强分布图。

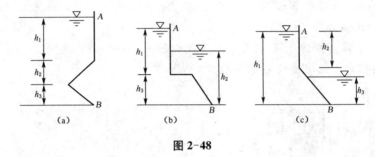

图 2-48

9. 如图 2-49 所示矩形自动开启阀门 AB,宽 2.0 m,高 2.0 m,垂直安装,要求 A 点水位达到 2.0 m 时阀门自动打开,不计轴承摩擦,试求阀门的安装位置。

10. 一扇形闸门如图 2-50 所示,圆心角 $\alpha = 45°$,半径 $r = 4.24$ m,闸门前水深 $H = 3$ m。试求单位宽度闸门所受静水总压力的大小、方向和作用点。

11. 绘制图 2-51 中 AB 曲面上的压力体。

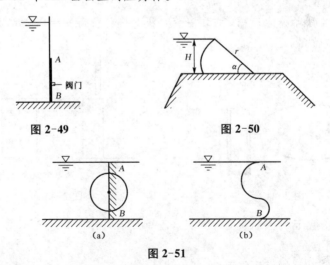

图 2-49　　　　　　　　　图 2-50

图 2-51

3　流体运动理论与动力学基础

　　自然界中流体最普遍的特征就是其流动性(运动性),而静止只是运动的特例,所以对流体运动的研究将具有更加现实的意义,流体的静力学特征在前面的章节已作了介绍,本章将讨论流体的运动学和动力学规律。

　　研究流体的运动学规律,就是要定性和定量地分析,流体在处于运动状态时,流体的运动要素,包括速度、压强和密度等随空间和时间的变化规律及其相互之间的关系。基于物理学和理论力学中的三大守恒定律(质量守恒、能量守恒、动量守恒)和牛顿第二定律,建立了流体力学的三大方程:连续性方程、能量方程、动量方程。

　　实际流体黏性的存在,给问题的解决带来了巨大的不便。为了使问题的分析变得简单且易于理解,在流体力学的研究中忽略流体的黏性,引入了理想流体为研究对象,然后以此为基础进一步研究实际流体。本章先介绍描述流体运动的两种方法以及一些基本的与流体运动有关的概念,从质量守恒推出连续性方程,从能量守恒推出理想流体能量方程,进而推出实际流体的能量方程,从动量定律推出动量方程。这三个基本方程是流体力学的核心,也是解决恒定流动工程问题的理论依据。

3.1　流体运动的描述方法

　　流体与固体不同,流体运动是由无数质点构成的连续介质的流动。要研究这种连续介质的运动,首先必须建立正确的描述运动的方法。常用的描述流体运动的方法有两种:拉格朗日法和欧拉法。

3.1.1　拉格朗日法(Lagramge)

　　拉格朗日法是瑞士科学家欧拉首先提出来的,法国科学家拉格朗日作了独立、完整的描述和具体运用。

　　拉格朗日法是把流体的运动看作是无数个质点运动的总和,以个别质点作为研究对象,通过对每个质点运动规律的研究来获得整个流体运动的规律性,又称质点系法。这种方法和理论力学中研究固体质点和质点系运动的方法是一致的。

　　若选取一直角坐标系,在初始时刻 t_0,质点的起始坐标为 (a, b, c)。不同质点有不同的起始坐标,当赋予 (a, b, c) 为一组确定值时,即表示跟踪这一质点,因此,起始坐标 (a, b, c) 可作为该质点的标志;此外,质点在空间所处的位置,即坐标 (x, y, z) 又与时间有关。综上所述,质点在空间的坐标 (x, y, z) 可表示为起始坐标 (a, b, c) 和时间 t 的函数。

$$\left.\begin{array}{l} x = x(a, b, c, t) \\ y = y(a, b, c, t) \\ z = z(a, b, c, t) \end{array}\right\} \tag{3-1}$$

式中 a、b、c、t 称为拉格朗日变量。在式(3-1)中如果设 a、b、c 为常量,t 为变量,就可得到某一质点任意时刻的位置情况,即该质点的运动轨迹;如果 t 为常量,a、b、c 为变量,就可得到某一时刻不同质点在空间的分布情况。

将式(3-1)对 t 求一阶和二阶偏导,就可得到任一流体质点在任意时刻的速度和加速度仍然是 a、b、c、t 的函数。

$$\left.\begin{array}{l} u_x = \dfrac{\partial x}{\partial t} = \dfrac{\partial x(a, b, c, t)}{\partial t} \\[2mm] u_y = \dfrac{\partial y}{\partial t} = \dfrac{\partial y(a, b, c, t)}{\partial t} \\[2mm] u_z = \dfrac{\partial z}{\partial t} = \dfrac{\partial z(a, b, c, t)}{\partial t} \end{array}\right\} \tag{3-2}$$

$$\left.\begin{array}{l} a_x = \dfrac{\partial u_x}{\partial t} = \dfrac{\partial^2 x(a, b, c, t)}{\partial t^2} \\[2mm] a_y = \dfrac{\partial u_y}{\partial t} = \dfrac{\partial^2 y(a, b, c, t)}{\partial t^2} \\[2mm] a_z = \dfrac{\partial u_z}{\partial t} = \dfrac{\partial^2 z(a, b, c, t)}{\partial t^2} \end{array}\right\} \tag{3-3}$$

拉格朗日法物理概念清晰、简明易懂,与研究固体质点运动的方法没有什么不同之处。但是由于流体质点的运动轨迹极其复杂,要寻求为数众多的个别质点运动规律,除较简单的个别运动情况之外,将会在数学上导致难以克服的困难。而从实用观点来看,也不需要了解质点运动的全过程。所以,除个别简单的流动用拉格朗日法描述外,一般用欧拉法描述。

3.1.2 欧拉法(Euler)

欧拉法以流动的空间作为研究对象,观察不同时刻各空间点上流体质点的运动要素,来了解整个流动空间的流动情况。它着眼于研究各运动要素的分布场,所以欧拉法又称为流场法。

采用欧拉法,可把流场中各运动要素都表示成空间坐标 (x, y, z) 和时间 t 的连续函数,如任一空间点上质点的速度可表示为

$$\vec{u} = \vec{u}(x, y, z, t) \tag{3-4}$$

表示成各分量的形式

$$\left.\begin{array}{l} u_x = u_x(x, y, z, t) \\ u_y = u_y(x, y, z, t) \\ u_z = u_z(x, y, z, t) \end{array}\right\} \tag{3-5}$$

空间任意点的压强、密度表示为：$p = p(x, y, z, t)$、$\rho = \rho(x, y, z, t)$。式中，x、y、z、t 称为欧拉变量。

当 x、y、z 不变，t 变化时，式(3-5)表示某一固定空间点上流体质点在不同时刻通过该点的流速变化情况；

当 t 不变，x、y、z 发生变化时，它代表了同一时刻通过不同空间点上流体的流速分布情况。

在实际工程中，我们一般只需要弄清楚在某一空间位置上水流的运动情况，而并不去追究流体质点的运动轨迹。例如，研究某一条隧洞中的水流，最重要的是了解隧洞中不同位置水流的速度、动水压强有多大，这样就能满足工程设计的需要了。所以欧拉法对流体力学的研究更具有重要的意义。

3.1.3 流体质点的加速度

采用欧拉法后，质点加速度并不等于流速对时间的偏导数，因为对时间的偏导数只代表不同的质点先后经过某固定空间点所产生该空间点的加速度，而不是经过该空间点质点本身的加速度。实际上，质点的加速度包括了当地加速度与迁移加速度两部分，是速度对时间的全导数。

为了求质点加速度，就要跟踪观察该质点沿程速度的变化，因此经过微分时段 $\mathrm{d}t$，同一流体质点从某一空间点移动到另一空间点，这时该质点的位置坐标(x, y, z)也应当是时间 t 的函数，因此，速度 $\vec{u}$ 是 t 的复合函数。按复合函数的求导法则，可得质点加速度

$$\vec{a} = \frac{\mathrm{d}\vec{u}}{\mathrm{d}t} = \frac{\partial \vec{u}}{\partial t} + \frac{\partial \vec{u}}{\partial x} \cdot \frac{\mathrm{d}x}{\mathrm{d}t} + \frac{\partial \vec{u}}{\partial y} \cdot \frac{\mathrm{d}y}{\mathrm{d}t} + \frac{\partial \vec{u}}{\partial z} \cdot \frac{\mathrm{d}z}{\mathrm{d}t}$$

$$= \frac{\partial \vec{u}}{\partial t} + u_x \frac{\partial \vec{u}}{\partial x} + u_y \frac{\partial \vec{u}}{\partial y} + u_z \frac{\partial \vec{u}}{\partial z} \tag{3-6}$$

写成分量的形式

$$\left.\begin{array}{l} a_x = \dfrac{\partial u_x}{\partial t} + u_x \dfrac{\partial u_x}{\partial x} + u_y \dfrac{\partial u_x}{\partial y} + u_z \dfrac{\partial u_x}{\partial z} \\[2mm] a_y = \dfrac{\partial u_y}{\partial t} + u_x \dfrac{\partial u_y}{\partial x} + u_y \dfrac{\partial u_y}{\partial y} + u_z \dfrac{\partial u_y}{\partial z} \\[2mm] a_z = \dfrac{\partial u_z}{\partial t} + u_x \dfrac{\partial u_z}{\partial x} + u_y \dfrac{\partial u_z}{\partial y} + u_z \dfrac{\partial u_z}{\partial z} \end{array}\right\} \tag{3-7}$$

式(3-6)也可表示为

$$\vec{a} = \frac{\mathrm{d}\vec{u}}{\mathrm{d}t} = \frac{\partial \vec{u}}{\partial t} + (\vec{u} \cdot \nabla)\vec{u} \tag{3-8}$$

由此可见，在欧拉法中质点的加速度由两部分组成。其中$\dfrac{\partial \vec{u}}{\partial t}$ 称为当地加速度或时变加速度，它是流动过程中流体质点由于速度随时间变化而引起的加速度，即由流场的不恒定性引起的。$(\vec{u} \cdot \nabla)\vec{u}$ 称为迁移加速度或位变加速度，它是流动过程中流体质点由于速度随位

置变化而引起的加速度,即由流场的不均匀性引起的。时变加速度与位变加速度之和等于质点加速度,又称随体加速度。

举例说明:水箱里的水经收缩管流出(图 3-1),若水箱无来水补充,水位 H 逐渐降低,管轴线上质点的速度随时间减小,当地加速度 $\dfrac{\partial u_x}{\partial t}$ 为负值;同时管道收缩,质点的速度随迁移而增大,故有迁移加速

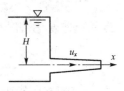

图 3-1　收缩管出流

度 $u_x \dfrac{\partial u_x}{\partial x}$ 为正值,所以该质点的加速度 $a_x = \dfrac{\partial u_x}{\partial t} + u_x \dfrac{\partial u_x}{\partial x}$。若水箱有来水补充,水位 H 保持不变,质点的速度不随时间变化,当地加速度 $\dfrac{\partial u_x}{\partial t} = 0$,但仍有迁移加速度,该质点的加速度 $a_x = u_x \dfrac{\partial u_x}{\partial x}$。

若出水管是等直径的直管,且水位 H 保持不变(图 3-2),则管内流动的水质点,既无当地加速度,也无迁移加速度,$a_x = 0$。

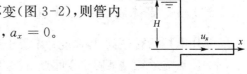

图 3-2　等直径直管出流

【**例 3-1**】　已知速度场为

$$
\begin{cases}
u_x = 2t + 2x + 2y \\
u_y = t - y + z \\
u_z = t + x - z
\end{cases}
$$

试求:当 $t = 3$ 时,空间点(0.8,0.8,0.6)上的质点加速度。

【**解**】　将 $t = 3$, $x = 0.8$, $y = 0.8$, $z = 0.6$ 代入速度方程,可得

$$u_x = 2 \times 3 + 2 \times 0.8 + 2 \times 0.8 = 9.2$$
$$u_y = 3 - 0.8 + 0.6 = 2.8$$
$$u_z = 3 + 0.8 - 0.6 = 3.2$$

由式(3-7)

$$a_x = \frac{\partial u_x}{\partial t} + u_x \frac{\partial u_x}{\partial x} + u_y \frac{\partial u_x}{\partial y} + u_z \frac{\partial u_x}{\partial z} = 2 + 9.2 \times 2 + 2.8 \times 2 + 3.2 \times 0 = 26$$

$$a_y = \frac{\partial u_y}{\partial t} + u_x \frac{\partial u_y}{\partial x} + u_y \frac{\partial u_y}{\partial y} + u_z \frac{\partial u_y}{\partial z} = 1 + 9.2 \times 0 + 2.8 \times (-1) + 3.2 \times 1 = 1.4$$

$$a_z = \frac{\partial u_z}{\partial t} + u_x \frac{\partial u_z}{\partial x} + u_y \frac{\partial u_z}{\partial y} + u_z \frac{\partial u_z}{\partial z} = 1 + 9.2 \times 1 + 2.8 \times 0 + 3.2 \times (-1) = 7$$

故该点的加速度为 $a = \sqrt{a_x^2 + a_y^2 + a_z^2} = \sqrt{26^2 + 1.4^2 + 7^2} = 26.96$

3.2　流场的基本概念

在欧拉法描述流动的基础上,对流体运动问题进行分析和计算,需引入一些基本概念。这些概念揭示了流体力学与固体力学的根本区别。因此,正确理解和掌握这些流场概念,对于认识流体运动规律十分重要。在欧拉法范畴内,可按不同的时空标准对流动情况进行分类。

3.2.1 恒定流与非恒定流

从流体的运动要素是否随时间变化的观点来考察流动时,可分为恒定流与非恒定流。若流场中所有空间点上的一切运动要素(如速度、压强、密度等)不随时间变化,这种流动称为恒定流,又称定常流。流场中任一空间点上只要有一个运动要素随时间变化,称这种流动为非恒定流,又称非定常流。

如图 3-3 所示,水箱水位保持不变,水箱壁开孔的射流射程保持不变,射流速度的量值和方向在固定空间位置上也保持不变,这种流动为恒定流。图 3-4 水箱中的水得不到补充,水位越来越低,射流射程不断减小,射流的速度量值和方向在固定空间位置上也不断改变,这种流动为非恒定流。

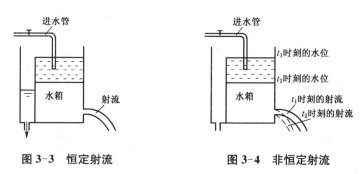

图 3-3 恒定射流   图 3-4 非恒定射流

恒定流时所有运动要素只是坐标的函数而与时间无关,因而可表示为

$$\left.\begin{array}{l} \vec{u} = \vec{u}(x, y, z) \\ p = p(x, y, z) \\ \rho = \rho(x, y, z) \end{array}\right\} \tag{3-9}$$

所有的运动要素对时间的导数应等于零。

$$\left.\begin{array}{l} \dfrac{\partial \vec{u}}{\partial t} = 0 \\[2mm] \dfrac{\partial p}{\partial t} = 0 \\[2mm] \dfrac{\partial \rho}{\partial t} = 0 \end{array}\right\} \tag{3-10}$$

比较恒定流与非恒定流,前者欧拉变量中减去了时间变量 t,从而使问题的求解大为简化。实际工程中,多数系统正常运行时是恒定流,或虽然是非恒定流,但运动要素随时间的变化缓慢,仍可近似按恒定流处理。

3.2.2 一元流、二元流、三元流

从流体的运动要素与欧拉变量中坐标变量的关系来分析流动时,又把流体的运动分为一元流、二元流和三元流。凡流体中任意点的所有运动要素只与一个空间坐标(流程 s)有关时,称为一元流。微小流束就是一元流的例子;研究流道(管道和渠道)中的断面平均流速

时,则运动要素也只是流程 s 的函数,也是一元流的例子。流体中的运动要素不仅与流程 s 有关,而且还同另一个坐标变量有关,这种流动称为二元流,二元流其实是一种平面流。工程中平面流动的例子不在少数,如考察矩形明渠某一纵断面上的各运动要素,就是与流程和水深两个方向的坐标有关。流体的运动要素同三个坐标变量都有关的流动称为三元流。

严格来讲,自然界和工程实际中的流动都属于三元流,但是为了分析和解决问题的方便,对实际问题进行简化。在工程实际中,保证一定精度的条件下,尽可能将问题进行简化,寻求问题的近似解,在流体力学中常用到一元流和二元流的分析法来解决实际问题。

3.2.3 流线和迹线

1) 流线

速度场 $\vec{u} = \vec{u}(x, y, z, t)$ 是矢量场,对于矢量场可用矢量线几何地描述。流线是速度场的矢量线,它是表示某一确定时刻流体各点流动趋势的曲线,该曲线上任意质点在该时刻的速度矢量都与曲线相切(图3-5)。欧拉法是研究某一指定时刻流场中各点运动要素,可见流线是欧拉法研究分析流体运动的基础。

过空间某一点1绘出该点在某一瞬时 t_1 的流速矢量,如图3-5所示,在该矢量上取一与点1相邻的点2,绘出点2在同一瞬时 t_1 的速度矢量……以此类推,得到一条折线,令各点之间的距离趋于无穷小,则折线123456…就近视为一条光滑曲线,这条光滑曲线就是 t_1 瞬时过点1的流线,如果绘制整个流场同一瞬时的流线,就可以清楚地描述某一瞬时的流动图景。

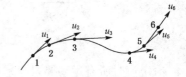

图 3-5 某时刻流线图

流线的性质:

(1) 一般情况下,同一时刻的不同流线互不相交。否则位于交点的流体质点,在同一时刻就有与两条流线相切的两个速度矢量,这是不可能的。同样,流线不能是折线,而是一条光滑的曲线(如图3-6)。

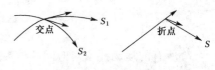

图 3-6 流线性质

(2) 流线充满整个流场。

(3) 对不可压缩流体,流线簇的疏密反映了速度的大小。流线密集的地方流速大,流线稀疏的地方流速小。

恒定流时,由于速度的量值和方向均不随时间变化,因此,流线在空间的位置不变,即流线形状保持不变。非恒定流,由于速度随时间变化,通常,流线的形状也随时间发生改变。

流线方程:

根据流线的定义可得流线的微分方程:流线微长度应与该点的速度矢量重合,根据数学公式,重合的两条直线的叉积等于零。

设 $d\vec{s}$ 表示流线上过 M 点的弧长,$\vec{u}$ 代表该点的流体质点的速度矢量(图3-7),可得流线方程:

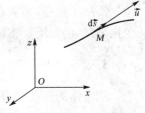

图 3-7 流线方程的推导

$$\vec{\mathrm{d}s} \times \vec{u} = 0 \tag{3-11}$$

直角坐标表示为

$$\begin{vmatrix} i & j & k \\ \mathrm{d}x & \mathrm{d}y & \mathrm{d}z \\ u_x & u_y & u_z \end{vmatrix} = 0 \tag{3-12}$$

上式也可以写成如下形式：

$$\frac{\mathrm{d}x}{u_x} = \frac{\mathrm{d}y}{u_y} = \frac{\mathrm{d}z}{u_z} \tag{3-13}$$

2）迹线

迹线是指某一质点在某一时段内的运动轨迹线。拉格朗日法就是通过流体运动的轨迹来获得流体的各运动要素。根据其定义，迹线上任一微段有 $\mathrm{d}x = u_x \mathrm{d}t$，$\mathrm{d}y = u_y \mathrm{d}t$，$\mathrm{d}z = u_z \mathrm{d}t$，故迹线方程为

$$\frac{\mathrm{d}x}{u_x} = \frac{\mathrm{d}y}{u_y} = \frac{\mathrm{d}z}{u_z} = \mathrm{d}t \tag{3-14}$$

流线和迹线是两个不同的概念，但恒定流流线不随时间变化，通过同一点的流线和迹线在几何上是一致的，两者重合。非恒定流，一般情况下流线和迹线不重合；个别情况，流场速度方向不随时间变化，只是速度大小随时间变化，这时流线和迹线重合。

3.2.4 流管、过流断面、元流和总流

1）流管、流束

在流场中任取一不与流线重合的封闭曲线，过曲线上各点作流线，所构成的管状表面称为流管。充满流体的流管称为流束（图 3-8）。

因为流线不能相交，流管的边界是流线，所以流体质点只能在流管内或边界流动而不能穿越流管。

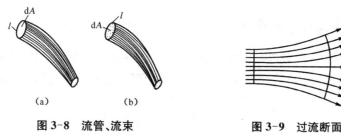

图 3-8 流管、流束　　　图 3-9 过流断面

2）过流断面

在流束上所作的与流线相垂直的断面，称为过流断面。过流断面一般是曲面，只有在流线相互平行的均匀流段，过流断面才是平面（图 3-9）。

3）元流和总流

元流是过流断面无限小的流束，几何特征与流线相同。由于元流的过流断面无限小，断面上各点的流动参数如 z、$\vec{u}$、p 均相同。

总流是过流断面为有限大的流束,是由无数元流构成的,断面上各点的流动参数一般情况下不相同。

任何一个实际水流都具有一定规模尺寸的边界,这种有一定尺寸大小的实际水流就是总流。许多流动现象,如管流、渠道和河道中的流动均属总流。

3.2.5 流量、断面平均流速

1) 流量

单位时间内通过某一过流断面的流体量,称为该过流断面的流量。若通过的量以体积计量就是体积流量,简称流量,用符号 Q 表示,单位为 m^3/s;若通过的量以质量计量,则称为质量流量,用符号 Q_m 表示,单位为 kg/s。

若将过流断面 A 分成许多微小断面 dA,令 dA 的流速为 u,则通过 dA 的流量为 $dQ = udA$。通过过流断面 A 的流量为

体积流量
$$Q = \int_A u\, dA \tag{3-15}$$

质量流量
$$Q_m = \int_A \rho u\, dA \tag{3-16}$$

对于均质不可压缩流体,密度 ρ 为常数,则 $Q_m = \rho Q$。

2) 断面平均流速

总流过流断面上各点的流速 u 一般是不相等的,以管流为例,管壁附近流速较小,轴线上流速最大(图 3-10)。为了便于计算,设想过流断面上流速 v 均匀分布,通过的流量与实际流量相同,流速 v 定义为该断面的平均流速,即

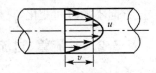

图 3-10 圆管流速分布

$$\int_A u\, dA = vA = Q$$

或
$$v = \frac{Q}{A} \tag{3-17}$$

3.2.6 均匀流与非均匀流

按流速的大小和方向是否沿流线变化把流动分为均匀流和非均匀流。流速的大小和方向沿流线不变的流动称为均匀流;否则,称为非均匀流。也就是质点的迁移加速度为零的流动是均匀流。即

$$(\vec{u} \cdot \nabla)\vec{u} = 0 \tag{3-18}$$

例如,等直径直管中的液流或者断面形状和水深不变的长直渠道中的水流都是均匀流。均匀流具有如下的特性:

(1) 流线是相互平行的直线,因此过流断面是平面,且过流断面的面积沿程不变。

(2) 同一流线上各点的流速相等(但不同流线上的流速不一定相等),流速分布沿流不变,断面平均流速也沿流不变。

(3) 过流断面上的动压强分布规律符合静压强分布规律,即 $z + \dfrac{p}{\rho g} = C$。

非均匀流又可根据流速沿流线变化的缓急程度分为渐变流和急变流。渐变流是流速沿流线变化缓慢的流动,急变流是流速沿流线变化急剧的流动。

可以用流线形状形象地表示渐变流和急变流。渐变流流线的曲率很小,且流线近乎彼此平行;急变流流线的曲率较大或流线间的夹角较大,或两者都有(图3-11)。由于渐变流的流线近乎平行,因此,可以近似认为渐变流的过流断面为平面,渐变流过流断面上的动压强分布规律近似符合静压强的分布规律。

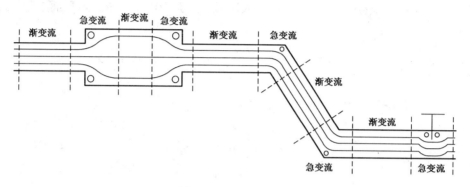

图 3-11　非均匀流

可见,渐变流近似具有均匀流的特性,这为水力计算带来了很大的方便。但是,渐变流和急变流的划分并没有严格的界限,工程中的具体流动是否按渐变流计算,要根据实际情况以及忽略惯性力后所得的计算结果能否满足工程要求而定。

【例 3-2】 已知速度场 $\vec{u} = (4y - 6x)t\vec{i} + (6y - 9x)t\vec{j}$。试问:(1) $t = 2$ s 时,在(2, 4)点的加速度是多少?(2) 流动是恒定流还是非恒定流?(3) 流动是均匀流还是非均匀流?

【解】　(1) 由式(3-7)

$$a_x = \frac{\partial u_x}{\partial t} + u_x \frac{\partial u_x}{\partial x} + u_y \frac{\partial u_x}{\partial y} = (4y - 6x) + (4y - 6x)t(-6t) + (6y - 9x)t(4t)$$

$$= 4y - 6x$$

以 $t = 2$ s,$x = 2$,$y = 4$ 代入,得 $a_x = 4$ m/s²

同理　　　　　　　$a_y = 6$ m/s²

$$a = \sqrt{a_x^2 + a_y^2} = \sqrt{(4 \text{ m/s}^2)^2 + (6 \text{ m/s}^2)^2} = 7.21 \text{ m/s}^2$$

(2) 因速度场随时间变化,或由当地加速度

$$\frac{\partial \vec{u}}{\partial t} = \frac{\partial u_x}{\partial t}\vec{i} + \frac{\partial u_y}{\partial t}\vec{j} = (4y - 6x)\vec{i} + (6y - 9x)\vec{j} \neq 0$$

此流动是非恒定流。

(3) 由式(3-18)

$$(\vec{u} \cdot \nabla)\vec{u} = \left(u_x \frac{\partial u_x}{\partial x} + u_y \frac{\partial u_x}{\partial y} \right)\vec{i} + \left(u_x \frac{\partial u_y}{\partial x} + u_y \frac{\partial u_y}{\partial y} \right)\vec{j} = 0$$

此流动是均匀流。

【例 3-3】 已知半径为 r_0 的圆管中,过流断面上的
流速分布为 $u = u_{\max}\left(\dfrac{y}{r_0}\right)^{1/7}$,式中 $u_{\max}$ 是轴线上断面最
大流速,y 为距管壁的距离(图 3-12)。试求:(1)通过的流
量和断面平均流速;(2)过流断面上,速度等于平均流速
的点距管壁的距离。

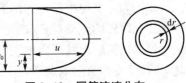

图 3-12　圆管流速分布

【解】 (1)在过流断面 $r = r_0 - y$ 处,取环形微元面积,$dA = 2\pi r dr$,环面上各点流速 u
相等,流量

$$Q = \int_A u\,dA = \int_0^{r_0} u_{\max}\left(\frac{y}{r_0}\right)^{1/7} 2\pi(r_0 - y)\,d(r_0 - y)$$

$$= \frac{2\pi u_{\max}}{r_0^{1/7}} \int_0^{r_0} (r_0 - y) y^{1/7}\,dy = \frac{49}{60}\pi r_0^2 u_{\max}$$

断面平均流速
$$v = \frac{Q}{A} = \frac{\dfrac{49}{60}\pi r_0^2 u_{\max}}{\pi r_0^2} \quad \frac{49}{60} u_{\max}$$

(2)依题意,令 $u_{\max}\left(\dfrac{y}{r_0}\right)^{1/7} = \dfrac{49}{60} u_{\max}$,可得 $y = 0.242 r_0$

3.3　连续性方程

流体和任何物质一样,在运动过程中,物质既不能增加也不能减少,即满足质量守恒定
律。在流体力学研究中,利用质量守恒定律,来探求流体在运动过程中有关运动要素沿流程
的变化关系,即连续性方程。

连续性方程是流体运动学的基本方程,是质量守恒定律的流体力学表达式。

3.3.1　连续性微分方程

在流场中任取一微元六面体为控制体,正交的三个
边长 dx、dy、dz,分别平行于 x、y、z 坐标轴(图 3-13)。
控制体是在流场中选取的一个相对某一坐标系是固定
不变的空间,其形状、位置固定不变,流体可不受影响地
通过,控制体的封闭截面称为控制面。

设 t 时刻通过中心点 O' 点的流速沿 x、y、z 方向的
分量为 u_x、u_y、u_z,速度变化率为 $\dfrac{\partial u_x}{\partial x}$、$\dfrac{\partial u_y}{\partial y}$、$\dfrac{\partial u_z}{\partial z}$,则通过
O' 点前后表面中心点的速度分量为

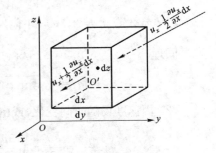

图 3-13　连续性微分布方程

$$u_x + \frac{1}{2}\frac{\partial u_x}{\partial x}dx, \quad u_x - \frac{1}{2}\frac{\partial u_x}{\partial x}dx$$

因为是微元体,可认为同一表面上的流速相等,可求得 dt 时间内从后表面进入的流体质

量为 $\left[\rho u_x - \dfrac{1}{2}\dfrac{\partial(\rho u_x)}{\partial x}\mathrm{d}x\right]\mathrm{d}y\mathrm{d}z\mathrm{d}t$,从前表面流出的质量为 $\left[\rho u_x + \dfrac{1}{2}\dfrac{\partial(\rho u_x)}{\partial x}\mathrm{d}x\right]\mathrm{d}y\mathrm{d}z\mathrm{d}t$, $\mathrm{d}t$ 时间内 x 方向流体的质量改变等于从后表面进入的质量减掉从前右表面流出的质量,即

$$\left[\rho u_x - \frac{1}{2}\frac{\partial(\rho u_x)}{\partial x}\mathrm{d}x\right]\mathrm{d}y\mathrm{d}z\mathrm{d}t - \left[\rho u_x + \frac{1}{2}\frac{\partial(\rho u_x)}{\partial x}\mathrm{d}x\right]\mathrm{d}y\mathrm{d}z\mathrm{d}t = -\frac{\partial(\rho u_x)}{\partial x}\mathrm{d}x\mathrm{d}y\mathrm{d}z\mathrm{d}t$$

同理可得 $\mathrm{d}t$ 时间内在 y 方向和 z 方向的流体质量的改变 $-\dfrac{\partial(\rho u_y)}{\partial y}\mathrm{d}x\mathrm{d}y\mathrm{d}z\mathrm{d}t$ 、 $-\dfrac{\partial(\rho u_z)}{\partial z}\mathrm{d}x\mathrm{d}y\mathrm{d}z\mathrm{d}t$ 。

另一方面 $\mathrm{d}t$ 时间内六面体因密度变化而引起的质量改变等于 $\dfrac{\partial\rho}{\partial t}\mathrm{d}x\mathrm{d}y\mathrm{d}z\mathrm{d}t$ 。

由连续介质假设,又据质量守恒定律 $\mathrm{d}t$ 时间内控制体内的流体质量改变应相等,即

$$-\left[\frac{\partial(\rho u_x)}{\partial x} + \frac{\partial(\rho u_y)}{\partial y} + \frac{\partial(\rho u_z)}{\partial z}\right]\mathrm{d}x\mathrm{d}y\mathrm{d}z\mathrm{d}t = \frac{\partial\rho}{\partial t}\mathrm{d}x\mathrm{d}y\mathrm{d}z\mathrm{d}t$$

整理得

$$\frac{\partial\rho}{\partial t} + \frac{\partial(\rho u_x)}{\partial x} + \frac{\partial(\rho u_y)}{\partial y} + \frac{\partial(\rho u_z)}{\partial z} = 0 \tag{3-19}$$

或

$$\frac{\partial\rho}{\partial t} + \mathrm{div}(\rho\vec{u}) = 0 \tag{3-20}$$

式(3-19)或式(3-20)是连续性微分方程式的一般形式。

在连续性微分方程的推导过程中,没有引入任何约束条件。因此,式(3-19)或式(3-20)的适用范围没有限制,即无论对理想流体还是实际流体、恒定流或非恒定流、可压缩流体或不可压缩流体、均匀流或非均匀流都适用。

对于恒定流, $\dfrac{\partial\rho}{\partial t} = 0$,式(3-19)化简为

$$\frac{\partial(\rho u_x)}{\partial x} + \frac{\partial(\rho u_y)}{\partial y} + \frac{\partial(\rho u_z)}{\partial z} = 0 \tag{3-21}$$

对于不可压缩流体, $\rho = C$,式(3-19)化简为

$$\frac{\partial u_x}{\partial x} + \frac{\partial u_y}{\partial y} + \frac{\partial u_z}{\partial z} = 0 \tag{3-22}$$

或表示成 $$\mathrm{div}\vec{u} = 0$$

这就是不可压缩流体的连续性微分方程。该式表明对于不可压缩流体,单位时间单位体积内流体进出的体积差等于零,即流体体积守恒。

【例3-4】 假设有一速度场 $u_x = \dfrac{t}{\rho}$ 、 $u_y = \dfrac{3xy}{\rho}$ 、 $u_z = \dfrac{xz}{\rho}$ 、 $\rho = t$ 。试问:(1)这种流动能否发生?(2)若式中 u_x 、 u_y 、 ρ 值不变,试求实际流场中的 u_z 值。

【解】 (1) 由式(3-19),有

$$\frac{\partial \rho}{\partial t}+\frac{\partial(\rho u_x)}{\partial x}+\frac{\partial(\rho u_y)}{\partial y}+\frac{\partial(\rho u_z)}{\partial z}=1+0+3x+x \neq 0$$

所以,这种速度场不满足连续性条件,该流动不可能发生。

(2) 实际流场必然满足连续性条件,即

$$\frac{\partial(\rho u_z)}{\partial z}=-\left[\frac{\partial \rho}{\partial t}+\frac{\partial(\rho u_x)}{\partial x}+\frac{\partial(\rho u_y)}{\partial y}\right]=-(1+0+3x)=-1-3x$$

积分得
$$\rho u_z=-z-3xz+f(x,y)$$

即
$$u_z=-\frac{z}{\rho}(1+3x)+\frac{f(x,y)}{\rho}$$

$f(x,y)$ 是 (x,y) 的任意函数,有无数个 $f(x,y)$ 函数满足 u_z 值,若令 $f(x,y)=0$,则可得一个满足实际流场的 u_z 为 $u_z=-\dfrac{z}{\rho}(1+3x)$。

3.3.2　恒定一元流的连续性方程

设恒定总流,以过流断面 1-1、2-2 及侧壁面流管围成的固定空间为控制体,对于恒定一元流(总流)的连续性方程,可在流场中取微小流束(图 3-14)。设其体积为 dV,将不可压缩流体的连续性微分方程式(3-22),对控制体进行积分,据高斯公式:

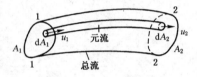

图 3-14　总流连续性方程

$$\iiint_V \left(\frac{\partial u_x}{\partial x}+\frac{\partial u_y}{\partial y}+\frac{\partial u_z}{\partial z}\right) dV = \oiint_\Sigma u_n dS = 0$$

式中 u_n 为微小流束表面的法向速度,Σ 为流管的总表面积。因为恒定流时流管不随时间而改变,流体沿流管的侧面没有流速,只在过流断面 1-1、2-2 有流速分量,设为 u_1、u_2,所以上式可化简为

$$\oiint_\Sigma u_n dS = \int_{A_2} u_2 dA_2 - \int_{A_1} u_1 dA_1 = v_2 A_2 - v_1 A_1 = 0$$

进一步化简得
$$\int_{A_2} u_2 dA_2 = \int_{A_1} u_1 dA_1$$

即
$$Q_1 = Q_2 \tag{3-23}$$

或
$$v_1 A_1 = v_2 A_2 \tag{3-24}$$

式中 v_1、v_2 为总流的断面平均流速。

式(3-23)、式(3-24)就是不可压缩流体恒定一元流的总流连续性方程式,是控制总流运动的基本方程。

由式(3-24)可知,在有固定边界的恒定总流中,沿程的断面平均流速与其过流断面面积成反比,面积大的断面平均流速小,面积小的断面平均流速大。

上式是沿程流量没有发生变化的连续性方程,对于沿程有流量流入(汇流)或流出(分流)的分叉管流(图 3-15),分(汇)流点,称为节点,以流向节点流量为正,离开节点为负,则节点流量一般可写成

$$\sum_{i=1}^{n} Q_i = 0 \tag{3-25}$$

对图 3-15,其连续性方程为

$$Q_1 = Q_2 + Q_3$$

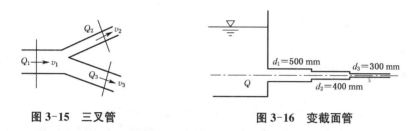

图 3-15　三叉管　　　　　　图 3-16　变截面管

【例 3-5】　通过管道中的液体质量为 $Q_m = 500\ \text{kg/s}$,密度 ρ 为 $850\ \text{kg/m}^3$,管道断面尺寸如图 3-16 所示,$d_1 = 500\ \text{mm}$, $d_2 = 400\ \text{mm}$, $d_3 = 300\ \text{mm}$,求各断面的平均流速。

【解】　据管道的质量流量求管道的体积流量为

$$Q = \frac{Q_m}{\rho} = \frac{500\ \text{kg/s}}{850\ \text{kg/m}^3} = 0.59\ \text{m}^3/\text{s}$$

各断面的面积如下:

$$A_1 = \frac{\pi d_1^2}{4} = \frac{3.14 \times (0.5\ \text{m})^2}{4} = 0.20\ \text{m}^2$$

$$A_2 = \frac{\pi d_2^2}{4} = \frac{3.14 \times (0.4\ \text{m})^2}{4} = 0.13\ \text{m}^2$$

$$A_3 = \frac{\pi d_3^2}{4} = \frac{3.14 \times (0.3\ \text{m})^2}{4} = 0.07\ \text{m}^2$$

根据连续性方程 $Q = vA$ 可得

$$v_1 = \frac{Q}{A_1} = \frac{0.59\ \text{m}^3/\text{s}}{0.2\ \text{m}^2} = 2.95\ \text{m/s}$$

$$v_2 = \frac{Q}{A_2} = \frac{0.59\ \text{m}^3/\text{s}}{0.13\ \text{m}^2} = 4.54\ \text{m/s}$$

$$v_3 = \frac{Q}{A_3} = \frac{0.59\ \text{m}^3/\text{s}}{0.07\ \text{m}^2} = 8.43\ \text{m/s}$$

【例 3-6】　如图 3-15 所示一三叉管,各管中的流量分别为 Q_1、Q_2、Q_3,断面平均流速为 v_1、v_2、v_3,管子的直径为 D_1、D_2、D_3。已知 $v_1 = 3\ \text{m/s}$, $v_2 = v_3$, $D_1/D_2 = 2$, $D_2/D_3 = 1$,试求各管中的流量比。

【解】　叉管的连续性方程 $Q_1 = Q_2 + Q_3$

又有连续性方程 $\quad Q_1 = v_1 \times \dfrac{\pi D_1^2}{4}$，$Q_2 = v_2 \times \dfrac{\pi D_2^2}{4}$，$Q_3 = v_3 \times \dfrac{\pi D_3^2}{4}$

联立 $\quad \dfrac{D_1}{D_2} = 2$，$\dfrac{D_2}{D_3} = 1$

可得 $\quad v_1 = \dfrac{1}{4}v_2 + \dfrac{1}{4}v_3$

又有 $v_3 = v_2$ 代入上式得：$v_2 = v_3 = 2v_1 = 2 \times 3 \ \mathrm{m/s} = 6 \ \mathrm{m/s}$

$$Q_1 : Q_2 = \left(v_1 \times \frac{\pi D_1^2}{4} \right) : \left(v_2 \times \frac{\pi D_2^2}{4} \right) = v_1 \times D_1^2 : 2v_1 \times \frac{D_1^2}{4} = 2 : 1$$

所以 $\quad Q_1 : Q_2 : Q_3 = 2 : 1 : 1$

3.4　恒定总流的伯努利方程

能量的转化和守恒定律是自然界物质运动的普遍规律，流体的伯努利方程就是这一普遍规律在流体运动中的具体表现。前一节从质量守恒定律推出了流体的连续性方程，是一个运动学方程，为了解决实际问题，还需要从动力学的角度研究流体的运动要素之间的关系。流体的运动过程实际上是一种能量的转化过程，本节分析流体运动时能量之间的关系，推出流体的伯努利方程。建立了伯努利方程后，就可以联立连续性方程，解决许多实际问题。

3.4.1　流体运动微分方程

1）理想流体运动微分方程

在运动的理想流体中，取一微元六面体（图3-17），正交的三个边长为 dx、dy、dz，其中心点 A 坐标 (x, y, z)，速度 $\vec{u}$，压强 p。分析该微元六面体的受力和运动情况，以 x 方向为例进行说明。

表面力由于理想流体无黏性，所以不存在切应力，微元六面体的表面力只有压力。又因理想流体的动压强特性与静压强特性相同，即

$$p_x = p_y = p_z = p$$

微元六面体在 x 方向的表面力为

左表面 $\quad p_m A = \left(p - \dfrac{\partial p}{\partial x} \dfrac{\mathrm{d}x}{2} \right) \mathrm{d}y\mathrm{d}z$

右表面 $\quad p_n A = \left(p + \dfrac{\partial p}{\partial x} \dfrac{\mathrm{d}x}{2} \right) \mathrm{d}y\mathrm{d}z$

质量力　微元六面体在 x 方向的质量力为 $\quad X\rho\mathrm{d}x\mathrm{d}y\mathrm{d}z$

由牛顿第二定律 $\quad\quad \sum F_x = ma_x$

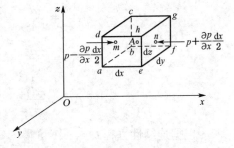

图 3-17　理想流体运动微分方程

$$\left(p - \frac{\partial p}{\partial x}\frac{\mathrm{d}x}{2}\right)\mathrm{d}y\mathrm{d}z - \left(p + \frac{\partial p}{\partial x}\frac{\mathrm{d}x}{2}\right)\mathrm{d}y\mathrm{d}z + X\rho\mathrm{d}x\mathrm{d}y\mathrm{d}z = \rho\mathrm{d}x\mathrm{d}y\mathrm{d}z\frac{\mathrm{d}u_x}{\mathrm{d}t}$$

化简,两边同除以微元体质量 $\rho\mathrm{d}x\mathrm{d}y\mathrm{d}z$,可得

同理

$$\left.\begin{array}{l} X - \dfrac{1}{\rho}\dfrac{\partial p}{\partial x} = \dfrac{\mathrm{d}u_x}{\mathrm{d}t} \\[2mm] Y - \dfrac{1}{\rho}\dfrac{\partial p}{\partial y} = \dfrac{\mathrm{d}u_y}{\mathrm{d}t} \\[2mm] Z - \dfrac{1}{\rho}\dfrac{\partial p}{\partial z} = \dfrac{\mathrm{d}u_z}{\mathrm{d}t} \end{array}\right\}$$

将加速度项用欧拉表达式代替,整理

$$\left.\begin{array}{l} x - \dfrac{1}{\rho}\dfrac{\partial p}{\partial x} = \dfrac{\partial u_x}{\partial t} + u_x\dfrac{\partial u_x}{\partial x} + u_y\dfrac{\partial u_x}{\partial y} + u_z\dfrac{\partial u_x}{\partial z} \\[2mm] y - \dfrac{1}{\rho}\dfrac{\partial p}{\partial y} = \dfrac{\partial u_y}{\partial t} + u_x\dfrac{\partial u_y}{\partial x} + u_y\dfrac{\partial u_y}{\partial y} + u_z\dfrac{\partial u_y}{\partial z} \\[2mm] z - \dfrac{1}{\rho}\dfrac{\partial p}{\partial z} = \dfrac{\partial u_z}{\partial t} + u_x\dfrac{\partial u_z}{\partial x} + u_y\dfrac{\partial u_z}{\partial y} + u_z\dfrac{\partial u_z}{\partial z} \end{array}\right\} \tag{3-26}$$

用矢量表示

$$\vec{f} - \frac{1}{\rho}\nabla p = \frac{\partial \vec{u}}{\partial t} + (\vec{u}\cdot\nabla)\vec{u} \tag{3-27}$$

式(3-26)或式(3-27)即为理想流体的运动微分方程,又称欧拉运动微分方程。它表述了单位质量理想流体动力学的基本定律。

1755 年欧拉在所著《流体运动的基本原理》中建立了欧拉运动微分方程以及上一节的连续性微分方程。

对于不可压缩理想流体而言,$\rho = C$,一般单位质量力 X、Y、Z 也是已知的,四个未知量 u_x、u_y、u_z 和 p,由式(3-26) 和式(3-22)可组成封闭的方程组。也就是说,在理论上,理想流体的流动问题都可以用这组方程进行求解。因此说,欧拉运动微分方程和连续性方程奠定了理想流体动力学的理论基础。

但是它是一个一阶非线性偏微分方程组,因而至今还未找到它的一般解,只是几种特殊情况下可得到它的特解。

2) 黏性流体运动微分方程

一切实际流体都是有黏性的,理想流体运动微分方程存在局限性。因此,需要建立黏性流体的运动微分方程。而由于黏性的存在,应力状态要比理想流体复杂得多,这里仅从物理概念上做简单说明。

采用类似推导理想流体运动微分方程的方法,取微元六面体,进行受力分析,根据牛顿第二定律,得出相应的方程式。

黏性流体的应力状态与理想流体不同,由于黏性作用,运动时出现切应力,所以黏性流体的面积力包括压应力和切应力(切应力具体计算可参考有关书籍)。

黏性流体的动压强分布也不同于理想流体,由于黏性的存在,各向动压强大小不等,与作用面的方位有关,即 $p_{xx} \neq p_{yy} \neq p_{zz}$。进一步研究证明,同一点任意三个正交面上的法向应力之和都不变,因此,把某点三个正交面上的法向应力的平均值定义为该点的动压强

$$p = \frac{1}{3}(p_{xx} + p_{yy} + p_{zz})$$

分析表明,不可压缩流体($\rho = C$)的各向动压强为

$$\left.\begin{aligned} p_{xx} &= p - 2\mu\frac{\partial u_x}{\partial x} \\ p_{yy} &= p - 2\mu\frac{\partial u_y}{\partial y} \\ p_{zz} &= p - 2\mu\frac{\partial u_z}{\partial z} \end{aligned}\right\}$$

质量力同理想流体的质量力分析,代入牛顿第二定律,整理可得不可压缩黏性流体的运动微分方程为

$$\left.\begin{aligned} X - \frac{1}{\rho}\frac{\partial p}{\partial x} + \upsilon\nabla^2 u_x &= \frac{\partial u_x}{\partial t} + u_x\frac{\partial u_x}{\partial x} + u_y\frac{\partial u_x}{\partial y} + u_z\frac{\partial u_x}{\partial z} \\ Y - \frac{1}{\rho}\frac{\partial p}{\partial y} + \upsilon\nabla^2 u_y &= \frac{\partial u_y}{\partial t} + u_x\frac{\partial u_y}{\partial x} + u_y\frac{\partial u_y}{\partial y} + u_z\frac{\partial u_y}{\partial z} \\ Z - \frac{1}{\rho}\frac{\partial p}{\partial z} + \upsilon\nabla^2 u_z &= \frac{\partial u_z}{\partial t} + u_x\frac{\partial u_z}{\partial x} + u_y\frac{\partial u_z}{\partial y} + u_z\frac{\partial u_z}{\partial z} \end{aligned}\right\} \qquad (3\text{-}28)$$

用矢量表示

$$\vec{f} - \frac{1}{\rho}\nabla p + \upsilon\nabla^2\vec{u} = \frac{\partial\vec{u}}{\partial t} + (\vec{u}\cdot\nabla)\vec{u} \qquad (3\text{-}29)$$

式中 ∇^2 为拉普拉斯算子

$$\nabla^2 = \frac{\partial^2}{\partial x^2} + \frac{\partial^2}{\partial y^2} + \frac{\partial^2}{\partial z^2}$$

自 1755 年欧拉提出理想流体运动微分方程以来,法国工程师纳维叶(Navier, L., 1822)、英国数学家斯托克斯(Stokes,G.,1845)等人经过近百年的研究,最终完成现在形式的黏性流体运动微分方程,又称纳维叶-斯托克斯方程(简写为 N-S 方程)。N-S 方程表示作用在单位质量流体上的质量力、表面力和惯性力相平衡。

3.4.2 重力作用下元流伯努利方程

1) 理想流体元流伯努利方程

理想流体运动微分方程是非线性偏微分方程组,只有在特定条件下才能进行积分,其中最著名的是伯努利积分。

恒定流 $\vec{u} = \vec{u}(x, y, z)$、$p = p(x, y, z)$,理想流体运动微分方程(3-26)化简为

$$X - \frac{1}{\rho}\frac{\partial p}{\partial x} = u_x\frac{\partial u_x}{\partial x} + u_y\frac{\partial u_x}{\partial y} + u_z\frac{\partial u_x}{\partial z} \quad (\text{a})$$

$$Y - \frac{1}{\rho}\frac{\partial p}{\partial y} = u_x\frac{\partial u_y}{\partial x} + u_y\frac{\partial u_y}{\partial y} + u_z\frac{\partial u_y}{\partial z} \quad (\text{b}) \qquad (3\text{-}30)$$

$$Z - \frac{1}{\rho}\frac{\partial p}{\partial z} = u_x\frac{\partial u_z}{\partial x} + u_y\frac{\partial u_z}{\partial y} + u_z\frac{\partial u_z}{\partial z} \quad (\text{c})$$

式(a)、(b)、(c) 分别乘以流线上微元线段的投影 $\mathrm{d}x$、$\mathrm{d}y$、$\mathrm{d}z$，式(a)为

$$X\mathrm{d}x - \frac{1}{\rho}\frac{\partial p}{\partial x}\mathrm{d}x = \left(u_x\frac{\partial u_x}{\partial x} + u_y\frac{\partial u_x}{\partial y} + u_z\frac{\partial u_x}{\partial z}\right)\mathrm{d}x$$

在流线上，有　$u_y\mathrm{d}x = u_x\mathrm{d}y$、$u_z\mathrm{d}x = u_x\mathrm{d}z$、$u_z\mathrm{d}y = u_y\mathrm{d}z$，则

$$\left(u_x\frac{\partial u_x}{\partial x} + u_y\frac{\partial u_x}{\partial y} + u_z\frac{\partial u_x}{\partial z}\right)\mathrm{d}x = u_x\left(\frac{\partial u_x}{\partial x}\mathrm{d}x + \frac{\partial u_x}{\partial y}\mathrm{d}y + \frac{\partial u_x}{\partial z}\mathrm{d}z\right) = u_x\mathrm{d}u_x$$

所以
$$X\mathrm{d}x - \frac{1}{\rho}\frac{\partial p}{\partial x}\mathrm{d}x = u_x\mathrm{d}u_x$$

同理
$$Y\mathrm{d}y - \frac{1}{\rho}\frac{\partial p}{\partial y}\mathrm{d}y = u_y\mathrm{d}u_y$$

$$Z\mathrm{d}z - \frac{1}{\rho}\frac{\partial p}{\partial z}\mathrm{d}z = u_z\mathrm{d}u_z$$

将上面三个式子相加，若流体为不可压缩流体，$\rho =$ 常数，其中

$$\frac{1}{\rho}\left(\frac{\partial p}{\partial x}\mathrm{d}x + \frac{\partial p}{\partial y}\mathrm{d}y + \frac{\partial p}{\partial z}\mathrm{d}z\right) = \frac{1}{\rho}\mathrm{d}p$$

$$u_x\mathrm{d}u_x + u_y\mathrm{d}u_y + u_z\mathrm{d}u_z = \mathrm{d}\left(\frac{u_x^2 + u_y^2 + u_z^2}{2}\right) = \mathrm{d}\left(\frac{u^2}{2}\right)$$

所以
$$X\mathrm{d}x + Y\mathrm{d}y + Z\mathrm{d}z - \frac{1}{\rho}\mathrm{d}p = \mathrm{d}\left(\frac{u^2}{2}\right) \qquad (3\text{-}31)$$

若流动是在重力场中，作用在流体上的质量力只有重力，即 $X = Y = 0$，$Z = -g$，代入式(3-31)，得

$$\mathrm{d}\left(\frac{u^2}{2} + \frac{p}{\rho} + gz\right) = 0$$

沿流线积分，得

$$z + \frac{p}{\rho g} + \frac{u^2}{2g} = C \qquad (3\text{-}32)$$

对同一流线上的任意两点 1、2，则是

$$z_1 + \frac{p_1}{\rho g} + \frac{u_1^2}{2g} = z_2 + \frac{p_2}{\rho g} + \frac{u_2^2}{2g} \qquad (3\text{-}33)$$

式(3-33)称为伯努利方程，以纪念在理想流体运动微分方程式(3-26)建立之前，1738

年瑞士数学家、物理学家伯努利(Beroulli,D. 1700～1782)根据能量守恒定律,结合实验提出与式(3-33)类似的公式,用于计算管流问题。

式(3-33)又称为能量方程,它表示了重力场中理想流体的元流为恒定流时,流速、动压强与位置高度三者之间的关系。

由于元流的面积无限小,所以沿流线的伯努利方程就是元流的伯努利方程。推导该方程引入的限定条件,就是理想流体元流伯努利方程的应用条件,归纳起来有:理想流体、不可压缩流体、恒定流、质量力只有重力、沿元流(流线)。

2) 理想流体元流伯努利方程的物理意义和几何意义

(1) 物理意义

伯努利方程中的三项分别代表三种不同的能量形式:

z——单位重量流体具有的位能(又称为重力势能),重量为 $G = \rho g V$ 的流体的势能为 $\rho g V z$,单位重量的势能为 $\dfrac{\rho g V z}{mg} = \dfrac{\rho g V z}{\rho g V} = z$;

$\dfrac{p}{\rho g}$——单位重量流体具有的压能(压强势能);

$z + \dfrac{p}{\rho g}$——单位重量流体具有的总势能;

$\dfrac{u^2}{2g}$——单位重量流体具有的动能,重量为 $G = \rho g V$ 的液体的动能为 $\dfrac{u^2}{2}\rho V$,单位重量液体的动能为 $\dfrac{\dfrac{u^2}{2}\rho V}{\rho g V} = \dfrac{u^2}{2g}$;

$z + \dfrac{p}{\rho g} + \dfrac{u^2}{2g}$——单位重量流体具有的机械能。

(2) 几何意义

理想液体元流的伯努利方程中的每一项都有长度量纲 L。

z——代表元流过流断面上任一点相对于选取的基准面的位置高度,又称为位置水头;

$\dfrac{p}{\rho g}$——测压管高度,又称为压强水头;

$\dfrac{u^2}{2g}$——流速高度,又称为流速水头;

$z + \dfrac{p}{\rho g}$——测压管水头;

$z + \dfrac{p}{\rho g} + \dfrac{u^2}{2g}$——总水头。

3) 黏性流体元流的伯努利方程

实际流体由于存在黏性,运动时流体内部会产生摩擦阻力,克服阻力做功,使流体的一部分机械能转化为热能而散失。因此,黏性流体流动过程中机械能是沿程减小的。设 h'_w 为黏性流体元流单位重量流体从过流断面 1-1 到 2-2 的机械能损失,称为水头损失。根据能量守恒定律,黏性流体元流的伯努利方程

$$z_1 + \frac{p_1}{\rho g} + \frac{u_1^2}{2g} = z_2 + \frac{p_2}{\rho g} + \frac{u_2^2}{2g} + h'_w \tag{3-34}$$

水头损失 h_w' 也具有长度的量纲 L。

【例 3-7】 应用皮托管（Pitot,H.）测量点流速。

【解】 速度水头是可以直接量测的，现以均匀管流为例加以说明。设均匀流，欲量测过流断面上某点 A 的流速（图3-18）。

在该点上方放置一测压管，并在 A 点下游相距很近的地方放一根测速管。测速管是弯成直角而两端开口的细管，一端的出口置于与 A 点相距很近的 B 点处，并正对来流，另一端向上。在 B 点处由于测速管的阻滞，流速为零，动能全部转化为压能，测速管中液面升高。

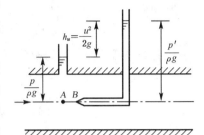

图 3-18 皮托管测速原理

应用黏性流体恒定流的伯努利方程，并取 AB 连线的平面作为基准面，则有

$$z_A + \frac{p_A}{\rho g} + \frac{u_A^2}{2g} = z_B + \frac{p_B}{\rho g} + 0 + h_w'$$

令 $u = u_A$，根据前面的分析可知，测压管和测速管中液面的高差 h_u 就是 A 点的流速水头，A、B 间距离很短，认为 $h_w' = 0$，可得

$$u = \sqrt{2gh_u}$$

根据上述原理，将测速管和测压管组合成测量点流速的仪器，称为皮托管。考虑到实际测流时 $h_w' \neq 0$ 和皮托管放入流场后对原流的干扰等影响，引入修正系数 c

$$u = c\sqrt{2gh_u}$$

c 值大小与皮托管的构造有关，数值接近于 1，一般为 $0.98 \sim 1$，由实验测定。

3.4.3 实际流体总流的伯努利方程

在前面已经导出了实际流体恒定元流的伯努利方程，但是工程中更多的是总流，为了解决实际问题，还需要将元流的伯努利方程推广到总流上去，求出总流的伯努利方程。

1）总流的伯努利方程

流量为 $\mathrm{d}Q$ 的流体重量为 $\rho g\,\mathrm{d}Q$，用它同时乘以元流能量方程式的两端，得到单位时间内通过元流两过流断面全部流体的能量关系式

$$\rho g\,\mathrm{d}Q\left(z_1 + \frac{p_1}{\rho g} + \frac{u_1^2}{2g}\right) = \rho g\,\mathrm{d}Q\left(z_2 + \frac{p_2}{\rho g} + \frac{u_2^2}{2g}\right) + \rho g\,\mathrm{d}Q h_w'$$

连续性方程式 $\mathrm{d}Q = u_1\,\mathrm{d}A_1 = u_2\,\mathrm{d}A_2$ 代入上式，并在过流断面上积分，得到总流过流断面上总能量之间的关系式为

$$\int_{A_1} \rho g\left(z_1 + \frac{p_1}{\rho g} + \frac{u_1^2}{2g}\right)u_1\,\mathrm{d}A_1 = \int_{A_2} \rho g\left(z_2 + \frac{p_2}{\rho g} + \frac{u_2^2}{2g}\right)u_2\,\mathrm{d}A_2 + \int_Q \rho g h_w'\,\mathrm{d}Q$$

可写成

$$\rho g \int_{A_1} \left(z_1 + \frac{p_1}{\rho g} \right) u_1 \mathrm{d}A_1 + \rho g \int_{A_1} \frac{u_1^2}{2g} u_1 \mathrm{d}A_1$$

$$= \rho g \int_{A_2} \left(z_2 + \frac{p_2}{\rho g} \right) u_2 \mathrm{d}A_2 + \rho g \int_{A_2} \frac{u_2^2}{2g} u_2 \mathrm{d}A_2 + \int_Q h'_w \mathrm{d}Q \qquad (3\text{-}35)$$

上式包括三种类型的积分,现分别确定如下:

第一类 $\rho g \int_A \left(z + \frac{p}{\rho g} \right) u \mathrm{d}A$ 是单位时间内总流过流断面的流体势能的总和。当流体作均匀流动或渐变流动时,同一过流断面上的动水压强按静水压强的规律分布。也就是说,恒定的均匀流或渐变流同一过流断面上各点的压强有 $z + \frac{p}{\rho g} = C$,不同的过流断面这个常数一般不等,所以常数可提出积分号外面

$$\rho g \int_A \left(z + \frac{p}{\rho g} \right) u \mathrm{d}A = \rho g \left(z + \frac{p}{\rho g} \right) \int_A u \mathrm{d}A = \rho g Q \left(z + \frac{p}{\rho g} \right) \qquad (3\text{-}36)$$

第二类 $\rho g \int_A \frac{u^2}{2g} u \mathrm{d}A$ 是单位时间内通过总流过流断面的流体动能总和。由于断面流速分布难以确定,所以对这一积分的求法是用积分中值定理来计算。引入修正系数,用断面平均流速 v 进行计算。

$$\rho g \int_A \frac{u^2}{2g} u \mathrm{d}A = \rho g \alpha \frac{v^3}{2g} A = \frac{\alpha v^2}{2g} \rho g Q \qquad (3\text{-}37)$$

式中 α 是一修正系数,它是表征断面流速分布均匀程度的一个系数,称为动能修正系数。当断面流速分布均匀时,实际的动能同按断面平均流速计算的动能值相近,α 的取值近似等于 1,一般取 $1.05 \sim 1.10$;流速分布不均匀时 α 值较大,可达到 2 或更大。在工程中为了计算简便常取 $\alpha = 1$ 来计算。

$$\alpha = \frac{\int_A \frac{u^3}{2g} \rho g \mathrm{d}A}{\int_A \frac{v^3}{2g} \rho g \mathrm{d}A} = \frac{\int_A u^3 \mathrm{d}A}{v^3 A} \qquad (3\text{-}38)$$

第三类 $\rho g \int_Q h'_w \mathrm{d}Q$ 是总流上下游过流断面间单位重量流体的机械能损失,可用单位重量流体断面间的平均能量损失 h_w 来计算,h_w 称为总流的水头损失,则

$$\rho g \int_Q h'_w \mathrm{d}Q = \rho g h_w Q \qquad (3\text{-}39)$$

把积分结果式(3-36)、式(3-37)、式(3-39)代入总流关系式(3-35),可得

$$\rho g \left(z_1 + \frac{p_1}{\rho g} + \frac{\alpha_1 v_1^2}{2g} \right) Q_1 = \rho g \left(z_2 + \frac{p_2}{\rho g} + \frac{\alpha_2 v_2^2}{2g} \right) Q_2 + \rho g h_w Q_2$$

又由连续性方程 $Q_1 = Q_2 = Q$ 代入上式,并等式两边同除以 $\rho g Q$,得到实际流体总流的伯努利方程

$$z_1 + \frac{p_1}{\rho g} + \frac{\alpha_1 v_1^2}{2g} = z_2 + \frac{p_2}{\rho g} + \frac{\alpha_2 v_2^2}{2g} + h_w \tag{3-40}$$

在前面的伯努利方程推导过程中应用了各种限制条件,所以在应用伯努利方程解决工程问题时有一些限制条件,也就是总流伯努利方程的适用条件:

(1) 恒定流。

(2) 不可压缩流体。

(3) 质量力只有重力。

(4) 所选取的两个过流断面为渐变流或均匀流断面。

(5) 两过流断面之间没有能量的输入或输出。

(6) 所选取的两过流断面之间,流量保持不变,无分流或汇流。

2) 总流伯努利方程的物理意义和几何意义

总流伯努利方程的物理意义和几何意义同元流伯努利方程类似,不需要详细介绍,需要注意的是方程的"平均"意义,而且方程中与势能相关的项均对断面上的同一个计算点而言。

z——总流过流断面上所取计算点单位重量流体的位能,位置高度或高度水头;

$\dfrac{p}{\rho g}$——总流过流断面上所取计算点单位重量流体的压能,测压管高度或压强水头;

$z + \dfrac{p}{\rho g}$——总流过流断面上单位重量流体的总势能,测压管水头;

$\dfrac{\alpha v^2}{2g}$——总流过流断面上单位重量流体的平均动能,平均流速水头;

$z + \dfrac{p}{\rho g} + \dfrac{\alpha v^2}{2g}$——总流过流断面上单位重量流体的平均机械能;

h_w——总流两断面间单位重量流体平均的机械能损失,水头损失。

可见,式(3-40)是能量守恒定律的总流表达式,所以恒定总流伯努利方程也称总流能量方程。

3) 水头线

总流伯努利方程中各项都具有长度的量纲,就可以用几何线段来表示,从而使沿程能量转化的情况更形象地反映出来。水头线就是总流沿程能量变化的几何图示(图 3-19)。

任取一水平面 0-0 为基准面,过沿程各点作垂直于基准面的垂线,以基准面上的交点为起点,在垂线上按一定的比例顺次截取分别为 z、$\dfrac{p}{\rho g}$、$\dfrac{\alpha v^2}{2g}$ 长度的线段(如图 3-19),把所有的高度为 $H_p = z + \dfrac{p}{\rho g}$ 的点连接成的曲线称为测压管水头线,把所有的高度为 $H = z + \dfrac{p}{\rho g} + \dfrac{\alpha v^2}{2g}$ 的点连成的曲线称为总水头线,显然总水头线与测压管水头线的差等于流速水头。

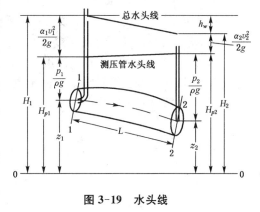

图 3-19 水头线

由于实际流体在流动中机械能沿程减小，所以实际流体的总水头线总是沿程降低的，而测压管水头线却并不是一定下降的，它有可能下降，也有可能是上升的曲线，这取决于能量的转化关系。对于均匀流和渐变流测压管水头线与总水头线是平行直线，而急变流测压管水头线是曲线且不平行。

为了度量总水头线沿程下降的快慢程度，引入水力坡度的概念，即总水头线的坡度，用 J 表示。它的数量等于单位重量的流体沿流单位长度上的能量损失。

$$J = -\frac{\mathrm{d}H}{\mathrm{d}L} = \frac{\mathrm{d}h_w}{\mathrm{d}L} \tag{3-41}$$

式中的负号是为了保证水力坡度为正值。

测压管水头线沿程的变化率可用测压管坡度 J_p 表示，它是单位重量流体沿流单位长度的势能减少量

$$J_p = -\frac{\mathrm{d}H_P}{\mathrm{d}L} \tag{3-42}$$

测压管坡度不全是正值，当测压管水头线下降时 J_p 为正值，反之为负值。

【例 3-8】 文丘里（Venturi）流量计（图 3-20），进口直径 $d_1 = 100$ mm，喉管直径 $d_2 = 50$ mm，实测测压管水头差 $\Delta h = 0.6$ m（或水银压差计的水银面高差 $h_p = 47.6$ mm），流量计的流量系数 $\mu = 0.98$。试求管道输水的流量。

【解】 文丘里流量计是一种测量有压管道中液体流量的一种仪器，如图 3-20 所示，它由光滑的收缩管、喉管、扩散管三部分组成。测量管中流量时，把流量计接入被测段，在管段和喉管处分别安装一根测压管（或是连接两处的水银压差计）。设在恒定流条件下，读得测压管高差为 Δh（或水银计的高差为 h_p），运用总流伯努利方程则可测得管中流量。

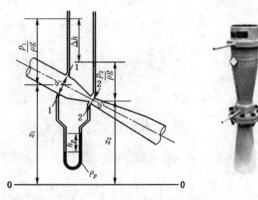

图 3-20 文丘里流量计

选水平基准面 0-0，选收缩段进口前断面和喉管断面 1-1、2-2 为计算断面，两者均为渐变流断面，计算点取在管轴线上。由于收缩段的水头损失很小，忽略不计，取动能修正系数 $\alpha_1 = \alpha_2 = 1$，列伯努利方程

$$z_1 + \frac{p_1}{\rho g} + \frac{\alpha_1 v_1^2}{2g} = z_2 + \frac{p_2}{\rho g} + \frac{\alpha_2 v_2^2}{2g}$$

变形有

$$\left(z_1 + \frac{p_1}{\rho g}\right) - \left(z_2 + \frac{p_2}{\rho g}\right) = \frac{v_2^2}{2g} - \frac{v_1^2}{2g}$$

即

$$\Delta h = \frac{v_2^2 - v_1^2}{2g}$$

补充连续性方程 $v_1 A_1 = v_2 A_2$，得 $v_2 = v_1 \left(\dfrac{d_1}{d_2}\right)^2$，代入前式，得

$$v_1 = \sqrt{\frac{2g\Delta h}{\left(\frac{d_1}{d_2}\right)^4 - 1}}$$

所以，流量
$$Q = A_1 v_1 = \frac{\pi d_1^2}{4}\sqrt{\frac{2g\Delta h}{\left(\frac{d_1}{d_2}\right)^4 - 1}}$$

令 $K = \dfrac{\pi d_1^2}{4}\sqrt{\dfrac{2g}{\left(\frac{d_1}{d_2}\right)^4 - 1}}$ 是由流量计结构尺寸 d_1、d_2 而定的常数，称为仪器常数。又

考虑两断面之间有水头损失，乘以流量计流量因数 μ（实验室测定），则文丘里流量计测流公式为

$$Q = \mu K \sqrt{\Delta h}$$

或
$$Q = \mu K \sqrt{12.6 h_p}$$

对本题，代入数据计算 $K = 0.009 \text{ m}^{2.5}/\text{s}$

$$Q = \mu K \sqrt{\Delta h} = 0.98 \times 0.009 \text{ m}^{2.5}/\text{s} \times \sqrt{0.6 \text{ m}} = 6.83 \times 10^3 \text{ m}^3/\text{s}$$

或 $Q = \mu K \sqrt{12.6 h_p} = 0.98 \times 0.009 \text{ m}^{2.5}/\text{s} \times \sqrt{12.6 \times 0.0476 \text{ m}} = 6.83 \times 10^3 \text{ m}^3/\text{s}$

【例 3-9】 图 3-21 所示为一水枪喷水，已知出口流速为 10 m/s，方向与水平方向成 $60°$，忽略空气阻力影响，求射流能达到的高度。

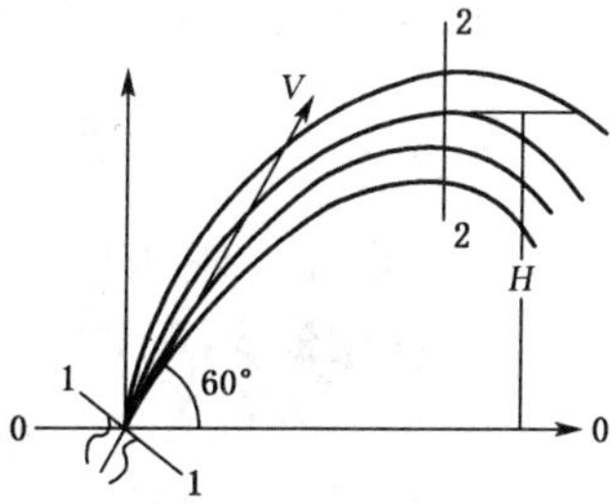

【解】 取出口断面中心高度为基准面，写出断面 1-1 和最高断面 2-2 的伯努利方程，已知

$$z_1 = 0,\ p_1 = 0,\ z_2 = H,\ p_2 = 0,\ h_w = 0$$

则得

图 3-21 水枪射流

$$\frac{\alpha_1 v_1^2}{2g} = H + \frac{\alpha_2 v_2^2}{2g} \quad 取 \alpha_1 = \alpha_2 = 1$$

当水喷到最高处时动能全部转化为势能

$$v_2 = 0$$

$$H = \frac{\alpha_1 v_1^2}{2g} = \frac{(10 \text{ m/s} \times \sin 60°)^2}{2 \times 9.8 \text{m/s}^2} = 3.83 \text{ m}$$

【例 3-10】 离心泵由吸水池抽水（图 3-22）。已知抽水量 $Q = 5.56 \times 10^3 \text{ m}^3/\text{s}$，泵的安装高度 $H_s = 5 \text{ m}$，吸水管直径 $d = 100 \text{ mm}$，吸水管的水头损失 $H_w = 0.25 \text{ mH}_2\text{O}$，试求水泵进口断面 2-2 的真空度。

【解】 选基准面 0-0 与吸水池水面重合，吸水池水面为

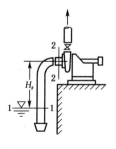

图 3-22 离心泵

1-1 断面,水泵进口断面为 2-2 断面。以吸水池水面上的一点(水泵进口断面的轴心点)为计算点,则有 $z_1 = 0$, $p_1 = p_a$(绝对压强), $v_1 \approx 0$, $z_2 = H_s$。

$$v_2 = \frac{Q}{A} = \frac{Q}{\frac{\pi d^2}{4}} = \frac{5.56 \times 10^3 \ \text{m}^3/\text{s}}{\frac{3.14 \times (0.1 \ \text{m})^2}{4}} = 0.708 \ \text{m/s}$$

代入总流伯努利方程

$$\frac{p_a}{\rho g} = H_s + \frac{p_2}{\rho g} + \frac{\alpha_2 v_2^2}{2g} + h_w$$

$$\frac{p_v}{\rho g} = \frac{p_a - p_2}{\rho g} = H_s + \frac{\alpha_2 v_2^2}{2g} + h_w = 5 \ \text{m} + \frac{(0.708 \ \text{m/s})^2}{2 \times 9.8 \ \text{m/s}^2} + 0.25 \ \text{m} = 5.28 \ \text{m}$$

或 $$p_v = 1\,000 \ \text{kg/m}^3 \times 9.8 \ \text{m/s}^2 \times 5.28 \ \text{m} = 51.74 \ \text{kPa}$$

在应用伯努利方程进行求解时应注意:

(1) 基准面可任意选择,但必须是同一个基准面。

(2) $\frac{p}{\rho g}$ 可用相对压强或绝对压强,但必须为同一标准。

(3) 在计算过流断面上 $z + \frac{p}{\rho g}$ 时,应以方便为宗旨,如对于圆管取管轴中心线,而对于明渠取自由水面。

(4) $\alpha_1 \neq \alpha_2$,但在实际应用中,可令 $\alpha_1 = \alpha_2$。

3.4.4 总流伯努利方程的扩展

上节总流的伯努利方程有其适用范围,因此要重视方程的应用条件,不能不顾应用条件,随意套用公式,应对实际问题做具体分析,灵活运用。下面结合三种情况加以讨论。

1) 沿程有出流或汇流的伯努利方程

总流的伯努利方程式(3-40),是在两过流断面间无分流或汇流的条件下导出的,而实际的供水、供气管道,沿程大多有分流和汇流,这时式(3-40)是否还能适用呢?

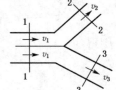

图 3-23 分流

对于两断面间有分流的情况,如图 3-23,对 1-1 断面可以看成是两股独立的流体运动,分别通过 2-2、3-3 断面,那么对于 1-1 断面与 2-2 断面间仍然适用伯努利方程

$$z_1 + \frac{p_1}{\rho g} + \frac{\alpha_1 v_1^2}{2g} = z_2 + \frac{p_2}{\rho g} + \frac{\alpha_2 v_2^2}{2g} + h_{w1-2} \tag{3-43}$$

同理,1-1 断面与 3-3 断面间列伯努利方程

$$z_1 + \frac{p_1}{\rho g} + \frac{\alpha_1 v_1^2}{2g} = z_3 + \frac{p_3}{\rho g} + \frac{\alpha_3 v_3^2}{2g} + h_{w1-3} \tag{3-44}$$

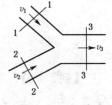

图 3-24 汇流

对于两断面间有汇流的情况,如图 3-24,当两股流体交汇时,除引起水头损失外,还由于单位重量流体的机械能不等而引起流股之间的能量交换。单位重量流体高能量的流股向低能量的流股传递了部分能量。即在汇流情况下,对每一股流体而言,存

在能量输入或输出的情况。当流股之间的交换能量达到不可忽略时，就不再适用式(3-40)，但应满足总流的总能量守恒，即单位时间内流过计算断面的全部重量流体的能量应保持守恒，有

$$
\rho g Q_{v_1} \left(z_1 + \frac{p_1}{\rho g} + \frac{\alpha_1 v_1^2}{2g} \right) + \rho g Q_{v_2} \left(z_2 + \frac{p_2}{\rho g} + \frac{\alpha_2 v_2^2}{2g} \right)
$$
$$
= \rho g Q_{v_3} \left(z_3 + \frac{p_3}{\rho g} + \frac{\alpha_3 v_3^2}{2g} \right) + \rho g Q_{v_1} h_{w1-3} + \rho g Q_{v_2} h_{w2-3}
$$
(3-45)

通常在城市管网中，汇流时的能量交换往往相对流股所具有的总单位能量可忽略不计，所以一般情况下仍然利用式(3-40)进行计算。

2) 沿程有能量输入或输出的伯努利方程

总流的伯努利方程是在两过流断面间没有能量输入或输出的条件下得到的，工程中经常有管路中设有水泵或水轮机等水力机械的情况，存在能量的输入或输出，这时应对伯努利方程进行修正。当管路中装有水泵时，流体流经水泵，以等角速度旋转的叶轮加速了流体的运动，输入机械能给流体，根据能量守恒方程中应增加能量的输入；当管路中装有水轮机时，流体流经水轮机输出能量，从而带动叶轮转动，流体有能量输出，应在能量方程中减去输出的能量。设单位重量的流体的能量输出或输入为 H_t，则断面之间有能量输入输出时的伯努利方程为

$$
z_1 + \frac{p_1}{\rho g} + \frac{\alpha_1 v_1^2}{2g} \pm H_t = z_2 + \frac{p_2}{\rho g} + \frac{\alpha_2 v_2^2}{2g} + h_{w1-2}
$$
(3-46)

式中管路中有能量输入时取正号，有能量输出时取负号。

公式中 H_t 的单位是长度单位，而工程中已知的一般是水力机械的功率 P，另外任何机械都有一定的能量损耗，水力机械的效率用 η 表示，它是一个小于 1 的百分数。设水泵的提水高程(扬程)为 H_t(单位为 m)，带动水泵的电机的功率为 P_p，水泵机组的效率为 η_p，有关系式

$$
\eta_p P_p = \rho g Q H_t \quad \text{或} \quad H_t = \frac{\eta_p P_p}{\rho g Q}
$$

若水电站发电机组的出力是 P_g，水轮机和发电机的总效率为 η_g，则

$$
H_t = \frac{P_g}{\rho g Q \eta_g}
$$

3) 气流的伯努利方程

式(3-40)是对不可压缩流体导出的，气体是可压缩流体，但是对流速不是很大，压强变化不大的系统，如工业通风管道、烟道等，气流在运动过程中密度的变化很小，在这样的条件下，伯努利方程仍可用于气流。由于气流的密度同外部空气的密度是相同的数量级，在用相对压强进行计算时，需要考虑外部大气压在不同高度的差值。

设恒定气流如图 3-25，气流的密度为 ρ，外部空气的密度为 ρ_a，过

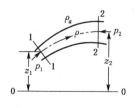

图 3-25 恒定气流

流断面上计算点的绝对压强为 p_{1abs}、p_{2abs}，列 1-1 断面与 2-2 断面的伯努利方程

$$z_1 + \frac{p_{1abs}}{\rho g} + \frac{\alpha_1 v_1^2}{2g} = z_2 + \frac{p_{2abs}}{\rho g} + \frac{\alpha_2 v_2^2}{2g} + h_w (\alpha_1 = \alpha_2 = 1)$$

通常把上式表示为压强的形式，即

$$\rho g z_1 + p_{1abs} + \frac{\rho v_1^2}{2} = \rho g z_2 + p_{2abs} + \frac{\rho v_2^2}{2} + p_w \tag{3-47}$$

式中，p_w 为压强损失，$p_w = \rho g h_w$。

将式(3-47)中的压强用相对压强 p_1、p_2 表示为

$$p_{1abs} = p_1 + p_a$$

$$p_{2abs} = p_2 + p_a - \rho_a g(z_2 - z_1)$$

式中，p_a 为高程 z_1 处的大气压，$p_a - \rho_a g(z_2 - z_1)$ 为高程 z_2 处的大气压，代入式(3-47)，整理得

$$p_1 + \frac{\rho v_1^2}{2} + (\rho_a - \rho)g(z_2 - z_1) = p_2 + \frac{\rho v_2^2}{2} + p_w \tag{3-48}$$

这里 p_1、p_2 称为静压，$\frac{\rho v_1^2}{2}$、$\frac{\rho v_2^2}{2}$ 称为动压。$(\rho_a - \rho)g$ 为单位体积气体所受有效浮力，$(z_2 - z_1)$ 为气体沿浮力方向升高的距离，$(\rho_a - \rho)g(z_2 - z_1)$ 为 1-1 断面相对于 2-2 断面单位体积气体的位能，称为位压。式(3-48)就是以相对压强计算的气流伯努利方程。

当气流的密度和外界空气的密度相同时($\rho = \rho_a$)，或两计算点的高度相同($z_1 = z_2$)，位压项为零，式(3-48)化简为

$$p_1 + \frac{\rho v_1^2}{2} = p_2 + \frac{\rho v_2^2}{2} + p_w \tag{3-49}$$

当气流的密度远大于外界空气的密度，此时相当于液体总流，式(3-48)中 ρ_a 可忽略不计，认为各点的当地大气压相同，式(3-48)化简为

$$z_1 + \frac{p_1}{\rho g} + \frac{v_1^2}{2g} = z_2 + \frac{p_2}{\rho g} + \frac{v_2^2}{2g} + h_w$$

由此可见，对于液体总流来说，压强 p_1、p_2 不论是绝对压强还是相对压强，伯努利方程的形式不变。只是注意方程等式两边选用的压强要么都是绝对压强，要么都是相对压强。

【例 3-11】 泵压送水(图 3-26)，水泵轴功率 $N = \rho g Q H = 13.3\ \text{kW}$，效率 $\eta_p = 0.75$。已知 $h = 20\ \text{m}$，管路水头损失 $h_w = 8v^2/2g$。试求其流量及泵的扬程[$H_p(H_p = h + h_w)$]。

【解】 取低水池水面为断面 1，高水池水面为断面 2。令低水池水面为基准面。

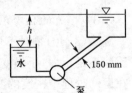

图 3-26 泵压送水系统

设泵输入单位重水流的能量为 H_t，则根据伯努利方程有

$$z_1 + \frac{p_1}{\rho g} + \frac{\alpha_1 v_1^2}{2g} + H_t = z_2 + \frac{p_2}{\rho g} + \frac{\alpha_2 v_2^2}{2g} + h_{w1-2}$$

$$0 + 0 + 0 + H_t = 20 + 0 + 0 + \frac{8v^2}{2g}$$

因为

$$H_t = \frac{N\eta_p}{\rho g Q} = \frac{13.3 \times 10^3 \times 0.75}{9\,800Q} = \frac{1.018}{Q}$$

$$\frac{8v^2}{2g} = \frac{8Q^2}{19.6 \times (\pi \times 0.075^2)^2} = \frac{Q^2}{0.000\,765}$$

所以有

$$\frac{1.018}{Q} = 20 + \frac{Q^2}{0.000\,765}$$

解得

$$Q = 0.045 \text{ m}^3/\text{s}$$

所以

$$h_w = 8v^2/2g = \frac{Q^2}{0.000\,765} = \frac{(0.045 \text{ m}^3/\text{s})^2}{0.000\,765 \text{ m/s}^2} = 2.65 \text{ m}$$

$$H_p = h + h_w = 20 \text{ m} + 2.65 \text{ m} = 22.65 \text{ m}$$

【例 3-12】　自然排烟锅炉(图 3-27)，烟囱直径 $d = 1$ m，烟气流量 $Q = 7.135 \text{ m}^3/\text{s}$，烟气密度 $\rho = 0.7 \text{ kg/m}^3$，外部空气密度 $\rho_a = 1.2 \text{ kg/m}^3$，烟囱的压强损失 $p_w = 0.035 \dfrac{H}{d} \dfrac{\rho v^2}{2}$。为使烟囱底部入口断面的真空高度不小于 10 mm 水柱，试求烟囱的高度 H。

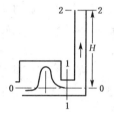

图 3-27　自然排烟锅炉

【解】　选烟囱底部入口断面为 1-1 断面，出口断面为 2-2 断面。因烟气和外部空气的密度不同，由式(3-48)

$$p_1 + \frac{\rho v_1^2}{2} + (\rho_a - \rho)g(z_2 - z_1) = p_2 + \frac{\rho v_2^2}{2} + p_w$$

其中，1-1 断面

$$p_1 = -\rho_0 g h = -1\,000 \text{ kg/m}^3 \times 9.8 \text{ m/s}^2 \times 0.01 \text{ m} = -98 \text{ N/m}^2$$

$$v_1 \approx 0, \ z_1 = 0$$

2-2 断面，$p_2 = 0$，$v_2 = \dfrac{Q}{A} = \dfrac{Q}{\dfrac{\pi d^2}{4}} = \dfrac{7.135 \text{ m}^3/\text{s}}{\dfrac{3.14 \times (1 \text{ m})^2}{4}} = 9.089 \text{ m/s}$，$z_2 = H$ 代入上式

$$-98 + 9.8 \times (1.2 - 0.7)H = 0.7 \times \frac{9.089^2}{2} + 0.035 \times \frac{H}{1} \times \frac{0.7 \times 9.089^2}{2}$$

得 $H = 32.63$ m。烟囱的高度必须大于此值。

由本题可见，自然排烟锅炉底部压强为负压 $p_1 < 0$，顶部出口压强 $p_2 = 0$，且 $z_1 < z_2$，这种情况下，是位压 $[(\rho_a - \rho)g(z_2 - z_1)]$ 提供了烟气在烟囱内向上流动的能量。所以，自然排烟需要有一定的位压，为此烟气要有一定的温度，以保持有效浮力 $[(\rho_a - \rho)g]$，同时烟囱还需有一定的高度 $[(z_2 - z_1)]$，否则将不能维持自然排烟。

3.5　恒定总流的动量方程

流体力学中三大基本方程已讨论了连续性方程和伯努利方程，它们对解决流体力学的实际问题具有重要意义,但对于某些流体力学问题,常常需要确定流体与流道固体边界的相互作用力,而连续性方程和伯努利方程都没有反映出流体和边界上作用力之间的关系,所以在要求分析流体对边界上的作用力时就无法应用。

例如,求急变流范围内流体对边界的作用力,用伯努利方程求解就非常困难。而且,伯努利方程中包括了水头损失这一项,对于有些流动一时难以确定水头损失的大小,应用就受到限制。而动量方程就弥补了这些不足。下面由动量定律,推导总流的动量方程。它反映了流体动量变化与作用力之间的关系。

动量定律是指单位时间内物体的动量变化等于作用于该物体上外力的总和,其表达式为

$$\sum \vec{F} = \frac{\mathrm{d}\vec{K}}{\mathrm{d}t} = \frac{\mathrm{d}(\sum m\vec{u})}{\mathrm{d}t}$$

如图 3-28 所示,设恒定总流置于直角坐标系 $Oxyz$,取过流断面 1-1、2-2 为渐变流断面,面积为 A_1、A_2,以过流断面及总流的侧表面围成的空间为控制体。经 $\mathrm{d}t$ 时段后,控制体中的流体运动到新位置 $1'$-$2'$。

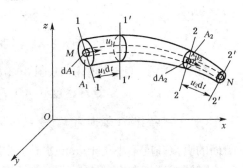

在流过控制体的总流内,任取元流 1-2,断面面积 $\mathrm{d}A_1$、$\mathrm{d}A_2$,点流速为 $\vec{u_1}$、$\vec{u_2}$。$\mathrm{d}t$ 时间元流动量的增量为

图 3-28　恒定总流动量方程推导

$$\mathrm{d}\vec{K} = \vec{K}_{1'-2'} - \vec{K}_{1-2} = (\vec{K}_{1'-2} + \vec{K}_{2-2'})_{t+\mathrm{d}t} - (\vec{K}_{1-1'} + \vec{K}_{1'-2})_t$$

因为是恒定流,$\mathrm{d}t$ 前后 $\vec{K}_{1'-2}$ 无变化,则有

$$\mathrm{d}\vec{K} = \vec{K}_{2-2'} - \vec{K}_{1-1'} = \rho_2 u_2 \mathrm{d}t\mathrm{d}A_2 \, \vec{u_2} - \rho_1 u_1 \mathrm{d}t\mathrm{d}A_1 \, \vec{u_1}$$

$\mathrm{d}t$ 时间内总流动量的增量,因为过流断面为渐变流断面,各点的速度平行,按平行矢量和的法则,定义 $\vec{i_2}$ 为 $\vec{u_2}$ 方向的基本单位矢量,$\vec{i_1}$ 为 $\vec{u_1}$ 方向的基本单位矢量

$$\mathrm{d}\vec{K} = \left[\iint_{A_2} \rho_2 u_2 \mathrm{d}t\mathrm{d}A_2 \, u_2 \right]\vec{i_2} - \left[\iint_{A_1} \rho_1 u_1 \mathrm{d}t\mathrm{d}A_1 \, u_1 \right]\vec{i_1}$$

对于不可压缩流体 $\rho_1 = \rho_2 = \rho$,并引入修正系数,以断面平均流速 v 代替点流速 u,积分得

$$\mathrm{d}\vec{K} = \left[\rho\mathrm{d}t\beta_2 v_2^2 A_2\right]\vec{i_2} - \left[\rho\mathrm{d}t\beta_1 v_1^2 A_1\right]\vec{i_1}$$

$$= \rho\mathrm{d}t\beta_2 v_2 A_2\vec{v_2} - \rho\mathrm{d}t\beta_1 v_1 A_1\vec{v_1} = \rho\mathrm{d}tQ(\beta_2\vec{v_2} - \beta_1\vec{v_1})$$

由动量定律有
$$\sum \vec{F} = \rho Q(\beta_2 \vec{v_2} - \beta_1 \vec{v_1}) \tag{3-50}$$

用分量表示
$$\begin{cases} \sum F_x = \rho Q(\beta_2 v_{2x} - \beta_1 v_{1x}) \\ \sum F_y = \rho Q(\beta_2 v_{2y} - \beta_1 v_{1y}) \\ \sum F_z = \rho Q(\beta_2 v_{2z} - \beta_1 v_{1z}) \end{cases} \tag{3-51}$$

式(3-50)即为恒定总流的动量方程。方程表明,作用于控制体内流体上的外力,等于控制体净流出的动量。由推导过程可知,总流动量方程的应用条件有:恒定流、过流断面为渐变流断面、不可压缩流体。

式中 β 是为修正以断面平均速度计算的动量与实际动量的差值而引入的修正系数,称为动量修正系数

$$\beta = \frac{\int_A u^2 \, dA}{v^2 A}$$

β 值取决于过流断面上的流速分布,速度分布较均匀的流动,$\beta = 1.02 \sim 1.05$。为简化计算,通常取 $\beta = 1.0$。

运用恒定总流动量方程时,一般按如下步骤进行计算:

(1) 选取控制体。一般以总流中某段流管壁面和两端的渐变流断面作为控制体的控制面。

(2) 正确分析作用于控制面上的力,包括作用于控制面的表面力和作用于控制体中流体的质量力,并作出计算简图。如所求作用力的方向未知时,可先假定其方向,如求出该力为正值,则假定的方向正确;若为负值,则方向与原假定方向相反。

(3) 选取坐标系。选定坐标轴的方向,各作用力及流速的分量与坐标轴方向一致的为正,相反为负。

(4) 列动量方程求解。分别写出 x、y、z 方向的动量方程,注意式中各项的正负号,一般需与连续性方程和伯努利方程联合求解。

若流进或流出控制体的控制断面不止一个时,则方程应进行修正

$$\sum (\rho Q \beta \vec{v})_{流出} - \sum (\rho Q \beta \vec{v})_{流进} = \sum \vec{F} \tag{3-52}$$

式中:$\sum (\rho Q \beta \vec{v})_{流出}$ ——各控制断面上单位时间流出控制体的动量的矢量和;

$\sum (\rho Q \beta \vec{v})_{流进}$ ——各控制断面上单位时间流进控制体的动量的矢量和。

【例 3-13】 有一水泵的压力管,其中有一弯段(图 3-29(a)中的管段1-2),已知管径 $d = 0.2$ m,弯段长度 $l = 6.0$ m,通过的流量 $Q = 0.03$ m³/s,断面 1-1、2-2 形心处的压强分别为 $p_1 = 49.0$ kN/m²,$p_2 = 39.2$ kN/m²,断面 1 和 2 的法线方向与水平方向的夹角分别为 $\theta_1 = 0°$,$\theta_2 = 60°$。试计算支座所受的作用力。

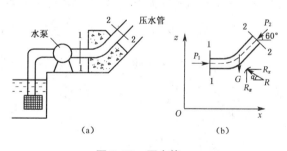

图 3-29 压水管

【解】 取渐变流断面 1-1 和 2-2 之间的区域为控制体,并取平面坐标系 Oxz,如图 3-29(b)所示。

作用于控制体中流体上的力有:

断面 1-1 上的水压力

$$F_1 = p_1 A_1 = 49.0 \text{ kN/m}^2 \times \frac{3.14}{4} \times (0.2 \text{ m})^2 = 1.539 \text{ kN}$$

断面 2-2 上的水压力

$$F_2 = p_2 A_2 = 39.2 \text{ kN/m}^2 \times \frac{3.14}{4} \times (0.2 \text{ m})^2 = 1.231 \text{ kN}$$

控制体内的水重

$$G = \rho g A l = 1\,000 \text{ kg/m}^3 \times 9.8 \text{ m/s}^2 \times \frac{3.14}{4} \times (0.2 \text{ m})^2 \times 6.0 \text{ m} = 1.848 \text{ kN}$$

支座反力 R，假设方向如图 3-29(b)所示。x 方向的动量方程为

$$\sum F_x = F_{1x} - F_{2x} - R_x = \rho Q (\beta_2 v_{2x} - \beta_1 v_{1x}) \quad (\beta_1 = \beta_2 = 1.0)$$

其中

$$F_{1x} = F_1 \cos 0° = 1.539 \text{ kN}$$

$$F_{2x} = F_2 \cos 60° = 0.616 \text{ kN}$$

$$v_{1x} = v_1 \cos 0° = \frac{Q}{A_1} \cos 0° = \frac{0.03 \text{ m}^3/\text{s}}{\frac{3.14}{4} \times (0.2 \text{ m})^2} \cos 0° = 0.955 \text{ m/s}$$

$$v_{2x} = v_2 \cos 60° = \frac{Q}{A_2} \cos 60° = \frac{0.03 \text{ m}^3/\text{s}}{\frac{3.14}{4} \times (0.2 \text{ m})^2} \cos 60° = 0.748 \text{ m/s}$$

代入数据，可得

$$R_x = F_{1x} - F_{2x} - \rho Q (v_{2x} - v_{1x})$$

$$= 1.539 \text{ kN} - 0.616 \text{ kN} - 1\,000 \text{ kg/m}^3 \times 0.03 \text{ m}^3/\text{s} \times (0.748 \text{ m/s} - 0.955 \text{ m/s})$$

$$= 0.937 \text{ kN}$$

z 方向的动量方程为 $\quad \sum F_z = -F_{2z} - G + R_z = \rho Q (v_{2z} - v_{1z})$

其中 $\quad v_{1z} = 0$，$F_{2z} = F_2 \sin 60° = 1.231 \text{ kN} \times \sin 60° = 1.066 \text{ kN}$

$$v_{2z} = v_2 \sin 60° = \frac{Q}{A_2} \sin 60° = \frac{0.03 \text{ m}^3/\text{s}}{\frac{3.14}{4} \times (0.2 \text{ m})^2} \sin 60° = 0.827 \text{ m/s}$$

可得

$$R_z = \rho Q v_{2z} + F_{2z} + G$$

$$= 1\,000 \text{ kg/m}^3 \times 0.03 \text{ m}^3/\text{s} \times 0.827 \text{ m/s} + 1.066 \text{ kN} + 1.848 \text{ kN} = 2.939 \text{ kN}$$

所求 R_x、R_z 均为正值，说明假定的 R 方向是正确的。

$$R = \sqrt{R_x^2 + R_z^2} = \sqrt{(0.937 \text{ kN})^2 + (2.939 \text{ kN})^2} = 3.085 \text{ kN}$$

$$\tan \alpha = \frac{R_z}{R_x} = \frac{2.939 \text{ kN}}{0.937 \text{ kN}} = 3.137$$

所以 R 与水平面的夹角 $\alpha = 72.32°$。

【例3-14】 水平方向的水射流,流量 Q_1,出口流速 v_1,在大气中冲击在前后斜置的光滑平板上,射流轴线与平板成 θ 角(图3-30),不计水流在平板上的阻力。试求:(1) 沿平板的流量 Q_2、Q_3;(2) 射流对平板的力。

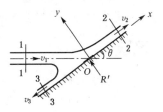

图 3-30 射流

【解】 取过流断面 1-1、2-2、3-3 及射流侧表面与平板内壁为控制面构成控制体。选直角坐标系 Oxy,O 点置于射流轴线与平板的交点,Oy 轴与平板垂直。

在大气中射流,控制面内各点的压强皆可认为等于大气压(相对压强为零)。因不计水流在平板上的阻力,可知平板对水流的作用力 R' 与平板垂直,设 R' 的方向与 Oy 轴方向相同。

分别对 1-1、2-2 及 1-1、3-3 断面列伯努利方程,可得

$$v_1 = v_2 = v_3$$

(1) 求流量 Q_2、Q_3

列 Ox 方向的动量方程,作用在控制体内总流上的外力 $\sum F_x = 0$,所以有

$$\rho Q_2 v_2 + (-\rho Q_3 v_3) - \rho Q_1 v_1 \cos\theta = 0 \quad Q_2 - Q_3 = Q_1 \cos\theta$$

由连续性方程
$$Q_2 + Q_3 = Q_1$$

联立解得
$$Q_2 = \frac{Q_1}{2}(1 + \cos\theta) \quad Q_3 = \frac{Q_1}{2}(1 - \cos\theta)$$

(2) 求射流对平板的作用力 R

列 Oy 方向的动量方程

$$R' = 0 - (-\rho Q_1 v_1 \sin\theta) = \rho Q_1 v_1 \sin\theta$$

射流对平板的作用力 R 与 R' 大小相等,方向相反,即指向平板。

思考题

1. 拉格朗日变量和欧拉变量各指什么?在此两种方法中 x、y、z 有何不同含义?

2. 何谓恒定流与非恒定流,均匀流与非均匀流,渐变流与急变流?它们之间有什么联系?

3. 实际水流中存在流线吗?引入流线概念的意义何在?

4. 能否存在"恒定的急变流"、"非恒定的均匀流"?若存在,试解释其含义,并举实例。

5. 中水下排水口附近的流动是几元流?

6. 流量是如何定义的?如何计算流量?它的单位是什么?

7. 两张薄纸,平行提在手中,当用嘴顺着纸间缝隙吹气时,问薄纸是不动、靠拢还是张开?为什么?

8. 应用总流伯努利方程时的限制条件有哪些?如何选取其计算断面、基准面、计算点和压强?

9. 应用恒定总流动量方程时,为什么不必考虑水头损失?(提示:引起水头损失可能是外力或内力,外力则是流体边界的摩擦力,通常较小,可忽略不计。)

习题

一、单项选择题

1. 在流场中对于流线的定义下列说法正确的是(　　)。

   A. 在流场中各质点的速度方向连成的曲线

   B. 在流场中同一时刻、不同质点的速度方向线连成的曲线

   C. 在流场中不同时刻、同一质点的速度方向线连成的曲线

   D. 上述说法都不正确

2. 如图 3-31 所示水箱自由出流,水已注满水箱,$Q_0 > Q$ 则管道出流流动模型可作(　　)处理。

   A. 恒定流　　　　 B. 理想流　　　　 C. 均匀流　　　　 D. 无压流

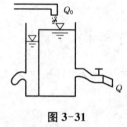

图 3-31　　　　　　　　　　　图 3-32

3. 如图 3-32 所示一等直径水管,AA 为过流断面,BB 为水平面,1、2、3、4 为面上各点,各点的运动物理量有以下关系的是(　　)。

   A. $p_1 = p_2$ 　　　　　　　　　　　　 B. $p_3 = p_4$

   C. $Z_1 + \dfrac{p_1}{\rho g} = Z_2 + \dfrac{p_2}{\rho g}$ 　　　　　 D. $Z_3 + \dfrac{p_3}{\rho g} = Z_4 + \dfrac{p_4}{\rho g}$

4. 实际流体水力坡度的取值范围下列正确的是(　　)。

   A. $J \geqslant 0$ 　　　　 B. $J > 0$ 　　　　 C. $J = 0$ 　　　　 D. 三种都有可能

5. 黏性流体测压管水头线的沿程变化是(　　)。

   A. 沿程下降　　　 B. 沿程上升　　　 C. 保持水平　　　 D. 三种情况都有可能

6. 伯努利方程中 $Z + \dfrac{p}{\rho g} + \dfrac{\alpha v^2}{2g}$ 表示(　　)。

   A. 单位重量流体具有的机械能

   B. 单位质量流体具有的机械能

   C. 单位体积流体具有的机械能

   D. 通过过流断面流体的总机械能

7. 如图 3-33 所示水箱自由出流,1、2、3、4 点在同一水平位置上,$d_3 > d_2 > d_4$,压强关系可以判断大小比较合理的是(　　)。

   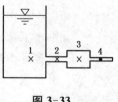

   图 3-33

   A. $p_3 > p_2 > p_4$ 　　　　　　　　 B. $p_1 > p_3 > p_4$

C. $p_1 > p_2 > p_3$ 　　　　　　　　　　D. $p_1 > p_3 > p_2$

8. 实际恒定总流动量方程由于速度分布不均匀的动量修正系数 β 应是（　　）。

A. 大于等于 1　　　B. 小于等于 1　　　C. 大于 1　　　　　D. 等于 1

二、计算题

1. 变直径管，直径 $d_1 = 320$ mm，$d_2 = 160$ mm，流速 $v_1 = 1.5$ m/s。求 v_2。

2. 水流经过三叉管，如图 3-34 所示进口直径 $d = 200$ mm，平均流速 $v = 1$ m/s，主管出口直径 $d_1 = 150$ mm，支管直径 $d_2 = 50$ mm，流量 $Q_2 = 0.005$ m³/s，求主管出口平均速度。

3. 如图 3-35 所示利用皮托管测量管流的断面流速，利用盛以密度为 1.53 kg/m³ 的 CCl_4 压差计，测得 $h = 400$ mm，管中液流的密度为 0.82 kg/m³，试求测点 A 的速度。

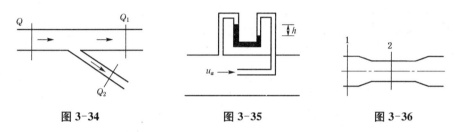

图 3-34　　　　　　　　　　图 3-35　　　　　　　　　　图 3-36

4. 如图 3-36 所示渐缩渐扩管，水平放置，1 断面直径为 50 mm，中心点压强为 5.88 kPa，2 断面直径为 25 mm，水头损失为 $\dfrac{0.2v_2^2}{2g}$，允许最大真空值为 7.0 mH₂O，管中不发生气蚀，求管中允许通过的最大流量。

5. 圆管断面流速分布为 $u = u_{max}\left[1 - \left(\dfrac{r}{r_0}\right)^2\right]$，其中 r_0 为圆管半径，r 为离管轴的距离。试求：（1）平均流速 v；（2）动量修正系数 β；（3）动能修正系数 α。

6. 有一管路，由两根不同直径的管子与一渐变连接管组成（图 3-37），已知 $d_1 = 200$ mm，$d_2 = 400$ mm，A 点相对压强 p_A 为 6.86×10^4 Pa，B 点相对压强 p_B 为 3.92×10^4 Pa；B 点处的断面平均流速 v_B 为 1 m/s。A、B 两点的高差 Δz 为 1 m。要求判别流动方向，并计算这两断面间的水头损失 h_w。

7. 如图 3-38 所示，一盛水的密闭容器，液面恒定，其上相对压强 p_0 为 4.9×10^4 N/m²。若在容器底部接一段管路，管长为 4 m，与水平面夹角 30°，出口断面直径 $d = 0.05$ m。管路进口断面中心位于水下深度 $H = 5$ m 处，水出流时总的水头损失为 2.3 m，取 $\alpha_1 = \alpha_2 = 1$，求出水流量 Q。

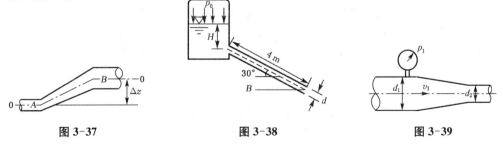

图 3-37　　　　　　　　　　图 3-38　　　　　　　　　　图 3-39

8. 一水平变截面管段接于输水管路中，管段进口直径 $d_1 = 0.1$ m，出口直径 $d_2 = 0.05$ m（图 3-39）。当进口断面平均流速 v_1 为 1.4 m/s，相对压强 p_1 为 5.88×10^4 N/m² 时，

若不计两截面间的水头损失,试计算管段出口断面的相对压强 p_2。

9. 水管直径 50 mm,末端阀门关闭时,压力表读数为 21 kN/m²。阀门打开后读数降至 5.5 kN/m²,如不计水头损失,求通过的流量。

10. 离心式通风机借集流器 A 从大气中吸入空气(图 3-40)。在直径 $d=200$ mm 的圆柱形管道部分接一根玻璃管,管的下端插入水槽中。若玻璃管中的水上升 $H=150$ mm,求每秒钟所吸取的空气量 Q。空气的密度 $\rho=1.29$ kg/m³。

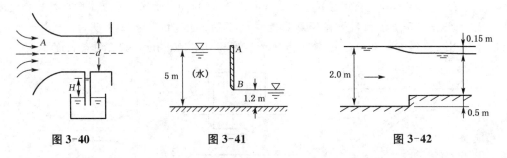

图 3-40　　　　　　图 3-41　　　　　　图 3-42

11. 计算作用于闸门 AB(图 3-41)上的总动压力。闸门为矩形,宽度为 7.5 m。忽略水头损失。

12. 矩形断面的平底渠道,其宽度 B 为 2.7 m,渠底在某断面处抬高 0.5 m,该断面上游的水深为 2 m,下游水深降低 0.15 m,如忽略边壁和渠底阻力,试求:(1) 渠道的流量;(2) 水流对底坎的冲力。

13. 嵌入支座内的一段输水管,其直径由 1.5 m 变化到 1 m(图 3-43)。当支座前的压强 $p=0.4$ MPa(相对压强)、流量 Q 为 1.8 m³/s 时,试确定渐变段支座所受的轴向力 R(不计水头损失)。

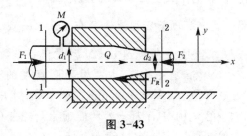

图 3-43

14. 射流以相同的流速 v 和流量 Q 分别射在三块不同(见图 3-44,图中 α 取不同值)的挡水板上,然后分成两股沿板的两侧水平射出。如不计板面对射流的阻力,试比较三块板上作用力的大小。如欲使板面的作用力达到最大,问:挡水板应弯曲角度 α 为多少度?此时,最大作用力为平面板(图 b)上作用力的几倍?

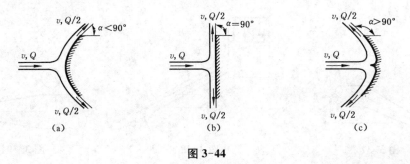

图 3-44

4 流动阻力与能量损失

实际流体在运动时,因黏性的存在,在流动过程中会产生流动阻力,而克服阻力必然要消耗一部分机械能,并转化为热能,造成能量损失。因此,只有确定了流动阻力,或由流动阻力产生的水头损失之后,伯努利方程才能用以解决实际问题。

水头损失与流体的物理特性和边界特征均有密切的关系,与流体流态也有密切关系。故本章在扼要分析流体流态及其特征的基础上再来讨论水头损失的变化规律和计算方法。

4.1 流动阻力与水头损失的分类

流体具有黏性是引起能量损失的根本内因。由于黏性的作用引起了断面流速分布不均匀,因而各流速层,即高速层与低速层(不同流速层)之间存在阻力,流体克服阻力做功使一部分机械能转化为热能而散逸。

固体边界对流体的约束和摩阻,这是外因,它是通过内因起作用而导致能量损失的。在流体力学中,能量损失用单位重量流体的平均机械能损失表示,即为水头损失。而流动阻力和水头损失的大小取决于流道的形状,因为在不同的流动边界作用下流场内部的流动结构与流体黏性所起的作用均有差别。为方便分析一元流动,根据流动的边界情况,将流动阻力和水头损失分为沿程阻力与沿程水头损失和局部阻力与局部水头损失。

4.1.1 沿程阻力与沿程水头损失

由于沿流程固体边界的黏滞作用,造成流速分布不均匀,两流层之间存在着相对运动,有相对运动的两流层之间就必然会产生内摩擦力,即为沿程阻力;流体在运动的过程中要克服这种摩擦阻力就要做功,做功就要损耗一部分机械能转化为热能而散失,因而造成能量损失,即为沿程水头损失,用 h_f 表示。这种水头损失是随着流程长度的增加而增加的,而且只有在长直流道中,流动在均匀流和渐变流,其水头损失表现为沿程水头损失。一般来说,均匀流或渐变流的水头损失中只包括沿程水头损失。如图 4-1 所示的管道流动,在断面 2-2 与 3-3 间,4-4 与 5-5 间,6-6 与 7-7 间,由于管径沿程不变,流动为流线平行的均匀流或流线近似平行的渐变流,其水头损失表现为沿程水头损失。在边壁形状、尺寸、方向均无变化的流段,如长直渠道和等径有压输水管道上所产生的水头损失就是沿程水头损失。

4.1.2 局部阻力与局部水头损失

因限制水流的边界(如图 4-1 所示的突扩 3-4、渐缩 5-6、闸阀 7-8、弯管 1-2 流段)局部发生急剧改变而引起断面流速分布急剧变化所导致的附加力(不包括此处的沿程阻力),称为局部阻力,由局部阻力引起的水头损失称为局部水头损失,用 h_j 表示。局部水头损失的大小主要与流道的形状有关,局部水头损失一般发生在流体过流断面突变,流体水流轴线急骤弯曲、转折,或边界形状突变等处,在实际情况下大多在非均匀流发生的部位会产生局部水头损失。

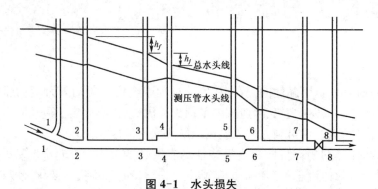

图 4-1 水头损失

因此,均匀流时仅有 h_f,没有 h_j;非均匀渐变流时有 h_f,而 h_j 可忽略不计;非均匀急变流时有 h_f、h_j。局部水头损失是在一段流程上,甚至相当长的一段流程上完成的,但是为了方便起见,在流体力学中通常把它作为一个断面上的集中水头损失来处理。

我们将水头损失区分为沿程水头损失和局部水头损失,对流体本身来说,仅仅是造成水头损失的外在原因有所不同而已,并不意味着两种水头损失在流动内部的物理作用方面有任何本质的区别。就流体内部的物理作用来说,水头损失不论其产生的外因如何,都是由于内部质点之间的相对运动产生切应力的结果。

4.1.3 水头损失的计算公式

某流段沿程水头损失和局部水头损失之和称为总水头损失,用 h_w 表示。

$$h_w = \sum h_f + \sum h_j \tag{4-1}$$

水头损失计算公式的建立,经历了从经验到理论的发展过程。历史上为了满足给水工程的需要,自 18 世纪 30 年代起,Couplet(1732)、Bossut(1772)、Dubuat(1779)等人相继进行了水头损失的实验。至 19 世纪中叶法国工程师达西(Darcy,H.,1803—1858)和德国水力学家魏斯巴赫(Weisbach,J. L.,1806—1871)在归纳总结前人实验的基础上,提出圆管沿程水头损失的计算公式:

$$h_f = \lambda \frac{l}{d} \frac{v^2}{2g} \tag{4-2}$$

式中:l——管长;

$\quad\quad d$——管径;

$\quad\quad v$——断面平均流速;

$\quad\quad g$——重力加速度;

$\quad\quad \lambda$——沿程阻力系数。

式(4-2)称为达西-魏斯巴赫公式。式中的沿程阻力系数 λ 并不是一个确定的常数,一般由实验确定。因此,可以认为达西-魏斯巴赫公式实际上是把沿程水头损失的计算,转化为研究确定沿程阻力系数 λ。20 世纪初量纲分析原理发现以后，可以用量纲分析的方法直接导出式(4-2)，进一步从理论上证明了该式是一个正确、完整地表达圆管沿程水头损失的公式，使它从最初的纯经验公式中分离出来。经过一个多世纪以来的理论发展和实践检验证明，达西-魏斯巴赫公式在结构上是合理的，使用上是方便的。

在实验的基础上，局部水头损失按下式计算：

$$h_j = \zeta \frac{v^2}{2g} \tag{4-3}$$

式中：ζ——局部阻力系数，由实验确定；

v——ζ 对应的断面平均流速。

4.2 均匀流沿程水头损失与切应力的关系

流体在作均匀流时仅产生沿程水头损失，而沿程阻力是造成沿程水头损失的直接原因，所以可通过理论分析建立沿程水头损失与切应力的关系式，再找出切应力的变化规律，即可解决沿程水头损失的计算问题。

4.2.1 均匀流基本方程

现以圆管内的恒定均匀流为例进行分析。选取断面 1-1、2-2 和管壁所围成的封闭空间为控制体，管轴线与铅垂方向的夹角为 θ，断面 1 至 2 的流段长度为 l，面积为 A(见图4-2)。

令 p_1、p_2 为断面 1、2 的形心点动压强，z_1、z_2 为形心点到基准面高度。作用在该流段上的外力有：动水压力、水体自重和管壁切力。

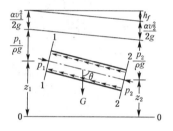

图 4-2 圆管均匀流

(1) 动水压力　　　$F_1 = p_1 A$，$F_2 = p_2 A$

(2) 水体自重　　　$G = \rho g A l$

(3) 管壁切力　　　$T = \tau_0 \chi l$，式中 τ_0 为管壁处的切应力，χ 为湿周(过流断面上流体与固体壁面接触的周界，称为湿周)。

因是均匀流，流段没有加速度，所以各作用力处于平衡状态，列出力沿流动方向的平衡方程如下：

$$F_1 - F_2 + G\cos\theta - T = 0$$

$$p_1 A - p_2 A + \rho g A l \cos\theta - l\chi\tau_0 = 0$$

$l\cos\theta = z_1 - z_2$ 并代入上式，将各项除以 $\rho g A$，并整理得

$$\left(z_1 + \frac{p_1}{\rho g}\right) - \left(z_2 + \frac{p_2}{\rho g}\right) = \frac{l\chi}{A} \cdot \frac{\tau_0}{\rho g}$$

列 1-1、2-2 断面伯努利方程，均匀流两断面平均流速相等，水头损失只有沿程水头损失，有

$$\left(z_1 + \frac{p_1}{\rho g}\right) - \left(z_2 + \frac{p_2}{\rho g}\right) = h_f$$

所以

$$h_f = \frac{\tau_0 \chi l}{\rho g A} \tag{4-4}$$

又 $J = \dfrac{h_f}{l}$，$R = \dfrac{A}{\chi}$，式中 R 为水力半径，所以式(4-4)又可表示为

$$\tau_0 = \rho g \frac{A}{\chi} \frac{h_f}{l} = \rho g R J \tag{4-5}$$

式(4-4)或式(4-5)给出了圆管均匀流沿程水头损失与切应力之间的关系，称为均匀流基本方程。

由于均匀流基本方程是根据作用在恒定均匀流段上外力平衡得到的平衡关系式，故而并没有反映流动过程中产生 h_f 的物理本质，公式的推导过程也没有涉及流体运动状态。因此，均匀流基本方程只要在均匀流条件下都适用。

4.2.2　圆管过流断面上切应力分布

从以上分析可知，运动流体各流层之间均有内摩擦切应力 τ 存在，在均匀流中，任意取一流束，按同样方法可求得

$$\tau = \rho g R' J' \tag{4-6}$$

式中：τ——所取流束表面的切应力；

$\quad R'$——所取流束的水力半径；

$\quad J'$——所取流束的水力坡度，与总流的水力坡度相等，$J' = J$。

对于圆管 $R = \dfrac{A}{\chi} = \dfrac{\dfrac{\pi d^2}{4}}{\pi d} = \dfrac{d}{4} = \dfrac{r_0}{2}$，则距管轴为 r 处的切应力为

$$\tau = \frac{r}{r_0} \tau_0 \tag{4-7}$$

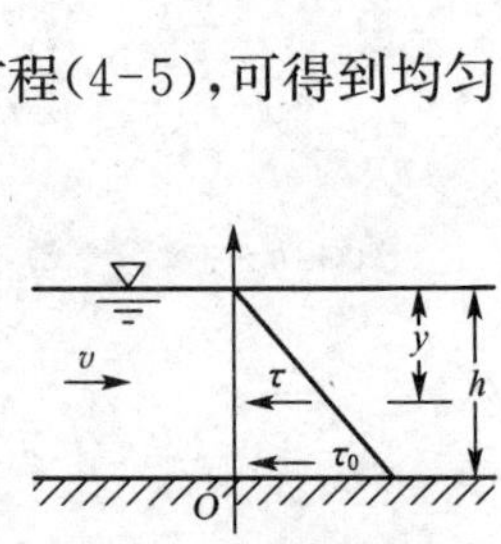

所以圆管均匀流过流断面上切应力按直线分布，圆管中心切应力为 0，沿半径方向逐渐增大，到管壁处为 τ_0（见图4-3）。

对于明渠也按直线分布（见图4-4），水面 $\tau=0$，底部 $\tau = \tau_0$，即

$$\tau = \left(1 - \frac{y}{h}\right)\tau_0 \tag{4-8}$$

图 4-3　圆管均匀流切应力分布

若将达西-魏斯巴赫公式(4-2)变为 $J = \lambda \dfrac{1}{d} \dfrac{v^2}{2g}$ 代入均匀流基本方程(4-5)，可得到均匀流沿程阻力系数与管壁切应力之间的关系式

$$\tau_0 = \frac{\lambda}{8} \rho v^2 \tag{4-9}$$

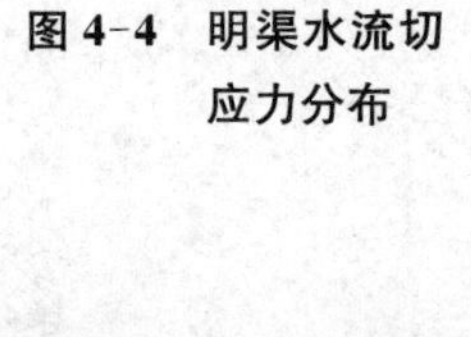

定义 $v_* = \sqrt{\tau_0 / \rho}$，$v_*$ 具有速度的量纲，称为摩阻流速，则

$$v_* = v \sqrt{\frac{\lambda}{8}} \tag{4-10}$$

摩阻流速的概念在后述内容中有多处引用。

图 4-4　明渠水流切应力分布

4.3 流体运动的两种流态

早在 19 世纪 30 年代,就已经发现了沿程水头损失和流速有一定的关系。在流速很小时,水头损失与流速的一次方成比例;在流速较大时,水头损失几乎与流速的平方成比例。直到 1883 年,英国物理学家雷诺(Reynolds O.,1842—1912)经过实验研究发现,水头损失规律之所以不同,是因为黏性流体存在着两种不同的流态:层流和紊流。

4.3.1 雷诺实验

图 4-5 为雷诺实验装置示意图。从水箱 A 引出一根直径为 d 的长玻璃管,进口为喇叭形,以使水流平顺。水箱有溢流设备,以保持水流为恒定流。出口处设有阀门 C 控制流速 v。另设盛有有色液体例如红色液体的容器 D,用细管将红色液体导入喇叭口中心,以观察其轨迹。细管上端设阀门 F 以控制红色液体的注入量。

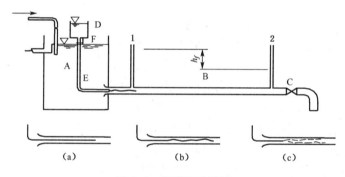

图 4-5 雷诺实验装置

(1) 先将阀门 C 慢慢开启,水从玻璃管中流出。

(2) 将盛有红色液体的阀门 F 打开,这时可看到玻璃管中有一条细而直的鲜明的红色流束。这一流束并不与水混杂,如图 4-5(a)。

(3) 再将 C 逐渐开大,玻璃管中流速逐渐增大,这时可看到玻璃管中红色流束开始扰动,并具有波形轮廓,如图 4-5(b),然后在个别流段开始出现破裂,因而失掉带红色流束的明晰形状。

(4) 在 v 达到某一定值时,红色流束完全破裂并很快形成满管漩涡,如图 4-5(c)。漩涡是由许多大小不等的共同旋转质点群所组成,而旋转质点群称为涡体。

以上实验表明:同一种流体在同一管中流动,当流速 v 不同时存在着两种流态:当 v 较小时,各流层质点有条不紊地运动,互不混杂,这种形态的流动称为层流。当 v 较大时,各流层质点形成涡体,在流动过程中互相混杂,杂乱无章,这种形态的流动称为紊流。

若当 v 从大到小的相反程序进行,则可观察到的现象以相反的程序重演。

实践证明,当层流向紊流过渡,或紊流向层流过渡时,临界流速不相等。其中由层流转化为紊流时的管中平均流速称为上临界流速,用 v_c' 表示;而由紊流转化为层流时的管中平均流速称为下临界流速,用 v_c 表示,且有 $v_c < v_c'$。

实验发现,上临界流速 v_c' 是不稳定的,受起始扰动的影响很大。在水箱水位恒定、管道入口平顺、管壁光滑、阀门开启轻缓的条件下，v'_c 可比 v_c 大许多。下临界流速 v_c 是稳定的，不受起始扰动的影响，对任何起始紊流，当流速 $v < v_c$，只要管道足够长，流动终将发展为层流。实际流动中，扰动难以避免，实用上把下临界流速 v_c 作为流态转变的临界流速：

$$v < v_c \quad 流动为层流$$
$$v > v_c \quad 流动为紊流$$

若在上面的雷诺实验中，在玻璃管的断面 1 和 2 上各安装测压管（见图 4-5），由伯努利方程可知

$$z_1 + \frac{p_1}{\rho g} + \frac{\alpha_1 v_1^2}{2g} = z_2 + \frac{p_2}{\rho g} + \frac{\alpha_2 v_2^2}{2g} + h_f$$

由于 $z_1 = z_2$，均匀流 v 保持不变，$\frac{\alpha_1 v_1^2}{2g} = \frac{\alpha_2 v_2^2}{2g}$，所以 $\frac{p_1}{\rho g} - \frac{p_2}{\rho g} = h_f$，这表明两断面测压管的水柱差，即为从断面 1-1 到断面 2-2 的沿程水头损失 h_f。若逐次改变阀门的开启度，量测 v 和 h_f，其 h_f 是随着 v 的改变而改变的。在双对数纸上，以 v 为横坐标，h_f 为纵坐标，点绘出 $\lg v$—$\lg h_f$ 的关系曲线（图 4-6）。

由图可看出 h_f 与 v 的关系。层流沿程水头损失与流速的 1 次方成比例；紊流沿程水头损失与流速的 1.75～2.0 次方成比例。实验证明：流态不同，沿程阻力的变化规律不同，沿程水头损失的规律也不同。还要说明一点，雷诺实验结果不只限于圆管中的水流，同样适用于其他流动边界形状，也适合于其他液体和气体。

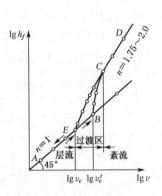

图 4-6　沿程水头损失与流速的关系曲线

4.3.2　雷诺数

因为流态不同，沿程阻力和水头损失的规律不同，所以，计算水头损失之前，需要对流态作出判别。雷诺实验的结果，发现临界流速 v_c 与流体的密度 ρ、动力黏度 μ、管径 d 均有密切的关系，并提出了流态可用下列无量纲数来判断：

$$Re = \frac{\rho v d}{\mu} = \frac{v d}{\nu} \tag{4-11}$$

对流态开始转变的 Re 称之为临界雷诺数，若以上临界流速代入上式，所求得的雷诺数为上临界雷诺数，用 Re'_c 表示；以下临界流速代入上式，所求得的雷诺数为下临界雷诺数，用 Re_c 表示。经过许多水力专家无数次实验，证明圆管有压流动下 Re_c 是一个较稳定值，$Re_c = \frac{\rho v_c d}{\mu} = \frac{v_c d}{\nu} = 2\,300$。

但对于上临界雷诺数 Re'_c 是一个不稳定值，一般情况为 $Re'_c = 12\,000 \sim 20\,000$，有个别情况的 Re'_c 可达 $40\,000 \sim 50\,000$，这主要看流动的平静程度及来流有无扰动而定。凡是 $Re > Re_c$ 时，即使流动原为层流，只要有微小扰动，就可从层流转变为紊流。在实际工程中，扰动始终是存在的，在实用过程中均看作紊流，因此对于圆管

$$Re < 2\,300 \quad 层流$$
$$Re > 2\,300 \quad 紊流$$

雷诺数 $Re = \dfrac{vd}{\upsilon}$ 中，实际上 d 表示流动特征长度，v 表示流动特征速度。而雷诺数 Re 表征了惯性力与黏性力之比。

当过流断面为其他形状时，一般用水力半径 R 来表示过流断面的特征长度，对于圆管

$$R = \frac{A}{\chi} = \frac{\pi d^2}{4\pi d} = \frac{1}{4}d$$

若以水力半径为特征长度，相应的临界雷诺数为 $Re_{c,R} = \dfrac{v_c R}{\upsilon} = 575$

$$Re_R = \frac{vR}{\upsilon} < 575 \quad 层流$$
$$Re_R = \frac{vR}{\upsilon} > 575 \quad 紊流$$

【例 4-1】　有直径 $d = 25$ mm 的水管，流速 $v = 1.0$ m/s，水温达 $10\,℃$。（1）试判别流态。（2）若水流保持层流，最大流速是多少？

【解】　（1）判别流态

当水温为 $10\,℃$ 时查得水的运动黏度 $\upsilon = 1.31 \times 10^{-6}$ m²/s。管中水流的雷诺数

$$Re = \frac{vd}{\upsilon} = \frac{1.0 \text{ m/s} \times 0.025 \text{ m}}{1.31 \times 10^{-6} \text{ m}^2/\text{s}} \approx 19\,100 > 2\,300$$

故此水流为紊流。

（2）若水流保持层流最大流速是临界流速，可利用公式 $Re_c = \dfrac{v_c d}{\upsilon}$ 求得

$$v_c = \frac{Re_c \upsilon}{d} = \frac{2\,300 \times 1.31 \times 10^{-6} \text{ m}^2/\text{s}}{0.025 \text{ m}} = 0.12 \text{ m/s}$$

4.4　圆管层流运动

层流常见于很细的管道流动，或者低速、高黏流体的管道流动，如阻尼管、润滑油管、原油输油管道内的流动。研究层流不仅有工程实用意义，而且通过比较，加深对紊流的认识。圆管层流理论是哈根(G. H. L. Hagen)和泊肃叶(J. L. M. Poiseuille)分别于 1839 年和 1841 年提出的。

4.4.1　流动特征

层流是各流层的质点互不掺混。对于圆管来说，各层质点沿平行管轴线方向运动。与管壁接触的一层速度为零，管轴线上速度最大，整个管流如同无数薄壁圆筒一个套着一个滑动（如图 4-7）。因此

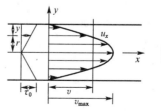

图 4-7　流速分布

每一个圆筒层表面切应力都可按牛顿内摩擦力计算

$$\tau = \mu \frac{\mathrm{d}u}{\mathrm{d}y}$$

又 $y = r_0 - r$,则有

$$\tau = \mu \frac{\mathrm{d}u}{\mathrm{d}y} = -\mu \frac{\mathrm{d}u}{\mathrm{d}r} \tag{4-12}$$

式中的负号是圆管层的 u 随 r 的增大而减小,故取负值。

4.4.2　流速分布

为确定流速分布曲线的形状,将式(4-12)代入均匀流动方程式(4-6)中

$$\tau = -\mu \frac{\mathrm{d}u}{\mathrm{d}r} = \rho g R'J' = \rho g \frac{r}{2} J$$

分离变量
$$\mathrm{d}u = -\frac{\rho g J}{2\mu} r \mathrm{d}r$$

积分

$$u = -\int \frac{\rho g J}{2\mu} r \mathrm{d}r = -\frac{\rho g J}{4\mu} r^2 + C \tag{4-13}$$

积分常数 C 由边界条件确定,当 $r = r_0$, $u = 0$,代入上式可得, $C = \frac{\rho g J}{4\mu} r_0^2$ 并代回上式得

$$u = \frac{\rho g J}{4\mu}(r_0^2 - r^2) = \frac{g J}{4\upsilon}(r_0^2 - r^2) \tag{4-14}$$

上式是过流断面流速分布的解析式,为抛物线方程,故过流断面上流速呈抛物线分布。当 $r = 0$ 代入式(4-14),可得管轴处最大流速

$$u_{\max} = \frac{g J}{4\upsilon} r_0^2 \tag{4-15}$$

流量
$$Q = \int_A u \mathrm{d}A = \int_0^{r_0} \frac{g J}{4\upsilon}(r_0^2 - r^2) \cdot 2\pi r \mathrm{d}r = \frac{g J}{8\upsilon} \pi r_0^4 \tag{4-16}$$

平均流速
$$\upsilon = \frac{Q}{A} = \frac{g J}{8\upsilon} r_0^2 \tag{4-17}$$

　　式(4-16)和式(4-17)称为哈根-泊肃叶公式。该式与实验结果相符,在流体力学发展的历史上,为确认黏性流体沿固体壁面无滑移(壁面吸附)条件: $r = r_0$, $u = 0$ 的正确性提供了佐证。哈根-泊肃叶公式也可由黏性流体运动微分方程(N-S方程)导出,实为 N-S 方程为数不多的精确解。

　　比较式(4-15)和式(4-17)可知

$$\upsilon = \frac{1}{2} u_{\max}$$

即圆管层流的断面平均流速是最大流速的一半,可见层流的过流断面上流速分布不均匀,其动能修正系数和动量修正系数为

$$\alpha = \frac{\int_A u^3 dA}{v^3 A} = 2$$

$$\beta = \frac{\int_A u^2 dA}{v^2 A} = 1.33$$

4.4.3 沿程水头损失与沿程阻力系数

由式(4-17)可知

$$J = \frac{8v}{gr_0^2} v$$

若以 $r_0 = \frac{d}{2}$,$J = \frac{h_f}{l}$ 代入上式可得

$$J = \frac{h_f}{l} = \frac{32v}{gd^2} v \tag{4-18}$$

则有

$$h_f = \frac{32vl}{gd^2} v \tag{4-19}$$

上式表明:层流时 h_f 与 v 的一次方成正比,与雷诺实验的结果完全一致。若将式(4-19)右边的分子分母同乘以 $2v$,并整理得

$$h_f = \frac{64}{\frac{vd}{v}} \cdot \frac{l}{d} \cdot \frac{v^2}{2g} = \frac{64}{Re} \cdot \frac{l}{d} \cdot \frac{v^2}{2g}$$

与达西公式 $h_f = \lambda \cdot \frac{l}{d} \cdot \frac{v^2}{2g}$ 进行比较,可得沿程阻力系数

$$\lambda = \frac{64}{Re} \tag{4-20}$$

该式表明:圆管中的恒定均匀层流沿程阻力系数 λ 与管壁粗糙度无关,而仅与 Re 有关,并与 Re 成反比。

【例 4-2】 油在管径 $d = 100$ mm、长度 $l = 1.6$ km 的管道流动,油的密度 $\rho = 915$ kg/m³,$v = 1.86 \times 10^{-4}$ m²/s,若每小时通过 50 t 油,求此段管道的水头损失。

【解】 管道中的流量 $Q = \frac{Q_m}{\rho} = \frac{50 \times 1\ 000\ \text{kg}}{915\ \text{kg/m}^3 \times 3\ 600\ \text{s}} = 0.015\ \text{m}^3/\text{s}$

断面平均流速

$$v = \frac{Q}{A} = \frac{4Q}{\pi d^2} = \frac{4 \times 0.015\ \text{m}^3/\text{s}}{3.14 \times (0.1\ \text{m})^2} = 1.91\ \text{m/s}$$

流动雷诺数　$Re = \dfrac{vd}{v} = \dfrac{1.91 \text{ m/s} \times 0.1 \text{ m}}{1.86 \times 10^{-4} \text{ m}^2/\text{s}} = 1\,027 < 2\,300$

故管道中的流动为层流。

根据式(4-20),沿程阻力系数

$$\lambda = \frac{64}{Re} = \frac{64}{1\,027} = 0.062$$

由达西公式(4-2),得

$$h_f = \lambda \frac{l}{d} \frac{v^2}{2g} = 0.062 \times \frac{1.6 \times 10^3 \text{ m}}{0.1 \text{ m}} \times \frac{(1.91 \text{ m/s})^2}{2 \times 9.8 \text{ m/s}^2} = 184.64 \text{ m}$$

【例 4-3】　应用细管式黏度计测定油的黏度,已知细管直径 $d = 6$ mm,测量段长 $l = 2$ m(如图 4-8)。实测油的流量 $Q = 77 \times 10^{-6}$ m^3/s,水银压差计的读值 $h_p = 0.3$ m,油的密度 $\rho = 900$ kg/m^3。试求油的运动黏度 v 和动力黏度 μ。

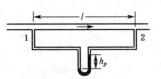

【解】　列细管测量段前断面 1-1、段后断面 2-2 的伯努利方程,化简

图 4-8　细管黏度计

$$h_f = \frac{p_1}{\rho g} - \frac{p_2}{\rho g} = \left(\frac{\rho_p}{\rho} - 1 \right) h_p = \left(\frac{13\,600 \text{ kg/m}^3}{900 \text{ kg/m}^3} - 1 \right) \times 0.3 \text{ m} = 4.23 \text{ m}$$

设为层流　$v = \dfrac{4Q}{\pi d^2} = \dfrac{4 \times 77 \times 10^{-6} \text{ m}^3/\text{s}}{3.14 \times (6 \times 10^{-3} \text{ m})^2} = 2.73 \text{ m/s}$

$$h_f = \frac{64v}{vd} \cdot \frac{l}{d} \cdot \frac{v^2}{2g}$$

解得　$v = h_f \dfrac{gd^2}{32 l v} = \dfrac{4.23 \text{ m} \times 9.8 \text{ m/s}^2 \times (6 \times 10^{-3} \text{ m})^2}{32 \times 2 \text{ m} \times 2.73 \text{ m/s}} = 8.54 \times 10^{-6} \text{ m}^2/\text{s}$

$$\mu = \rho v = 900 \text{ kg/m}^3 \times 8.54 \times 10^{-6} \text{ m}^2/\text{s} = 7.69 \times 10^{-3} \text{ Pa} \cdot \text{s}$$

校核流态

$$Re = \frac{vd}{v} = \frac{2.73 \text{ m/s} \times 0.006 \text{ m}}{8.54 \times 10^{-6} \text{ m}^2/\text{s}} = 1\,918 < 2\,300$$

为层流,计算成立。

4.5　紊流运动的特征

自然界中和实际工程中的大多数流动均为紊流,工业生产中的许多工艺过程,如流体的管道输送、燃烧过程、掺混过程、传热和冷却等都涉及紊流问题,可见紊流更具有普遍性。

4.5.1　紊流运动的随机性与时均化

在紊流中,流体质点相互混杂着运动。虽然总体来说质点是朝着主流方向运动,然而用欧拉法研究流体运动时,在固定空间点上,不同瞬时运动要素(流速、压强等)的大小都带有随机性。我们把运动要素随时间作不规则急剧变化的现象称为脉动或紊动。

紊流流动参数的瞬时值带有偶然性，但不能就此得出紊流不存在规律性的结论。通过流动参数的时均化，来求得时间平均的规律性，是流体力学研究紊流的有效途径之一。

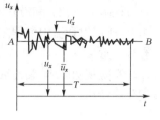

图4-9是实测平面流动一个空间点上沿流动方向（x 方向）瞬时流速 u_x 随时间的变化曲线。由图可见，u_x 随时间无规则地变化，并围绕某一平均值上下跳动。将 u_x 对某一时段 T 平均，即

图 4-9　紊流瞬时流速

$$\bar{u}_x = \frac{1}{T}\int_0^T u_x \mathrm{d}t \tag{4-21}$$

只要所取时段 T 不是很短（比涨落周期长许多倍），$\bar{u}_x$ 值便与 T 的长短无关。$\bar{u}_x$ 就是该点 x 方向的时均速度。定义了时均速度，瞬时速度等于时均速度与脉动速度的叠加。

$$u_x = \bar{u}_x + u_x' \tag{4-22}$$

式中 u_x' 为该点在 x 方向的脉动速度。脉动速度随时间变化，时大时小，时正时负，在 T 时段内的时均值为零。

$$\overline{u_x'} = \frac{1}{T}\int_0^T u_x' \mathrm{d}t = 0 \tag{4-23}$$

紊流速度不仅在流动方向上有脉动，同时存在横向脉动。横向脉动速度的时均值也为零，即 $\overline{u_y'} = \overline{u_z'} = 0$，但脉动速度的均方值不等于零，其值为

$$\overline{u_x'^2} = \frac{1}{T}\int_0^T u_x'^2 \mathrm{d}t$$

y，z 方向脉动速度的均方值表示为 $\overline{u_y'^2}$，$\overline{u_z'^2}$。

常用紊流度 N 来表示紊动的程度

$$N = \frac{\sqrt{\frac{1}{3}\left(\overline{u_x'^2} + \overline{u_y'^2} + \overline{u_z'^2}\right)}}{\bar{u}_x} \tag{4-24}$$

这样一来，紊流便可根据时均流动参数是否随时间变化，分为恒定流和非恒定流。同时本书在第 3 章建立的流线、流管、元流和总流等欧拉法描述流动的基本概念，在"时均"的意义上继续成立。

4.5.2　黏性底层

在紊流中，贴附在边界面上的质点，边壁对其质点的横向运动受到了限制，质点不能掺混而是沿着稍微弯曲、几乎平行于边壁的迹线慢慢运动，故脉动流速很小，而流速梯度 $\left(\dfrac{\mathrm{d}u_x}{\mathrm{d}y}\right)$ 较大，黏性切应力 $\left(\tau = \mu\dfrac{\mathrm{d}u_x}{\mathrm{d}y}\right)$ 起主导作用，其流态基本属于层流。因而在紊流中并不是整个都是紊流，而在紧靠固体边界有一极薄的层流运动层。在这层里，黏性切应力起控制作用，称为黏性底层；在层流底层以外是紊流，称之为紊流区（是紊流主体）；之间还有一层极薄的过渡层，因该层无研究价值可不考虑（图 4-10）。

对于黏性底层 δ_0 在工程实践中，由于对沿程阻力系数 λ 和沿程水头损失 h_f 的影响大，所以对紊流中沿程阻力规律的研究具有重大意义。

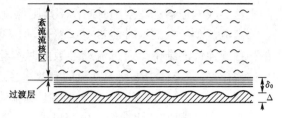

图 4-10　黏性底层与紊流核心区

实验观测表明，黏性底层的厚度可用下列公式计算：

$$\delta_0 = \frac{32.8d}{Re\sqrt{\lambda}} \tag{4-25}$$

从上述公式可知道 δ_0 是随 Re 增加而变薄。由于 λ 是难以预先确定的，用上式计算 δ_0 是不方便的。

由式(4-10)可知，有摩阻流速 $v_* = \sqrt{\tau_0/\rho}$，且 $v_* = v\sqrt{\dfrac{\lambda}{8}}$，将之与 $Re = \dfrac{vd}{\upsilon}$ 代入式(4-25)后整理，可得

$$\delta_0 = 11.6\frac{\upsilon}{v_*} \tag{4-26}$$

或

$$Re_* = \frac{\delta_0 v_*}{\upsilon} = 11.6 \tag{4-27}$$

在黏性底层中，切应力取壁面切应力 $\tau = \tau_0$，而 $\tau_0 = \mu\dfrac{du}{dy}$，积分得

$$u = \frac{\tau_0}{\mu}y + c$$

由边界条件，壁面上 $y = 0$，$u = 0$，积分常数 $c = 0$

得

$$u = \frac{\tau_0}{\mu}y \tag{4-28}$$

或以 $v_* = \sqrt{\dfrac{\tau_0}{\rho}}$ 代入上式，有

$$\frac{u}{v_*} = \frac{v_* y}{\upsilon} \tag{4-29}$$

式(4-28)或式(4-29)表明，在黏性底层中，速度按线性分布，在壁面上速度为零。

4.5.3　紊流的切应力

平面恒定均匀紊流按时均化方法分解成时均流动和脉动流动的叠加。相应的紊流切应力由两部分组成。

因时均层流相对运动而产生的黏性切应力，符合牛顿内摩擦定律

$$\overline{\tau_1} = \mu\frac{d\bar{u}}{dy}$$

因紊流脉动,上下层质点相互混掺,动量交换引起的附加切应力,又称为雷诺应力

$$\overline{\tau_2} = -\rho \, \overline{u'_x u'_y}$$

式中 $\overline{u'_x u'_y}$ 为脉动速度乘积的时均值。因 u'_x、u'_y 异号,为使附加切应力 $\overline{\tau_2}$ 与黏性切应力 $\overline{\tau_1}$ 表示方式一致,以正值出现,式前加"−"号。

紊流切应力为

$$\overline{\tau} = \overline{\tau_1} + \overline{\tau_2} = \mu \frac{\mathrm{d}\bar{u}}{\mathrm{d}y} - \rho \, \overline{u'_x u'_y} \tag{4-30}$$

式中两部分切应力所占比重随紊动情况而异。在雷诺数较小、紊流脉动较弱时,$\overline{\tau_1}$ 占主导地位;随着雷诺数增大、紊流脉动加剧,$\overline{\tau_2}$ 不断增大。当雷诺数很大,紊动充分发展,此时黏性切应力与附加切应力相比甚小,$\overline{\tau_1} \ll \overline{\tau_2}$,前者可忽略不计。

在紊流附加切应力 $\overline{\tau_2} = -\rho \, \overline{u'_x u'_y}$ 中,脉动流速 u'_x、u'_y 都是随机变量,不便于计算,如能找到 $\overline{u'_x u'_y}$ 和时均流速的关系,就能直接计算附加切应力 $\overline{\tau_2}$。

1925 年德国力学家普朗特(Pranlltl)比拟气体分子自由行程的概念,提出了混合长度的理论。

混合长度理论的假设:

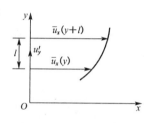

图 4-11 混合长的概念

(1) 质点在紊动掺混过程中,存在一个与气体分子自由行程相当的距离 l,质点在此距离内不与其他质点相碰,保持原有的物理属性,直至经过行程 l,才与周围质点掺混,发生动量交换,失去原有物理属性。l 称之为混合长度(见图 4-11),距离 l 流层时均流速差为

$$\Delta \bar{u}_x = \bar{u}_x(y+l) - \bar{u}_x(y) = \bar{u}_x(y) + l \frac{\mathrm{d}\bar{u}_x}{\mathrm{d}y} - \bar{u}_x(y) = l \frac{\mathrm{d}\bar{u}_x}{\mathrm{d}y}$$

(2) 脉动流速 u'_x 与两流层间的时均流速差 $\Delta \bar{u}_x$ 有关

$$u'_x \sim l \frac{\mathrm{d}\bar{u}_x}{\mathrm{d}y}$$

(3) 脉动流速 u'_y 与 u'_x 有关,即

$$u'_y \sim u'_x \sim l \frac{\mathrm{d}\bar{u}_x}{\mathrm{d}y}$$

将以上关系式代入附加切应力公式 $\overline{\tau_2} = -\rho \, \overline{u'_x u'_y}$,并设 l 内包含了比例常数,则有

$$\overline{\tau_2} = -\rho \, \overline{u'_x u'_y} = \rho l^2 \left(\frac{\mathrm{d}\bar{u}_x}{\mathrm{d}y}\right)^2 \tag{4-31}$$

(4) 混合长 l 不受黏性影响,只与质点到壁面的距离有关

$$l = \kappa y \tag{4-32}$$

式中,κ 为待定的无量纲常数。

在充分发展的紊流中,$\overline{\tau_1} \ll \overline{\tau_2}$,切应力 $\overline{\tau}$ 只考虑紊流附加切应力,并认为壁面附近切应

力一定，$\overline{\tau} = \tau_0$（壁面切应力），将式(4-32)代入式(4-31)，略去表示时均量的横标线，得

$$\tau_0 = \rho\kappa^2 y^2 \left(\frac{\mathrm{d}u_x}{\mathrm{d}y}\right)^2$$

$$\mathrm{d}u_x = \frac{1}{\kappa}\sqrt{\frac{\tau_0}{\rho}}\frac{\mathrm{d}y}{y}$$

对上式积分，其中 τ_0 一定，摩阻流速 v_* 为常数，得到

$$\frac{u_x}{v_*} = \frac{1}{\kappa}\ln y + c \tag{4-33}$$

式(4-33)是壁面附近紊流速度分布的一般式，将其推广用于除黏性底层以外的整个过流断面，同实测速度分布仍相符，式(4-33)称为普朗特-卡门对数分布律。

4.6 紊流的沿程水头损失

前面已经给出了沿程水头损失 h_f 的计算公式

$$h_f = \lambda \frac{l}{d}\frac{v^2}{2g}$$

在层流时已导出 $\lambda = \dfrac{64}{Re}$，即 λ 仅与 Re 有关，它是计算沿程阻力系数 λ 的理论公式。而由于紊流的复杂性，至今未像层流那样，严格地从理论上推导出 λ 的理论公式。工程上有两种途径确定 λ 值：一种是以紊流的半经验理论为基础，结合实验结果，整理成 λ 的半经验公式；另一种是直接根据实验结果，综合成 λ 的经验公式。前者更具有普遍意义。

4.6.1 尼古拉兹实验

1933 年德国力学家尼古拉兹（Niknradse）进行管流沿程阻力系数和流速分布的实验测定。尼古拉兹认为，沿程阻力系数 λ 有两个影响因素，即

$$\lambda = f(Re,\Delta/d)$$

式中：Re——管流雷诺数；

　　　Δ——管壁粗糙突起的高度，称为绝对粗糙度；

　　　d——管径；

　　　Δ/d——相对粗糙度。

为了便于分析粗糙的影响，尼古拉兹将经过筛选的相当均匀的砂粒贴在不同管径的内壁上进行了一系列的实验探讨。在实验过程中，在实验管道相对粗糙的变化范围 Δ/d 为 $\dfrac{1}{30}\sim\dfrac{1}{1\,041}$，共六组，对每根管道实测不同流量的断面平均流速 v 和沿程水头损失 h_f，由公式计算出 Re 和 λ 值。

由于

$$Re = \frac{vd}{v}, \quad h_f = \lambda\frac{l}{d}\frac{v^2}{2g}$$

所以
$$\lambda = \frac{d}{l}\frac{2g}{v^2}h_f$$

尼古拉兹利用相对粗糙度 Δ/d（共六组）的实验资料，以 $\lg Re$ 为横坐标，$\lg(100\lambda)$ 为纵坐标点绘了 $\lambda = f(Re, \Delta/d)$ 的关系曲线，即尼古拉兹曲线图（见图 4-12）。

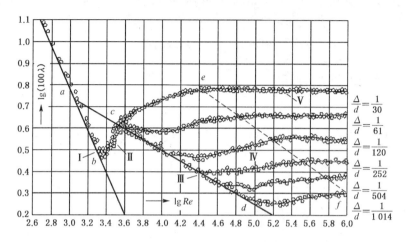

图 4-12 尼古拉兹曲线图

根据尼古拉兹实验曲线，λ 共分为五个阻力区：

(1) （ab 线，$\lg Re < 3.36$，$Re < 2300$，Ⅰ区），该层为层流。不同的相对粗糙管的实验点在同一直线上。表明 λ 与相对粗糙度 Δ/d 无关，只是 Re 的函数，并符合 $\lambda = \dfrac{64}{Re}$。

(2) （bc 线，$\lg Re = 3.36 \sim 3.6$，$Re = 2300 \sim 4000$，Ⅱ区），不同的相对粗糙管的实验点在同一曲线上。表明 λ 与相对粗糙度 Δ/d 无关，只是 Re 的函数。此区是层流向紊流过渡区，这个区的范围很窄，实用意义不大，不予讨论。

(3) （cd 线，$\lg Re > 3.36$，$Re > 4000$，Ⅲ区），不同的相对粗糙管的实验点在同一直线上。表明 λ 与相对粗糙度 Δ/d 无关，只是 Re 的函数。随着 Re 的增大，Δ/d 大的管道，实验点在 Re 较低时便离开此线，而 Δ/d 小的管道，在 Re 较大时才离开。该区称为紊流光滑区。

(4) （cd、ef 之间的曲线族，Ⅳ区），不同的相对粗糙管的实验点分别落在不同的曲线上。表明 λ 既与 Re 有关，又与相对粗糙度 Δ/d 有关。该区称为紊流过渡区。

(5) （ef 右侧水平的直线族，Ⅴ区），不同的相对粗糙管的实验点分别落在不同的水平直线上。表明 λ 只与相对粗糙度 Δ/d 有关，与 Re 无关。该区称为紊流粗糙区。在该区，对于一定的管道（Δ/d 一定），λ 是常数。由式(4-2)，沿程水头损失与流速的平方成正比，故紊流粗糙区又成为阻力平方区。

如上所述，紊流分为光滑区、过渡区和粗糙区三个阻力区，各区 λ 的变化规律不同，究其原因是存在黏性底层的缘故。在紊流光滑区，黏性底层的厚度 δ_0 显著地大于粗糙突起的高度 Δ，粗糙突起完全被掩盖在黏性底层内，对紊流核心的流动几乎没有影响，因而 λ 只与 Re 有关，而与 Δ/d 无关（图 4-13(a)）。在紊流过渡区，由于黏性底层的厚度变薄，接近粗糙突起的高度，粗糙影响到紊流核心的紊动程度，因而 λ 与 Re 和 Δ/d 两个因素有关（图 4-13 (b)）。在紊流粗糙区，黏性底层的厚度远小于粗糙突起的高度，粗糙突起几乎完全突入紊流核心区内,此时 Re 的变化对黏性底层以及对流动的紊动程度影响已微不足道,所以 λ 只与 Δ/d 有关,与 Re 无关(图 4-13(c))。这里所谓"光滑"或"粗糙"都是阻力分区的概念。

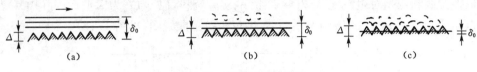

(a)   (b)   (c)

图 4-13 黏性底层的变化

4.6.2　紊流的速度分布

1) 紊流光滑区

紊流光滑区的速度分布,分为黏性底层和紊流核心两部分。在黏性底层,速度按线性分布式(4-28)

$$u = \frac{\tau_0}{\mu} y \ (y < \delta_0)$$

在紊流核心,速度按对数分布律分布式(4-33)

$$\frac{u}{v_*} = \frac{1}{\kappa} \ln y + c$$

由边界条件 $y = \delta_0$,$u = u_b$,得 $\quad c = \frac{u_b}{v_*} - \frac{1}{\kappa} \ln \delta_0$

又由式(4-28) $\qquad\qquad \delta_0 = \frac{u_b}{\tau_0} \mu = \frac{u_b}{v_*^2} \upsilon$

将 c,δ_0 代回式(4-33),整理得

$$\frac{u}{v_*} = \frac{1}{\kappa} \ln \frac{y v_*}{\upsilon} + \frac{u_b}{v_*} - \frac{1}{\kappa} \ln \frac{u_b}{v_*}$$

或 $\qquad\qquad\qquad \frac{u}{v_*} = \frac{1}{\kappa} \ln \frac{y v_*}{\upsilon} + c_1$

根据尼古拉兹试验,取 $\beta = 0.4$、$c_1 = 5.5$ 代入上式,并把自然对数换成常用对数,便得到光滑管速度分布半经验公式

$$\frac{u}{v_*} = 5.75 \lg \frac{y v_*}{\upsilon} + 5.5 \qquad\qquad (4\text{-}34)$$

2) 紊流粗糙区

圆管紊流粗糙区的流速分布半经验公式为(推导略)

$$\frac{u}{v_*} = 5.75 \lg \frac{y}{\Delta} + 8.48 \qquad\qquad (4\text{-}35)$$

通过大量实测数据表明:对数流速分布公式适用于描述大多实际条件下管道紊流与明渠紊流的过流断面流速分布。对数形式的紊流流速分布的均匀性比抛物线分布要好得多,可知紊动的发生造成了流速分布均匀化(见图 4-14)。

大量实测资料也表明,圆管紊流与明渠紊流断面流速分布

图 4-14　圆管过流断面流速分布比较

也可以表示成下列指数形式：

$$\frac{u}{u_{\max}} = \left(\frac{y}{\delta}\right)^{\frac{1}{n}}$$ (4-36)

式中 δ 表示断面流速最大处到壁面的距离，u 随 Re 的增大而增大，n 的取值可见表4-1。

表 4-1　指数流速分布的 n 值

Re	4×10^4	2.3×10^4	1.1×10^5	1.1×10^6	2.0×10^6	3.2×10^6
n	6.0	6.6	7.0	8.0	10.0	10.0

应当注意，实际圆管紊流的时均流速分布应满足下列条件：

管轴：$y = r_0$ 　　　$\dfrac{\mathrm{d}u}{\mathrm{d}y} = 0$

管壁：$y = 0$ 　　　$\tau_0 = \mu\dfrac{\mathrm{d}u}{\mathrm{d}y} < \infty$

但是无论是对数流速分布公式还是指数流速分布公式均不能满足以上两个条件。

4.6.3　λ 的半经验公式

已知速度分布，就能导出沿程阻力系数 λ 的半经验公式。

对于光滑区沿程阻力系数 λ，断面平均流速

$$v = \frac{\displaystyle\int_0^{r_0} u 2\pi r \mathrm{d}r}{\pi r_0^2}$$

式中 u 以半经验公式(4-34)代入。由于黏性底层很薄，积分上限取 r_0，得

$$v = v_*\left(5.75\lg\frac{v_* r_0}{v} + 1.75\right)$$

以 $v_* = v\sqrt{\dfrac{\lambda}{8}}$ 代入上式，并根据实验数据调整常数，得到紊流光滑区沿程阻力系数 λ 的半经验公式，也称为尼古拉兹光滑管公式

$$\frac{1}{\sqrt{\lambda}} = 2\lg\frac{Re\sqrt{\lambda}}{2.51}$$ (4-37)

同样的推导步骤，可得到紊流粗糙区 λ 的半经验公式

$$\frac{1}{\sqrt{\lambda}} = 2\lg\frac{3.7d}{\Delta}$$ (4-38)

4.6.4　阻力区的判别

紊流在不同的阻力区，其沿程阻力系数 λ 的计算公式不同，只有对阻力区做出判别，才能选用其相应的公式。

在前面曾讲到，不同阻力区是由黏性底层厚度 δ_0 和绝对粗糙度 Δ 的关系来决定的。根

据前面提出的 δ_0 的计算公式 $\delta_0 = 11.6\dfrac{\upsilon}{\upsilon_*}$，并定义粗糙雷诺数为 $Re_* = \dfrac{\upsilon_* \Delta}{\upsilon}$。

将 $\delta_0 = 11.6\dfrac{\upsilon}{\upsilon_*}$ 代入粗糙雷诺数公式

$$Re_* = \frac{\upsilon_* \Delta}{\upsilon} = 11.6\frac{\Delta}{\delta_0} \tag{4-39}$$

故 Re_* 可作为阻力分区的标准。尼古拉兹指出：

紊流光滑区　$0 < Re_* \leqslant 5$ 或 $\Delta/\delta_0 \leqslant 0.4$　$\lambda = f(Re)$

紊流过渡区　$5 < Re_* \leqslant 70$ 或 $0.4 < \Delta/\delta_0 \leqslant 6$　$\lambda = f(Re, \Delta/d)$

紊流粗糙区　$Re_* > 70$ 或 $\Delta/\delta_0 > 6$　$\lambda = f(\Delta/d)$

4.6.5　工业管道沿程水头损失计算

1）工业管道和柯列勃洛克-怀特公式

对于沿程阻力系数 λ 的计算公式都是在人工加糙的粗糙管的基础上得出的，而对于人工粗糙管和实际的一般工业管道有很大差异。因此怎样把这两种不同的粗糙形式结合起来，使其 λ 公式能用于工业管道是一个实际问题。

对于紊流光滑区，工业管道和人工粗糙管虽粗糙度不同，但都是被黏性底层掩盖，粗糙对紊流核心无影响。实践证明对于紊流光滑区的 λ 公式对工业管道是适用的。而对于紊流粗糙区要使 λ 值适用于工业管道，关键问题是如何确定式中的 Δ 值。

为解决此问题，以尼古拉兹实验采用的人工粗糙为度量标准，把工业管道的粗糙折算成人工粗糙，即工业管道的当量粗糙。所谓当量粗糙，就是沿程阻力系数与工业管道相等的同直径人工均匀粗糙管道的绝对粗糙度 Δ。也就是说，工程上把直径相同、紊流粗糙区 λ 值相等的人工粗糙管的粗糙凸起高度 Δ 定为这种管材的当量粗糙高度。就是工业管道紊流粗糙区实际的 λ 值代入尼古拉兹粗糙区的 λ 公式，反算得出 Δ 值。

当量粗糙度综合反映了各种因素的影响，是一种能够表征壁面粗糙的特征长度。常用工业管道的当量粗糙可见表 4-2。

表 4-2　各种壁面当量粗糙度 Δ 值

壁面种类	Δ(mm)	壁面种类	Δ(mm)
清洁铜管、玻璃管	0.001 5～0.01	纯水泥的表面	0.25～1.25
橡皮软管	0.01～0.03	刨平木板制成的木槽	0.25～2.0
新的无缝钢管	0.04～0.17	非刨平木板制成的木槽，水泥浆粉面	0.45～3.0
旧钢管、涂柏油的钢管	0.12～0.21	水泥浆砖砌体	0.8～6.0
普通新铸铁管	0.25～0.42	混凝土槽	0.8～9.0
旧的生锈钢管	0.60～0.67	琢石护面	1.25～6.0
污秽钢管	0.75～0.90	土渠	4.0～11.0
木管	0.25～1.25	水泥勾缝的普通块石砌体	6.0～17.0
陶土排水管	0.45～6.0	石砌渠道(干砌、中等质量)	25～45
涂有珐琅质的排水管	0.25～6.0	卵石河床($d=70\sim 80$ mm)	30～60

注：本表摘自苏联依杰里奇克著《水力摩擦》，黄骏、夏颂佑译，电力出版社，1957 年，第 307 页；以及莫斯特哥夫著《水力学手册》，麦乔威译，水利出版社，1956 年，第 153～154 页。

对于紊流区,1939 年柯列勃洛克(Colebrook)和怀特(White)给出了适用于工业管道 λ 的计算公式:

$$\frac{1}{\sqrt{\lambda}} = -2\lg\left(\frac{\Delta}{3.7d} + \frac{2.51}{Re\sqrt{\lambda}}\right) \qquad (4\text{-}40)$$

由于该公式实际上是尼古拉兹光滑管和粗糙公式的结合,因此不仅适用于过渡区,同样也适用于光滑区和粗糙区。适用的范围广,与工业管道实验结果吻合良好,在国内外得到了广泛应用。

2)穆迪图

为简化计算,1944 年美国工程师穆迪(Moody)以柯列勃洛克公式为基础,以相对粗糙 Δ/d 为参数,把 λ 作为 Re 的函数,绘制出工业管道沿程阻力系数曲线图(图 4-15),该图称为穆迪图。在图上按 Δ/d 和 Re 可直接查出 λ 值。

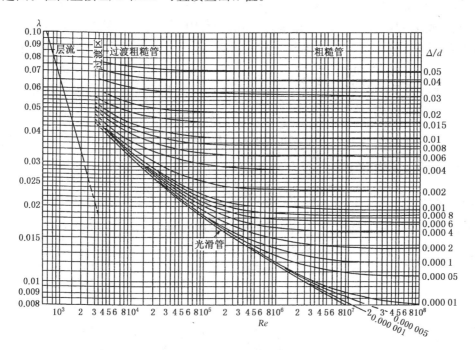

图 4-15　穆迪图

对于非圆断面管道,至今未能进行系统研究,而是从实用观点出发将断面折算成水力半径 R 相等的圆形断面考虑。

3)巴尔公式

除了以上的半经验公式外,还有许多根据实验资料整理而成的经验公式,这里介绍几个应用广泛的公式。

1913 年德国水力学家布拉休斯(Blasius)在总结前人实验资料的基础上,提出紊流光滑区经验公式

$$\lambda = \frac{0.3164}{Re^{0.25}} \qquad (4\text{-}41)$$

该式形式简单,计算方便。在 $Re < 10^5$ 范围内,有极高的精度。

希弗林松公式

$$\lambda = 0.11 \left(\frac{\Delta}{d}\right)^{0.25} \tag{4-42}$$

希弗林松粗糙区公式,由于形式简单,计算方便,因此在工程界经常采用。

1977 年英国学者提出巴尔公式

$$\frac{1}{\sqrt{\lambda}} = -2\lg\left(\frac{\Delta}{3.7d} + \frac{5.1286}{Re^{0.89}}\right) \tag{4-43}$$

其适用范围同式(4-40),也是一个各阻力区通用的经验公式。与式(4-40)相比,最大误差仅为 1% 左右。由于是 λ 的显式,计算简便且更适用于编程。

4) 谢才公式

实验研究表明,明渠(渠道、河道等)紊流的沿程阻力规律与圆管紊流是相似的。在土木、水利等实际工程中遇到的明渠流一般都在阻力平方区,流动阻力的变化规律较简单一些。

1769 年法国工程师谢才(Chezy)总结了明渠均匀流的实测资料,提出了计算均匀流的经验公式,即谢才公式:

$$v = C\sqrt{RJ} \tag{4-44}$$

式中:C——谢才系数,单位为 $m^{0.5}/s$,量纲$[L^{0.5}T^{-1}]$。

谢才公式和前面所讲的达西公式 $h_f = \lambda \dfrac{l}{d} \dfrac{v^2}{g}$ 是完全一致的,仅仅是表现形式上不同而已。我们只要用 $C = \sqrt{8g/\lambda}$ 代入谢才公式就能说明问题,$v = C\sqrt{RJ}$。

$$v^2 = C^2 RJ \quad J = \frac{v^2}{C^2 R}$$

又 $J = \dfrac{h_f}{l} = \dfrac{v^2}{C^2 R}$

$$h_f = \frac{1}{C^2} \frac{l}{R} v^2 = \frac{8g}{C^2} \frac{l}{4R} \frac{v^2}{2g}$$

令 $\lambda = 8g/C^2$,则

$$h_f = \lambda \cdot \frac{l}{4R} \cdot \frac{v^2}{2g}$$

故与达西公式一致。应用达西公式时,λ 值不易求得,若借助于 $\lambda = \dfrac{8g}{C^2}$,可先求出 C 值,这样可间接求出 λ 值。不管采用何种公式计算 h_f,其关键在于要确定 C 值。今 C 值通常按经验公式来确定,其中应用较广的是曼宁公式。

1889 年爱尔兰工程师曼宁(Manning)提出的经验公式

$$C = \frac{1}{n} R^{\frac{1}{6}} \tag{4-45}$$

式中：n——糙率（是衡量边壁粗糙影响的综合性系数，可查表 4-3）。

表 4-3　糙率 n 值

壁面种类及状况	n	$\dfrac{1}{n}$
特别光滑的黄铜管、玻璃管、涂有珐琅质量或其他釉料的表面	0.09	111
精致水泥浆抹面安装及连接良好的新制的清洁铸铁管及钢管，精刨木板	0.11	90.9
很好地安装的未刨木板，正常情况下无显著水锈的给水管，非常清洁的排水管，最光滑的混凝土面	0.012	83.3
良好的砖砌体，正常情况的排水管，略有积污的给水管	0.013	76.9
积污的给水管和排水管，中等情况下渠道的混凝土砌面	0.014	71.4
良好的块石圬工，旧的砖砌体，比较粗制的混凝土砌面，特别光滑，仔细开挖的岩石面	0.017	58.8
坚实黏土的渠道，不密实淤泥层（有的地方是中断的）覆盖的黄土、砾石及泥土的渠道，良好养护情况下的大土渠	0.022 5	44.4
良好的干砌圬工，中等养护情况的土渠，情况极良好的天然河流（河床清洁、顺直、水流畅、无塌岸及深潭）	0.025	44.0
养护情况在中等标准以下的土渠	0.027 5	36.4
情况比较不良的土渠（如部分渠底有水划、卵石或砾石，部分边坡崩塌等），水流条件良好的天然河流	0.030	33.3
情况特别坏的渠道（有不少深潭及塌岸，芦苇丛生，渠底有大石及密生的树根等），过水条件差、石子及水划数量增加、有深潭及浅滩等的弯曲河道	0.040	25.0

注：本表摘自 H. H. Павлский. Краткий　Гидческий　Справочийк．1940

根据曼宁公式，故

$$v = \frac{1}{n} R^{\frac{2}{3}} J^{\frac{1}{2}} \qquad\qquad (4-46)$$

曼宁公式形式简单，计算方便，对于 $n < 0.02$、$R < 0.5\,\text{m}$ 的输水管道和较小河渠可得到满意的结果，其结果与实际相符，至今仍为各国工程界广泛采用。但应用时要注意，由于实测资料来自紊流充分的阻力平方区，故从理论上仅适用于紊流粗糙区。

【例 4-4】　给水管道长 30 m，直径 $d = 75\,\text{mm}$，新铸铁管（$\Delta = 0.25\,\text{mm}$），流量 $Q = 7.25 \times 10^{-3}\,\text{m}^3/\text{s}$，水温 $t = 10\text{℃}$（$\upsilon = 1.31 \times 10^{-6}\,\text{m}^2/\text{s}$）。试求该管道的沿程水头损失。

【解】　本题用穆迪图计算。

$$A = \frac{\pi d^2}{4} = \frac{3.14 \times (0.075\,\text{m})^2}{4} = 4.416 \times 10^{-3}\,\text{m}^2$$

$$v = \frac{Q}{A} = \frac{7.25 \times 10^{-3}\,\text{m}^3/\text{s}}{4.416 \times 10^{-3}\,\text{m}^2} = 1.642\,\text{m/s}$$

$$Re = \frac{vd}{\upsilon} = \frac{1.642\,\text{m/s} \times 0.075\,\text{m}}{1.31 \times 10^{-6}\,\text{m}^2/\text{s}} = 94\,007$$

$$\frac{\Delta}{d} = \frac{0.25\,\text{mm}}{75\,\text{mm}} = 0.003$$

由 Re，Δ/d 查穆迪图（图 4-15），得 $\lambda = 0.023$。

所以 $h_f = \lambda \dfrac{l}{d} \dfrac{v^2}{2g} = 0.023 \times \dfrac{30 \text{ m} \times (1.642 \text{ m/s})^2}{0.075 \text{ m} \times 2 \times 9.8 \text{ m/s}^2} = 1.266 \text{ m}$

【例 4-5】 某水管长 $l = 500 \text{ m}$，直径 $d = 0.2 \text{ m}$，管壁粗糙度突起高度 $\Delta = 0.1 \text{ mm}$，水温 $t = 10^{\circ}\text{C}$。如输送流量 $Q = 10 \times 10^{-3} \text{ m}^3/\text{s}$，试计算沿程水头损失。

【解】 $v = \dfrac{Q}{A} = \dfrac{Q}{\dfrac{1}{4}\pi d^2} = \dfrac{4 \times 10 \times 10^{-3} \text{ m}^3/\text{s}}{3.14 \times (0.2 \text{ m})^2} = 0.3183 \text{ m/s}$

$$Re = \frac{vd}{\upsilon} = \frac{0.3183 \text{ m/s} \times 0.2 \text{ m}}{1.31 \times 10^{-6} \text{ m}^2/\text{s}} = 48\,595 > 2\,300$$

按巴尔公式(4-43)计算 λ

$$\frac{1}{\sqrt{\lambda}} = -2\lg\left(\frac{\Delta}{3.7d} + \frac{5.1286}{Re^{0.89}}\right)$$

将 $\Delta/d = 0.0005$，$Re = 48\,595$ 代入，得 $\lambda = 0.0227$

所以有 $h_f = \lambda \dfrac{l}{d} \dfrac{v^2}{2g} = 0.0227 \times \dfrac{500 \text{ m} \times (0.3183 \text{ m/s})^2}{0.2 \text{ m} \times 2 \times 9.8 \text{ m/s}^2} = 0.293 \text{ m}$

【例 4-6】 有一新的给水管道，管径 $d = 0.4 \text{ m}$，管长 $l = 100 \text{ m}$，糙率 $n = 0.011$，沿程水头损失 $h_f = 0.4 \text{ m}$，水流属于紊流粗糙区。试求通过的流量为多少。

【解】 管道过水断面面积 $A = \dfrac{\pi d^2}{4} = \dfrac{3.14 \times (0.4 \text{ m})^2}{4} = 0.126 \text{ m}^2$

水力半径 $R = \dfrac{d}{4} = \dfrac{0.4 \text{ m}}{4} = 0.1 \text{ m}$

谢才系数 $C = \dfrac{1}{n} R^{\frac{1}{6}} = \dfrac{1}{0.011} \times (0.1 \text{ m})^{\frac{1}{6}} = 61.94 \text{ m}^{0.5}/\text{s}$

所以流量 $Q = vA = CA\sqrt{RJ} = 61.94 \text{ m}^{0.5}/\text{s} \times 0.126 \text{ m}^2 \times \sqrt{0.1 \text{ m} \times \dfrac{0.4 \text{ m}}{100 \text{ m}}}$

$$= 0.156 \text{ m}^3/\text{s}$$

4.7 局部水头损失

4.7.1 局部水头损失的一般分析

局部水头损失 h_j 是由于边界条件突然扩大、缩小、转弯、闸阀等处的流体在运动过程中，流向或过流断面的变化，使得流体内部质点速度 u、压强 p 也发生了变化，导致在势能和动能的相互转化过程中能量的损失而引起的，如图 4-16 所示。

产生局部水头损失的地方，往往会发生主流与边壁脱离，在主流和边壁间形成漩涡区，而漩涡区的存在：

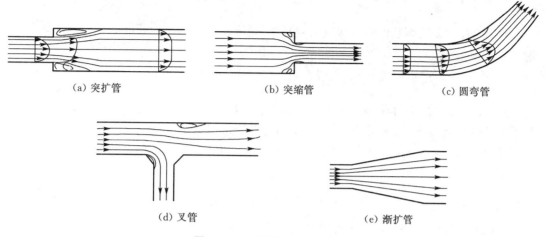

（a）突扩管　　　　　（b）突缩管　　　　　（c）圆弯管

（d）叉管　　　　　　　　（e）渐扩管

图 4-16　几种典型的局部阻碍

（1）大大增大了紊流程度。

（2）压缩过流断面，引起过流断面上的流速重新分布，增加了主流区某些地方的流速梯度，也就增加了流层间的切应力。

（3）漩涡区内部漩涡质点的能量不断消耗，主流与漩涡区之间不断有质量和能量的交换，并通过质点与质点间的摩擦和剧烈碰撞消耗大量机械能。因此，局部水头损失比流段长度相同的沿程水头损失要大得多，并取决于边界变化的急剧程度。

（4）漩涡质点不断被主流带往下游，还将加剧下游在一定范围内的紊流脉动，加大了这段长度的局部水头损失。

所以说，局部阻碍范围内损失的能量只是 h_j 的一部分，其余的在局部阻碍下游不长的流段上消耗掉。因此受局部阻碍干扰的流动，在经过一段长度后，v 分布和紊流脉动才能达到均匀流的正常状态。

由以上分析，边界层的分离和漩涡区的存在是造成 h_j 的主要原因。实验结果表明，漩涡区越大，漩涡强度越大，h_j 也越大。

由于产生局部水头损失的机理比较复杂，因此难以从理论上进行分析。除了水流突然扩大的局部水头损失在某些假设下尚能求得其计算式外，绝大多数的局部水头损失都要通过实验来确定。

前面已经给出了局部水头损失计算公式(4-3)

$$h_j = \zeta \frac{v^2}{2g}$$

4.7.2　几种典型的局部水头损失系数

1）突然扩大管

设突然扩大管（图 4-17），列扩前断面 1-1 和扩后流速分布与紊流涨落已接近均匀流正常状态的 2-2 断面的伯努利方程，忽略两断面间的沿程水头损失，得

$$h_j = \left(z_1 + \frac{p_1}{\rho g}\right) - \left(z_2 + \frac{p_2}{\rho g}\right) + \frac{\alpha_1 v_1^2 - \alpha_2 v_2^2}{2g} \qquad (4\text{-}47)$$

对 $A\text{-}B$、$2\text{-}2$ 断面及侧壁所构成的控制体,列流动方向的动量方程

$$\sum F = \rho Q(\beta_2 v_2 - \beta_1 v_1)$$

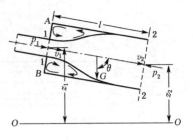

图 4-17　突然扩大管

式中 $\sum F$ 包括:作用在 AB 面上的压力 F_{AB},这里 AB 虽不是渐变流断面,但据观察,该断面上压强符合静压强分布规律,故 $F_{AB} = p_1 A_2$(这里 AB 面的压力应为 $F_{AB} = p_1 A_1 + p'(A_2 - A_1)$,$p'$ 为环形面上的压强,通常假设 $p' = p_1$);作用在 $2\text{-}2$ 断面上的压力 $F_2 = p_2 A_2$;重力的分力

$$G\cos\theta = \rho g A_2 (z_1 - z_2)$$

管壁上的摩擦阻力忽略不计。将各项力代入动量方程

$$p_1 A_2 - p_2 A_2 + \rho g A_2 (z_1 - z_2) = \rho Q(\beta_2 v_2 - \beta_1 v_1)$$

以各项除以 $\rho g A_2$,整理得

$$\left(z_1 + \frac{p_1}{\rho g}\right) - \left(z_2 + \frac{p_2}{\rho g}\right) = \frac{v_2}{g}(\beta_2 v_2 - \beta_1 v_1)$$

将上式代入式(4-47),取 $\alpha_1 = \alpha_2 = \beta_1 = \beta_2 = 1$,整理得

$$h_j = \frac{(v_1 - v_2)^2}{2g} \qquad (4\text{-}48)$$

把式(4-48)变为局部水头损失的一般表达式

$$h_j = \left(1 - \frac{A_1}{A_2}\right)^2 \frac{v_1^2}{2g} = \zeta_1 \frac{v_1^2}{2g} \qquad \zeta_1 = \left(1 - \frac{A_1}{A_2}\right)^2 \qquad (4\text{-}49)$$

$$h_j = \left(\frac{A_2}{A_1} - 1\right)^2 \frac{v_2^2}{2g} = \zeta_2 \frac{v_2^2}{2g} \qquad \zeta_2 = \left(\frac{A_2}{A_1} - 1\right)^2 \qquad (4\text{-}50)$$

式中,当流体淹没出流情况下由管道流入很大容器时,如图 4-18,实际上是突扩管的特例,由式(4-49)

$$\frac{A_1}{A_2} \approx 0 \qquad 即 \qquad \zeta_1 = 1$$

故管道出口为淹没出流时 $\zeta = 1$。

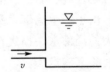

图 4-18　管道出口

2) 逐渐扩大管

如图 4-19 所示逐渐扩大管,扩散角为 θ,它的局部阻力系数 ζ 经实验发现与扩后及扩前管道的直径比和扩散角有关,ζ 见表 4-4。局部水头损失按下列公式计算:

$$h_j = \zeta \frac{v_1^2}{2g}$$

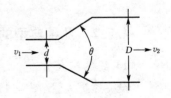

图 4-19　逐渐扩大管

表 4-4　逐渐扩大管的局部阻力系数 ζ

D/d	圆锥体角度 θ												
	2°	4°	6°	8°	10°	15°	20°	25°	30°	35°	40°	45°	50°	60°
1.1	0.01	0.01	0.01	0.02	0.03	0.05	0.10	0.13	0.16	0.18	0.19	0.20	0.21	0.23
1.2	0.02	0.02	0.02	0.03	0.04	0.06	0.16	0.21	0.25	0.29	0.31	0.33	0.35	0.37
1.4	0.02	0.03	0.03	0.04	0.06	0.12	0.23	0.30	0.36	0.41	0.44	0.47	0.50	0.53
1.6	0.03	0.03	0.04	0.05	0.07	0.14	0.26	0.35	0.42	0.47	0.51	0.54	0.57	0.61
1.8	0.03	0.04	0.04	0.05	0.07	0.15	0.28	0.37	0.44	0.50	0.54	0.58	0.61	0.65
2.0	0.03	0.04	0.04	0.05	0.07	0.16	0.29	0.38	0.45	0.52	0.56	0.60	0.63	0.68
2.5	0.03	0.04	0.04	0.05	0.08	0.16	0.30	0.39	0.48	0.54	0.58	0.62	0.65	0.70
3.0	0.03	0.04	0.04	0.05	0.08	0.16	0.31	0.40	0.48	0.55	0.59	0.63	0.66	0.71
∞	0.03	0.04	0.05	0.06	0.08	0.16	0.31	0.40	0.49	0.56	0.60	0.64	0.67	0.72

3）突然缩小管

如图 4-20 所示的突然缩小管，其局部水头损失的公式按下式进行计算：

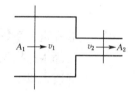

$$h_j = \zeta \frac{v_2^2}{2g}, \quad \zeta = 0.5\left(1 - \frac{A_2}{A_1}\right)$$

4）进口

图 4-20　突然缩小管

进口局部阻力系数 ζ 随进口形状的不同而有所不同，如图 4-21。局部水头损失计算公式采用

$$h_j = \zeta \frac{v^2}{2g}$$

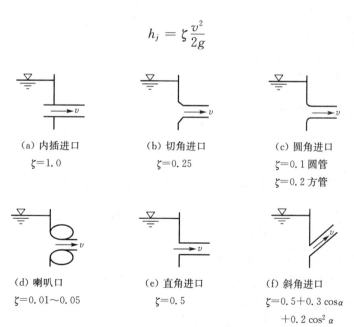

（a）内插进口
$\zeta = 1.0$

（b）切角进口
$\zeta = 0.25$

（c）圆角进口
$\zeta = 0.1$ 圆管
$\zeta = 0.2$ 方管

（d）喇叭口
$\zeta = 0.01 \sim 0.05$

（e）直角进口
$\zeta = 0.5$

（f）斜角进口
$\zeta = 0.5 + 0.3\cos\alpha + 0.2\cos^2\alpha$

图 4-21　管道进口

4.7.3 水头线的绘制

在实际中,我们有时需要知道一段管道的水头走向趋势。下面以一道例题来说明水头线的绘制。

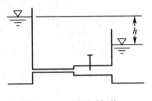

图 4-22 输水管道

【**例 4-7**】 由高位水箱向低位水箱输水(图 4-22),已知两水箱水面的高差 $h = 3$ m,输水管段的直径和长度分别为 $d_1 = 40$ mm,$l_1 = 25$ mm,$d_2 = 70$ mm,$l_2 = 15$ mm,沿程阻力系数 $\lambda_1 = 0.025$,$\lambda_2 = 0.02$,阀门的局部水头损失系数 $\zeta_v = 3.5$。试求:(1) 输水流量;(2) 绘制总水头线和测压管水头线。

【**解**】 (1) 输水流量

选两水箱水面为 1-1、2-2 断面,列伯努利方程,式中:$p_1 = p_2 = 0$,$v_1 \approx v_2 \approx 0$,水头损失包括沿程水头损失及管道入口、突然扩大、阀门、管道出口各项局部水头损失。得到

$$h = h_w = \left(\lambda_1 \frac{l_1}{d_1} + \zeta_e\right)\frac{v_1^2}{2g} + \left(\lambda_2 \frac{l_2}{d_2} + \zeta_{se} + \zeta_v + \zeta_0\right)\frac{v_2^2}{2g}$$

式中: 沿程阻力系数 $\lambda_1 = 0.025$,$\lambda_2 = 0.02$

局部水头损失系数:

管道入口 $\zeta_e = 0.5$;

突然扩大,由式(4-50)

$$\zeta_{se} = \left(\frac{A_2}{A_1} - 1\right)^2 = \left(\frac{d_2^2}{d_1^2} - 1\right)^2 = \left(\frac{(70 \text{ mm})^2}{(40 \text{ mm})^2} - 1\right)^2 = 4.25$$

阀门 $\zeta_v = 3.5$

管道出口 $\zeta_0 = 1.0$

由连续性方程 $\quad v_2 = \dfrac{A_1}{A_2}v_1 = \left(\dfrac{d_1}{d_2}\right)^2 v_1$

将各项数值代入上式,整理得

$$h = 17.515 \frac{v_1^2}{2g}$$

$$v_1 = \sqrt{\frac{2gh}{17.515}} = \sqrt{\frac{2 \times 9.8 \text{ m/s}^2 \times 3 \text{ m}}{17.515}} = 1.83 \text{ m/s}$$

$$Q = v_1 A_1 = v_1 \frac{\pi d_1^2}{4} = 1.83 \text{ m/s} \times \frac{3.14 \times (0.04 \text{ m})^2}{4} = 2.30 \times 10^{-3} \text{ m}^3/\text{s}$$

(2) 绘制总水头线和测压管水头线

① 先绘总水头线,按 1-1 断面总的水头 H_1 定出总水头线的起始高度,本题总水头线的起始高度与高位水箱的水面齐平。

② 计算各管段的沿程水头损失和局部水头损失,自 1-1 断面的总水头线,沿程依次减去各项水头损失,便得到总水头线。

③ 由总水头线向下减去各管段的速度水头,可得测压管水头线。在等直径管段,速度

水头不变,测压管水头线与总水头线平行。

④ 管道淹没出流,测压管水头线落在下游开口容器的水平面下,扩管后最终与下游水平面齐平;自由出流,测压管水头线应止于管道出口断面的形心。

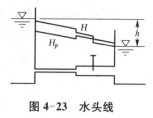

按上述步骤绘制的水头线见图 4-23。

图 4-23　水头线

4.8　边界层与绕流阻力

前面各节讨论了流体在通道内的运动,即内流问题。本节将简要介绍流体绕物体的运动,即外流问题。如河水绕过桥墩、风吹过建筑物、船舶在水中航行、飞机在大气中飞行以及粉尘或泥沙在空气或水中沉降等都是绕流运动。

流体作用在绕流物体上表面力的合力,可分解为平行于来流方向的分力,称为绕流阻力;垂直于来流方向的分力,称为升力。而绕流阻力与边界层有密切关系。

4.8.1　边界层的概念

如图 4-24 所示,当均匀来流以流速 U_0 经过平板表面的前缘时,紧靠平板的一层流体质点将由于黏性作用而黏附在平板表面,速度为零。稍靠外的一层流体将受到这一层流体的阻滞,流速亦随之降低。距壁面越远,流速降低越小。当距壁面一定距离处,其流速将接近于原来的流速 U_0。因此,由于黏性作用的影响,从平板表面至未扰动的流体之间存在着一个流速分布不均匀的区域,速度梯度大,且存在较大切应力。这一黏性不能忽略的靠近壁面的薄层,称为边界层。从平板表面沿外法线到流速 $u_x = 0.99U_0$ 处的距离,称为边界层的厚度,以 δ 表示。边界层的厚度 δ 顺流逐渐加厚,因为边界的影响是随着边界的长度逐渐向流区内延伸的。利用边界层的概念,流场的求解可分为两个区来进行:一是边界层内流动,在该层必须计入流体黏性的影响,但由于边界层较薄,使 N-S 方程得以简化,可利用动量方程求得近似解。二是边界层外流动,流速梯度为零,无内摩擦力发生,因而可视为理想流体的流动,可按势流求解。

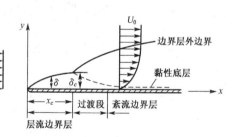

如图 4-24 所示,平板边界层内的流动,开始处于层流状态,并且其厚度沿程增加,经过一个过渡段后,层流边界层将转变为紊流边界层。因此,平板边界层内的雷诺数的表达式

图 4-24　平板绕流

$$Re_x = \frac{U_0 x}{\upsilon} \tag{4-51}$$

即距板端距离越远,雷诺数也越大。当雷诺数达到某一临界值时,流体即自层流转变为紊流。这个边界层由层流转变为紊流的过渡点(由于过渡段与被绕流物体的特征长度相比通常很短,所以可缩成一点),称为转折点。此时 $x = x_c$,其相应的雷诺数

$$Re_c = \frac{U_0 x_c}{\upsilon} \tag{4-52}$$

称为临界雷诺数,而且其值大小与来流的脉动程度有关,脉动强,Re_c 小。

光滑平板边界层临界雷诺数的范围是 $3 \times 10^5 < Re_c < 3 \times 10^6$。

实验表明,平板边界层厚度可用下式计算:

层流边界层

$$\delta = \frac{5x}{Re_x^{1/2}} \tag{4-53}$$

紊流边界层

$$\delta = \frac{0.377x}{Re_x^{1/5}} \tag{4-54}$$

在紊流边界层内,最靠近平板的地方尚有一薄层,流速梯度很大,黏性切应力仍起主要作用,紊流附加切应力可以忽略,使得流动仍为层流,这一层就是前述的黏性底层。

推论:根据平板边界层理论,圆管进口段内流速分布是沿程变化的。如图 4-25 所示,流体由水箱经光滑圆形进口流入管道,其速度最初在整个过流断面上几乎是均匀的,但随着沿流动方向的边界层发展,流速在边壁附近渐减,在管中心区域渐增至最大,沿流程流速分布不再变化。从进口到管中心流速达到最大,即边界层厚度发展到圆管中心断面之间的管道称为起始段。完整的紊流起始段长度经验值为 $L_e = (50 \sim 100)d$,但一般认为 $L_e < (20 \sim 40)d$ 时,流动已接近均匀。

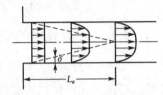

图 4-25 管道进口段边界层

4.8.2 边界层分离

如上所述,当流体沿壁面流动时,将产生边界层,并顺流向厚度增大。在这个过程中,可能产生边界层(或边界流线)与过流壁面脱离的现象,这一现象就称为边界层分离。

对于平板绕流,当压强梯度保持为零,即 $dp/dx = 0$ 时,无论平板有多长,都不会发生分离,这时边界层只会沿流向连续增厚。然而,当边界沿流向扩散时,如图 4-26 所示,压强梯度为正,即 $dp/dx > 0$ 时,边界层迅速增厚,便会发生边界层分离。边界层内水流动能,一方面要转换为逐渐增大的压强势能,而且还要消耗于沿程的能量损失,从而导致边界层内流体流动停滞下来,上游来流被迫脱离固体边壁前进,分离便由此产生。在分离点 S 处,有

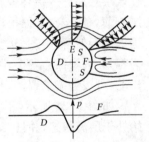

图 4-26 曲面边界层
的分离

$$\tau_0 = \mu \left(\frac{\partial u}{\partial y}\right)_{y=0} = 0$$

自分离点 S 起,在下游近壁处形成回流(或漩涡)。通常把分离流线与物体边界所围的下游区域称为尾流。尾流将使流动有效能损失(局部损失)增大,压强降低,从而使绕流体前后形成较大的压差阻力。此外,回流还会引起基础淘刷,泥沙淤积。漩涡的强烈紊动,还可能诱发随机振动使绕流结构破坏,并且尾流越大,后果越严重。而减小尾流的主要途径则是

使绕流体体型尽可能流线型化。

边界层概念是 1904 年普朗特首先提出来的。边界层理论在现代流体力学的发展史上有重要意义,特别在航空、船舶和流体机械等方面的研究中有着极其重要的作用。水利工程中常遇的管渠流动,除进口部分外,几乎全部流动区域都属于边界层流动,因而也不再划分边界层内与外部区域。但在分析脱离现象和深入研究过坝水流及其阻力损失等问题时,仍需要应用边界层概念。

4.8.3 绕流阻力

当流体与淹没在流体中的物体做相对运动时,物体所受的流体作用力,按其方向可分为两个分力(图 4-27):一是平行于流动方向的作用在物体上的分力 F_D,称为绕流阻力,包括由边界层内的黏性造成的摩擦阻力和由边界层分离(漩涡)造成的形体阻力(或称压差阻力)两部分;二是垂直于流动方向作用域物体上的分力 F_L,称为升力。该力只可能发生在非对称(或斜置对称)的绕流体上。

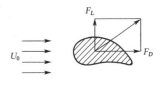

图 4-27 绕流体的受力

图 4-27 所示为流线型绕流体,其绕流阻力主要是摩擦阻力。图 4-26 所示为圆柱形绕流体,其绕流阻力主要是形体阻力。同样迎流面积的绕流体相比,流线型的绕流阻力是圆柱形的十分之一。因此,绕流阻力主要由形体造成。

绕流运动还可能使绕流体振动。当 $Re = U_0 d/\upsilon$ 达到一定数值时,绕流体发生边界层分离,形成绕流体两侧交替脱落的漩涡,被带向下游,排成两列,称为卡门涡街。这种周期性发生的涡街可使绕流体受到交替方向的横向力,并由此引起绕流体的横向振动。若涡街的频率与绕流体自振频率一致,就会发生共振,对建筑物造成危害。如拦污栅振动、电线的风鸣均源于此。

1726 年牛顿提出了绕流阻力 F_D 的计算公式

$$F_D = C_D \rho \frac{U_0^2}{2} A \tag{4-55}$$

式中:C_D——绕流阻力因数,其值主要取决于绕流体体型和雷诺数 Re,C_D 可查有关图表;

ρ——流体密度;

U_0——未受扰动的来流与绕流体的相对速度;

A——绕流物体与来流垂直的迎流投影面积。

式(4-55)适用于各种体型的绕流阻力。

思考题

1. 水头损失的物理意义是什么? 水头损失是怎样产生及如何分类的?

2. 层流和紊流有什么不同? 管道试验中,它们的水头损失特性有什么规律性的结果?

3. 雷诺数的物理意义是什么? 下临界雷诺数是如何确定的? 其意义是什么?

4. 均匀流基本方程是怎样导出的? 根据该方程,是否可以认为均匀流的水头损失仅与壁面上的摩擦力有关?

5. 什么是紊流的脉动现象? 紊流有脉动,但又有恒定流,二者有无矛盾? 为什么?

6. 紊流和层流的切应力有何不同?

7. 在扩散管中,通过一定流量,雷诺数沿程有何变化? 在等径直管中,若流量逐渐增大,雷诺数随时间如何变化?

8. 在层流中,沿程水头损失与速度一次方成正比,那么管流中的达西公式 $h_f = \lambda \dfrac{l}{d} \dfrac{v^2}{2g}$ 是否适用? 为什么?

9. 紊流中为什么存在黏性底层? 其厚度对紊流分析有何意义?

10. 局部阻力因数与哪些因素有关? 选用时应注意什么? 如何减小局部水头损失?

11. 边界层内是否一定是层流? 影响边界层内流态的主要因素有哪些? 边界层分离是如何形成的? 在平行于平板流动的平板上能否出现边界层分离? 如何减小尾流的区域?

习题

一、单项选择题

1. 层流、紊流的判别标准:临界雷诺数是( )。

    A. 上临界雷诺数   B. 上临界雷诺数和下临界雷诺数的平均值

    C. 下临界雷诺数   D. 都不是

2. 在流体流动中,决定流动是层流还是紊流主要考虑的是( )。

    A. 惯性力和压力   B. 惯性力和重力

    C. 惯性力和黏性力   D. 黏性力和重力

3. 圆管中层流的流量( )。

    A. 与直径平方成正比   B. 与黏性系数成反比

    C. 与黏性系数成正比   D. 与水力坡度成反比

4. 圆管中层流的断面流速分布符合( )。

    A. 均匀分布   B. 直线分布   C. 抛物线分布   D. 对数曲线分布

5. 如图 4-28,水在垂直管内由上向下流动,相距 l 的两断面间,测压管水头差 h,两断面间水头损失 h_f 应为( )。

    A. $h_f = h$ B. $h_f = h + l$

    C. $h_f = l - h$ D. $h_f = l$

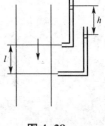

6. 流体在紊流光滑区流动,沿程水头损失的大小随流动速度的变化范围下列说法正确的是( )。

    A. 沿程水头损失的大小与流动速度的 2.0 次方成正比

    B. 沿程水头损失的大小与流动速度的 1.75～2.0 次方成正比

图 4-28

    C. 沿程水头损失的大小与流动速度的 1.0～2.0 次方成正比

    D. 沿程水头损失的大小与流动速度的 1.75 次方成正比

7. 沿程阻力系数 λ 的确定,水流在粗糙区流动,下列说法最合适的是( )。

    A. 由雷诺数和绝对粗糙度确定   B. 由雷诺数和相对粗糙度确定

    C. 由相对粗糙度确定   D. 由雷诺数确定

8. 两根等长等直径的管道,绝对粗糙度相同,分别输送不同的流体,如果雷诺数相同,则两管的(　　)相等。

　　A. 沿程水头损失　B. 流动速度　　　C. 内摩擦力　　　　D. 沿程阻力系数

9. 关于绕流阻力,错误的论述是(　　)。

　　A. 绕流阻力由流体黏性产生,也称黏性阻力

　　B. 绕流阻力可分为摩擦阻力和压差阻力

　　C. 绕流阻力是物面上压应力在来流方向的总和

　　D. 绕流阻力即物体表面上所作用的摩擦力

二、计算题

　　1. 圆管直径 $d = 15$ mm,其中流速为 0.15 m/s,水温为 15℃,其黏性系数为 $\upsilon = 1.141 \times 10^{-6}$ m²/s。试判断水流是层流还是紊流。

　　2. 三道管直径分别为 d、$2d$、$3d$,通过的流量分别为 Q、$2Q$、$3Q$,通过的介质和介质的温度相同,试求其三雷诺数之比 $Re_1 : Re_2 : Re_3$。

　　3. 输油管直径 $d = 150$ mm,油的运动黏性系数 $\upsilon = 0.2 \times 10^{-4}$ m²/s,则保持管中流动为层流的最大流速为多少?

　　4. 一水箱,下接一长 $l = 100$ m、管径 $d = 0.5$ m 的管道,如图 4-29 所示。入口处 $\zeta_1 = 0.5$,急弯处 $\zeta_2 = 1.0$,出口处有平板闸门 $\zeta_3 = 5.52$;管道沿程水头损失系数 $\lambda = 0.02$ (以上各系数均对应于管道中流速水头 $\dfrac{\upsilon^2}{2g}$)。水流为恒定流,流量 $Q = 0.2$ m³/s,忽略水箱中断面的流速水头 $\dfrac{\alpha_1 \upsilon_1^2}{2g}$,问水头 H 应为多少?

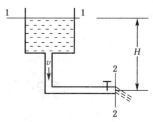

图 4-29

　　5. 修建长 300 m 的钢筋混凝土输水管,直径 $d = 250$ mm,通过流量为 200 m³/h。试求沿程水头损失。(查表已知 $n = 0.013$,运动黏性系数 $\upsilon = 1.007 \times 10^{-6}$ m²/s)

　　6. 如图 4-30 所示,由式(4-33)证明在很宽的矩形断面河道中,水深 $y' = 0.63h$ 处的流速等于该端面的平均流速。

$\left(\text{提示：} \displaystyle\int_0^h \ln \frac{y}{h} \mathrm{d}\left(\frac{y}{h} \right) = -1 \right)$

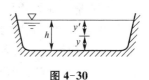

图 4-30

　　7. 做沿程水头损失实验的管道直径 $d = 15$ mm,量测段长度 $l = 4$ m,水温 $T = 5$℃($\upsilon = 1.51 \times 10^{-6}$ m²/s)。试求:(1) 当流量 $Q = 3.0 \times 10^{-5}$ m³/s 时,管中的流态;(2) 此时的沿程水头损失系数 λ;(3) 量测段的沿程水头损失 h_f。

　　8. 铸铁管长 $l = 1\,000$ m,内径 $d = 300$ mm,管壁当量粗糙度 $\Delta = 1.2$ mm,水温 $t = 10$℃,试求当水头损失 $h_f = 7.05$ m 时所通过的流量。

5 孔口、管嘴出流和有压管流

孔口出流、管嘴出流与有压管流是工程中很常见的流动现象。如给水排水工程中的各类取水孔、泄水孔的水流,通风工程中的管道送风以及消防水枪和水力施工用的水枪等均属于孔口、管嘴出流问题;水坝中泄水管、水流经过路基下的有压短涵管流动等属于短管流动问题;有压长管流动则是生产、生活中输送流体的常见问题。根据实际工程需要,本章着重讨论以上问题。

5.1 孔口恒定出流

容器壁上开孔,水经孔口流出的水力现象称为孔口出流。孔口出流(或入流)过程中,容器内水头不随时间变化的流动,称为孔口恒定出流。

5.1.1 薄壁小孔口恒定出流

孔口出流时,水流与孔壁仅在一条周线上接触,壁厚对出流无影响,这样的孔口称为薄壁孔口。孔口上、下缘在水面下的深度不同,其作用水头不同。在实际计算中,当孔口的直径 d 与孔口形心在水面下的深度 H 相比很小,若 $H \geqslant 10d$,便认为孔口断面上各点的水头相等,这样的孔口称为小孔口;若 $H < 10d$,应考虑不同高度上的水头不相等,这样的孔口称为大孔口。

1) 薄壁小孔口恒定自由出流

水由孔口流入大气的出流称为自由出流。如图 5-1 所示。容器内水流的流线自上游各方向向孔口汇集,由于水的惯性作用,流线不能突然改变方向,要有一个连续的变化过程,因此,在孔口断面流线并不平行,流束继续收缩,直至距孔口约 $\dfrac{d}{2}$ 处收缩完毕,流线趋于平行,该断面称为收缩断面,见图 5-1 中的 $c-c$ 断面。设孔口断面面积为 A,收缩断面面积为 A_c,则

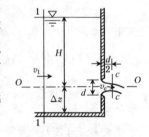

**图 5-1 薄壁小孔口
自由出流**

$$\varepsilon = \frac{A_c}{A} \tag{5-1}$$

式中:ε——收缩系数。

为推导孔口出流的基本公式,在图 5-1 中选基准面 $O\text{-}O$ 过孔口中心,取容器内符合渐变流条件的过流断面 1-1,收缩断面 $c-c$,列伯努利方程

$$H + \frac{p_1}{\rho g} + \frac{\alpha_1 v_1^2}{2g} = \frac{p_c}{\rho g} + \frac{\alpha_c v_c^2}{2g} + \zeta \frac{v_c^2}{2g}$$

式中,ζ 是局部阻力系数,沿程水头损失忽略不计。$p_1 = p_c = p_a$,则

$$H + \frac{\alpha_1 v_1^2}{2g} = (\alpha_c + \zeta) \frac{v_c^2}{2g}$$

令 $H_0 = H + \frac{\alpha_1 v_1^2}{2g}$,整理得

收缩断面流速

$$v_c = \frac{1}{\sqrt{\alpha_c + \zeta}} \sqrt{2gH_0} = \varphi \sqrt{2gH_0} \tag{5-2}$$

孔口的流量

$$Q = v_c A_c = \varphi \varepsilon A \sqrt{2gH_0} = \mu A \sqrt{2gH_0} \tag{5-3}$$

该式是小孔口自由出流的基本公式。

式中:H_0——作用水头;

φ——孔口流速系数,$\varphi = \frac{1}{\sqrt{\alpha_c + \zeta}} = \frac{1}{\sqrt{1 + \zeta}}$;

μ——孔口流量系数,$\mu = \varphi \varepsilon$。

由圆形小孔口的实验得出 $\varphi = 0.97$,$\varepsilon = 0.64$,由此可得 $\zeta = 0.06$,$\mu = 0.62$。

2)薄壁小孔口恒定淹没出流

如图 5-2 所示,出孔水流淹没在下游水面之下的流动,称为淹没出流。脱离孔口边缘后,流束形成淹没出流,出流经收缩断面 c-c 后迅速扩散,这不同于自由出流(自由出流通过断面 c-c 后虽然略有扩散,但重力加速度使得下弯过程中沿程逐渐收缩)。淹没孔口出流的局部水头损失包括收缩损失和扩散损失两部分,前者与自由出流的损失值相等,后者可按突然扩大来计算。取基准面 O-O 过孔口中心,列出断面 1-1 与 2-2 之间的伯努利方程

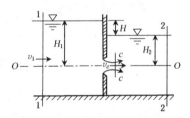

图 5-2 薄壁小孔口淹没出流

$$H_1 + \frac{\alpha_1 v_1^2}{2g} = H_2 + \frac{\alpha_2 v_2^2}{2g} + \zeta \frac{v_c^2}{2g} + \zeta_{se} \frac{v_c^2}{2g}$$

其中,ζ 是局部阻力系数,同自由出流。ζ_{se} 是水流自收缩断面突然扩大的局部阻力系数,$\zeta_{se} = \left(1 - \frac{A_c}{A_2}\right)^2$,当 $A_2 \gg A_c$ 时,$\zeta_{se} \approx 1.0$。

令 $H_0 = H_1 - H_2 + \frac{\alpha_1 v_1^2}{2g} - \frac{\alpha_2 v_2^2}{2g}$,整理得

收缩断面流速

$$v_c = \frac{1}{\sqrt{\zeta + \zeta_{se}}} \sqrt{2gH_0} = \varphi \sqrt{2gH_0} \tag{5-4}$$

孔口的流量

$$Q = v_c A_c = \varphi \epsilon A \sqrt{2gH_0} = \mu A \sqrt{2gH_0} \qquad (5-5)$$

式中：H_0——作用水头；

φ——淹没孔口的流速系数，$\varphi = \dfrac{1}{\sqrt{\zeta + \zeta_{se}}} = \dfrac{1}{\sqrt{1 + \zeta}}$；

μ——淹没孔口的流量系数，$\mu = \varphi \epsilon$。

比较孔口出流的基本公式(5-3)、(5-5)，两式的形式相同，各项系数值亦相同。但要注意，自由出流的水头 H 是水面至孔口形心的高度，而淹没出流的水头 H 则是上下游水面高差。所以，淹没出流的流量 Q 与淹没深度无关，式(5-4)、(5-5)也适用于大孔口出流。可见，大孔口和小孔口的划分实际上仅对自由出流才有意义。

【例 5-1】 试求水流通过一薄壁圆形小孔口自由出流时之流量。设此孔直径 $d = 50 \text{ mm}$，水头 $H = 1 \text{ m}$。如孔口改为淹没出流，孔口出流后水头 $H_2 = 0.4 \text{ m}$，求孔口淹没出流量。

【解】 忽略行近速度水头，取流量系数 $\mu = 0.62$，又

$$A = \frac{\pi}{4} d^2 = \frac{3.14}{4} \times (0.05 \text{ m})^2 = 0.001\,96 \text{ m}^2$$

则孔口自由出流时流量

$$Q = \mu A \sqrt{2gH_0} = 0.62 \times 0.001\,96 \text{ m}^2 \times \sqrt{2 \times 9.8 \text{ m/s}^2 \times 1 \text{ m}} = 0.005\,4 \text{ m}^3/\text{s}$$

若改为淹没出流，流量系数仍为 $\mu = 0.62$，$H_0 = H - H_2 = 1.0 - 0.4 = 0.6 \text{ m}$
则孔口淹没出流流量

$$Q = \mu A \sqrt{2gH_0} = 0.62 \times 0.001\,96 \text{ m}^2 \times \sqrt{2 \times 9.8 \text{ m/s}^2 \times 0.6 \text{ m}} = 0.004\,2 \text{ m}^3/\text{s}$$

5.1.2 孔口的变水头出流

孔口出流(或入流)过程中，容器内水位随时间变化(降低或升高)，导致孔口的流量随时间变化的流动，称为孔口的变水头出流。变水头出流是非恒定流，如果容器中水位的变化缓慢，则可把整个出流过程划分为许多微小的时段，在每一微小时段内，认为水位不变，孔口恒定出流的基本公式仍适用，把非恒定流问题转化为恒定流问题来处理。容器泄流时间、蓄水库的流量调节等都可按变水头出流计算。

下面分析截面积为 Ω 的等断面容器，水经孔口变水头自由出流(图 5-3)。

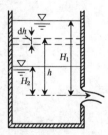

设孔口出流过程，某时刻容器中水面高度为 h，在微小时段 dt 内，孔口流出体积 $\qquad dV = Qdt = \mu A \sqrt{2gh}\,dt$

等于该时段，水面下降 dh，容器减少的体积 $dV = -\Omega dh$

则 $\qquad\qquad dt = -\dfrac{\Omega}{\mu A \sqrt{2g}} \dfrac{dh}{\sqrt{h}}$

图 5-3 孔口变水头出流

对上式积分，得到水位由 H_1 降至 H_2 所需时间

$$t = \int_{H_1}^{H_2} -\frac{\Omega}{\mu A \sqrt{2g}} \frac{dh}{\sqrt{h}} = \frac{2\Omega}{\mu A \sqrt{2g}} (\sqrt{H_1} - \sqrt{H_2}) \qquad (5-6)$$

令 $H_2 = 0$,得容器放空时间

$$t = \frac{2\Omega}{\mu A}\frac{\sqrt{H_1}}{\sqrt{2g}} = \frac{2\Omega H_1}{\mu A\sqrt{2gH_1}} = \frac{2V}{Q_{max}} \tag{5-7}$$

式中：V——容器放空的体积；

Q_{max}——开始出流时的最大流量。

可见,变水头出流容器的放空时间,等于按初始水头作用下恒定流流出相同体积水所需时间的 2 倍。

【例 5-2】 有一底面积为 3 m×3 m 的敞口容器,容器内水深 $H = 5$ m,在容器底 0.5 m 处有一直径 $d = 5$ mm 的孔口,试求:10 小时的出流体积。

【解】 按孔口变水头出流计算,容积底面积 $\Omega = 3$ m×3 m = 9 m², 流量系数 $\mu = 0.62$

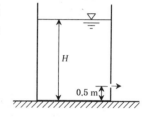

图 5-4 容器孔口出流

孔口面积

$$A = \frac{\pi}{4}d^2 = \frac{3.14}{4} \times (0.005 \text{ m})^2 = 1.96 \times 10^{-5} \text{ m}^2$$

又 $t = 10 \times 3\,600$ s = 3.6×10^4 s, $H_1 = 5$ m − 0.5 m = 4.5 m

由式(5-7) $t = \frac{2\Omega}{\mu A\sqrt{2g}}(\sqrt{H_1} - \sqrt{H_2})$,得 $H_2 = 4.05$ m

10 小时的出流体积 $V = (H_1 - H_2)\Omega = (4.5 \text{ m} - 4.05 \text{ m}) \times 9 \text{ m}^2 = 4.05 \text{ m}^3$

5.2 管嘴恒定出流

在容器开孔处对接上断面与开孔形状相同、长度为 3～4 倍孔径的短管,水通过短管并在出口断面满管流出的水力现象称为管嘴出流。消防水枪和水力机械喷枪都是管嘴出流的实例。管嘴出流虽有沿程水头损失,但与局部水头损失相比可忽略不计,只计局部水头损失。

5.2.1 圆柱形外管嘴恒定出流

在孔口上外接长度 $l = (3 \sim 4)d$ 的短管,就是圆柱形外管嘴(图 5-5)。由于惯性作用,流束进入管嘴后产生与孔口出流类似的收缩,在 $c-c$ 处形成收缩断面,然后主流逐渐扩大到全断面,最后从管嘴出口满管流出。

设开口容器,水由管嘴自由出流。选取基准面 $O-O$ 过管嘴轴线,管嘴断面面积为 A,作用水头为 H,断面 1-1 的行进流速为 v_0,出口断面 $b-b$ 的平均流速为 v。列出断面 1-1 和 $b-b$ 之间的伯努利方程

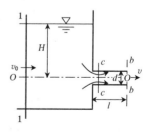

图 5-5 管嘴出流

$$H + \frac{\alpha_0 v_0^2}{2g} = \frac{\alpha v^2}{2g} + \zeta_n \frac{v^2}{2g}$$

令 $H_0 = H + \frac{\alpha_0 v_0^2}{2g}$，整理得

管嘴出口流速

$$v = \frac{1}{\sqrt{\alpha + \zeta_n}} \sqrt{2gH_0} = \varphi_n \sqrt{2gH_0} \qquad (5-8)$$

管嘴流量

$$Q = vA = \varphi_n A \sqrt{2gH_0} = \mu_n A \sqrt{2gH_0} \qquad (5-9)$$

式中：H_0——作用水头；

ζ_n——管嘴的局部阻力系数，相当于管道锐缘进口的局部阻力系数，$\zeta_n = 0.5$；

φ_n——管嘴的流速系数，$\varphi = \frac{1}{\sqrt{\alpha + \zeta_n}} = \frac{1}{\sqrt{1 + 0.5}} = 0.82$；

μ_n——管嘴的流量系数，因出口断面无收缩，$\mu_n = \varphi_n = 0.82$。

式(5-8)和式(5-9)是管嘴出流的通用公式，管嘴类型不同时仅 φ 和 μ 的取值不同。对于淹没出流，按作用水头 H_0 的定义，选取 H_0 等于上、下游容器的总水头之差后，上面两式也适用于管嘴淹没出流。

比较式(5-9)和式(5-3)，两式形式上完全相同，然而流量系数 $\mu_n = 1.32\mu$，可见在相同的作用水头下，同样面积管嘴的过流能力是孔口过流能力的 1.32 倍。

5.2.2　收缩断面的真空

孔口外面加管嘴后，增加了阻力，但是流量反而增加，这是由于收缩断面处真空的作用。见图 5-5，对收缩断面 $c-c$ 和出口断面 $b-b$ 列伯努利方程

$$\frac{p_c}{\rho g} + \frac{\alpha_c v_c^2}{2g} = \frac{\alpha v^2}{2g} + \zeta_{se} \frac{v^2}{2g}$$

$$\frac{-p_c}{\rho g} = \frac{\alpha_c v_c^2}{2g} - \frac{\alpha v^2}{2g} - \zeta_{se} \frac{v^2}{2g}$$

其中 $v_c = \frac{A}{A_c} v = \frac{1}{\varepsilon} v$，局部水头损失主要发生在主流扩大上，$\zeta_{se} = \left(\frac{A}{A_c} - 1 \right)^2 = \left(\frac{1}{\varepsilon} - 1 \right)^2$，代入上式，得

$$\frac{p_c}{\rho g} = -\left[\frac{\alpha_c}{\varepsilon^2} - \alpha - \left(\frac{1}{\varepsilon} - 1 \right)^2 \right] \frac{v^2}{2g} = -\left[\frac{\alpha_c}{\varepsilon^2} - \alpha - \left(\frac{1}{\varepsilon} - 1 \right)^2 \right] \varphi_n^2 H_0$$

又 $\alpha_c = \alpha = 1.0$，$\varepsilon = 0.64$（由实验确定），$\varphi_n = 0.82$，则收缩断面的真空高度

$$\frac{p_v}{\rho g} = \frac{-p_c}{\rho g} = 0.75 H_0 \qquad (5-10)$$

上式说明圆柱形外管嘴收缩断面处真空度可达作用水头的 0.75 倍，相当于把管嘴的作

用水头增大了 75%，这就是相同直径、相同作用水头下的圆柱形外管嘴的流量比孔口大的原因。

从式(5-10)可知：作用水头 H_0 越大，收缩断面处的真空度亦越大。但收缩断面的真空度是有限制的，当真空度达 7 m 以上水柱时，由于液体在低于饱和蒸汽压时会发生汽化，以及空气将会自管嘴出口处吸入，从而收缩断面处的真空被破坏，管嘴不能保持满管出流而如同孔口出流一样。因此，对收缩断面真空度的限制，决定了管嘴的作用水头 H_0 有一个极限值，$H_0 = \dfrac{7 \text{ m}}{0.75} \approx 9 \text{ m}$。

其次，管嘴的长度也有一定限制。长度过短，水流收缩后来不及扩大到整个断面而形成孔口出流；长度过长，沿程水头损失比重增大，管嘴出流变为短管流动。所以，圆柱形外管嘴的正常工作条件是：

(1) 作用水头 $H_0 \leqslant 9 \text{ m}$。

(2) 管嘴长度 $l = (3 \sim 4)d$。

5.3　短管的水力计算

5.3.1　基本概念

管道是市政建设、给水排水、供暖通风、水利水电、交通运输和环境保护等工程中最常用的流体输送设施。当管道被流体充满时，容许在管内发生高于或低于大气压的压强的流动，称为有压管流。由于有压管流沿程具有一定的长度，其水头损失包括沿程水头损失和局部水头损失，工程上为了简化计算，按两类水头损失在全部损失中所占比重的不同，将管道分为短管和长管。所谓短管是指水头损失中沿程水头损失和局部水头损失都占相当比重，两者皆不可忽略的管道，如抽水机的吸水管、虹吸管、道路涵管等都是短管；长管是指水头损失以沿程水头损失为主，局部水头损失可忽略不计的管道，如输水管道和煤气管道等属于长管。

5.3.2　基本计算公式

1) 自由出流

图 5-6 所示短管的恒定自由出流，选取基准面 $O-O$ 过断面 2-2 的中心。设断面 1-1 的总水头为 H，流速为 v_0，断面 2-2 的流速为 v，列 1-1 和 2-2 断面之间的伯努利方程

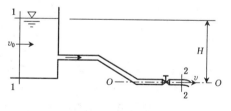

图 5-6　自由出流

$$H + \frac{p_0}{\rho g} + \frac{\alpha_0 v_0^2}{2g} = \frac{p_2}{\rho g} + \frac{\alpha_2 v^2}{2g} + h_w$$

$$h_w = \sum h_f + \sum h_j = \sum_i \lambda_i \frac{l_i}{d} \frac{v^2}{2g} + \sum_m \zeta_m \frac{v^2}{2g} = \zeta_c \frac{v^2}{2g} \tag{5-11}$$

式中：ζ_m——局部阻力系数；

$\sum\limits_{m} \zeta_m$——管中各局部阻力系数的总和；

ζ_c——管系阻力系数，$\zeta_c = \sum\limits_{i} \lambda_i \dfrac{l_i}{d} + \sum\limits_{m} \zeta_m$。

其中 $v_0 \approx 0$，$\alpha_2 = 1.0$，$p_0 = p_2$，则

$$H = (1 + \zeta_c) \frac{v^2}{2g}$$

流速 $$v = \frac{1}{\sqrt{1 + \zeta_c}} \sqrt{2gH} \qquad (5\text{-}12)$$

流量 $$Q = vA = \mu_c A \sqrt{2gH} \qquad (5\text{-}13)$$

式中 $\mu_c = \dfrac{1}{\sqrt{1 + \zeta_c}}$，称为短管自由出流的流量系数。

2）淹没出流

图 5-7 所示短管的淹没出流，选取基准面 $O\text{-}O$ 位于下游自由液面上。设断面 1-1、2-2 水头差为 H，断面 1-1 的流速为 v_1，断面 2-2 的流速为 v_2，列 1-1 和 2-2 断面之间的伯努利方程

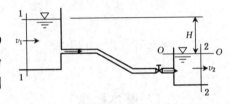

图 5-7　淹没出流

$$H + \frac{p_1}{\rho g} + \frac{\alpha_1 v_1^2}{2g} = \frac{p_2}{\rho g} + \frac{\alpha_2 v_2^2}{2g} + h_w$$

$$h_w = \sum h_f + \sum h_j = \sum_{i} \lambda_i \frac{l_i}{d} \frac{v^2}{2g} + \sum_{m} \zeta_m \frac{v^2}{2g} = \zeta_c \frac{v^2}{2g} \qquad (5\text{-}14)$$

上式中 ζ_m、ζ_c 的意义与式（5-11）所表示的相同。

其中 $v_1 = v_2 \approx 0$，$\alpha_1 = \alpha_2 = 1.0$，$p_1 = p_2$，则

$$H = h_w = \zeta_c \frac{v^2}{2g}$$

流速 $$v = \frac{1}{\sqrt{\zeta_c}} \sqrt{2gH} \qquad (5\text{-}15)$$

流量 $$Q = vA = \mu_c A \sqrt{2gH} \qquad (5\text{-}16)$$

式中 $\mu_c = \dfrac{1}{\sqrt{\zeta_c}}$，称为短管淹没出流的流量系数。

5.3.3　水力计算问题

水力计算前，管道长度、材料（管壁粗糙情况）、局部阻力的组成一般已确定，因此，利用式（5-13）、式（5-16）或直接列伯努利方程式都可以解算以下三类问题。

（1）已知流量 Q、管路直径 d 和局部阻力的组成，计算 H（如设计水箱或水塔水位标高、加压泵扬程等）。

（2）已知水头 H、管径 d 和局部阻力的组成，计算通过流量 Q。

（3）已知通过管路的流量 Q、水头 H 和局部阻力的组成，设计管径 d。

以上各类问题都可以通过建立伯努利方程求解，也可以直接用基本公式（5-13）或式（5-16）求解，下面结合实际问题进一步说明。

1）虹吸管的水力计算

管道轴线的一部分高出无压的上游供水水面，这样的管道称为虹吸管（图5-8）。由于虹吸管输水具有跨越高地、减少挖方、避免埋设管路工程、便于自动操作等优点，在给排水工程及其他各种工程中应用普遍。因虹吸管一部分管段高出上游水面，必然存在真空段。真空的存在将使溶解在水中的空气分离出来，随着真空度的增大，分离出来的空气量急骤增加，挤缩过流断面，阻碍水流运动，直至造成断流。工程上，为保证虹吸管能通过设计流量，一般限制管中最大真空度不超过允许值，$[h_v] = 7 \sim 8\ m\ H_2O$。

【例5-3】 用虹吸管自钻井输水至集水池，如图5-8所示。虹吸管长 $l = l_{AB} + l_{BC} = 30\ m + 40\ m = 70\ m$，直径 $d = 200\ mm$，钻井至集水池间的恒定水位高差 $H = 1.60\ m$，沿程阻力系数 $\lambda = 0.03$，管路进口局部阻力系数 $\zeta_1 = 0.5$，各转弯弯头局部阻力系数皆为 $\zeta_2 = 0.2$，出口处的局部阻力系数为 $\zeta_3 = 1.0$。试求：（1）虹吸管的流量 Q；（2）若虹吸管顶部 B 点安装高度 $h_B = 4.5\ m$，校核其真空度是否满足 $[h_v] = 7\ m\ H_2O$。

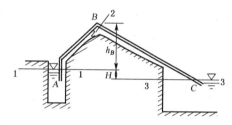

图5-8　虹吸管

【解】 （1）计算流量

以集水池水面为基准面，建立钻井水面1-1与集水池水面3-3的伯努利方程（忽略行近流速 v_1）

$$H + 0 = 0 + 0 + h_w$$

$$H = h_w = \left(\lambda \frac{l}{d} + \sum \zeta \right) \frac{v^2}{2g}$$

则

$$v = \frac{1}{\sqrt{\lambda \dfrac{l}{d} + \sum \zeta}} \sqrt{2gH}$$

其中 $\lambda = 0.03$，$\sum \zeta = \zeta_1 + 2\zeta_2 + \zeta_3 = 0.5 + 2 \times 0.2 + 1.0 = 1.9$

$$v = \frac{1}{\sqrt{0.03 \times \dfrac{70\ m}{0.2\ m} + 1.9}} \sqrt{2 \times 9.8\ m/s^2 \times 1.6\ m} = 1.59\ m/s$$

$$Q = vA = 1.59\ m/s \times \frac{\pi}{4} \times (0.2\ m)^2 = 0.049\ 9\ m^3/s$$

（2）计算管顶2-2断面的真空度（假设2-2中心与 B 点高度相同，离管路进口距离与 B

点也相等）。以钻井水面为基准面，建立断面 1-1 和 2-2 的伯努利方程

$$0 + \frac{\alpha_1 v_1^2}{2g} = h_B + \frac{p_2}{\rho g} + \frac{\alpha_2 v_2^2}{2g} + h_w$$

忽略行近流速 v_1，取 $\alpha_2 = 1.0$，上式变为

$$\frac{-p_2}{\rho g} = h_B + \frac{v_2^2}{2g} + \left(\lambda \frac{l_{AB}}{d} + \sum \zeta \right) \frac{v_2^2}{2g}$$

其中 $\lambda = 0.03$，$\sum \zeta = \zeta_1 + 2\zeta_2 = 0.5 + 2 \times 0.2 = 0.9$，$v_2 = 1.59 \, \text{m/s}$，代入上式，得

$$h_v = \frac{-p_2}{\rho g} = 4.5 \, \text{m} + \frac{(1.59 \, \text{m/s})^2}{2 \times 9.8 \, \text{m/s}^2} + \left(0.03 \times \frac{30 \, \text{m}}{0.2 \, \text{m}} + 0.9 \right) \times \frac{(1.59 \, \text{m/s})^2}{2 \times 9.8 \, \text{m/s}^2}$$

$$= 5.33 \, \text{m} < [h_v] = 7 \, \text{m}$$

所以，虹吸管高度 $h_B = 4.5 \, \text{m}$ 时，虹吸管可以正常工作。

2）水泵的水力计算

水泵的工作原理是通过水泵转轮旋转，在泵体进口造成真空，水体在大气压作用下经吸水管进入泵体，水流在泵体内旋转加速，获得能量，再经压水管进入水塔。

（1）管径 d 的确定

根据连续性方程得 $d = \sqrt{\dfrac{4Q}{\pi v}}$。

（2）水泵的扬程

水泵的扬程是指单位重量的液体从水泵中获得的外加机械能，以 H 表示。

$$H = z + h_{w吸} + h_{w压} \tag{5-17}$$

式中：z——水泵系统上下游水面高差，称扬水（提水）高度；

$h_{w吸}$——吸水管的全部水头损失；

$h_{w压}$——压水管的全部水头损失。

（3）水泵的输入功率（有效功率）

$$N_p = \frac{\rho g Q H}{1\,000\eta} \quad (\text{kW}) \tag{5-18}$$

式中：η——水泵效率。

（4）水泵的允许安装高度 h_s

取吸水池水面 1-1 和水泵进口 2-2 断面列伯努利方程，并忽略吸水池流速，得

$$0 = h_s + \frac{p_2}{\rho g} + \frac{\alpha v_2^2}{2g} + h_w$$

以 $h_w = \lambda \dfrac{l}{d} \dfrac{v_2^2}{2g} + \sum \zeta \dfrac{v_2^2}{2g}$ 代入上式，得

$$h_s = \frac{-p_2}{\rho g} - \left(\alpha + \lambda \frac{l}{d} + \sum \zeta \right) \frac{v_2^2}{2g} = h_v - \left(\alpha + \lambda \frac{l}{d} + \sum \zeta \right) \frac{v_2^2}{2g}$$

式中：h_s——水泵安装高度；

λ——吸水管的沿程阻力系数；

$\sum \zeta$——吸水管各项局部阻力系数之和；

h_v——水泵进口断面真空度，$h_v = \dfrac{-p_2}{\rho g}$。

水泵进口处的真空度是有限制的，当进口压强降低至该温度下饱和蒸汽压强时，水因汽化而生成大量气泡，气泡随着水流进入泵内高压部位，因受压缩而突然溃灭，周围的水便以极大的速度向气泡溃灭点冲击，在该点造成高达数百大气压以上的压强。这种集中在极小面积上的强大冲击力如发生在水泵部件的表面，就会使部件很快损坏，这种现象称为气蚀。为了防止气蚀发生，通常由实验确定水泵进口的允许真空度。

当水泵进口断面真空度等于允许真空度时，就可以根据抽水量和吸水管道情况，按上式确定水泵的允许安装高度和流量，即

$$h_s = [h_v] - \left(\alpha + \lambda \frac{l}{d} + \sum \zeta\right)\frac{v_2^2}{2g} \tag{5-19}$$

$$Q = \frac{1}{\sqrt{\alpha + \lambda \dfrac{l}{d} + \sum \zeta}} A \sqrt{2g(h_v - h_s)} \tag{5-20}$$

【例 5-4】 图 5-9 所示水泵管道系统，已知水泵流量 $Q = 8.1 \times 10^{-3}$ m³/s，吸水管长度 $l = 5$ m，直径 $d = 100$ mm，最大真空度不超过 $[h_v] = 6$ mH₂O，管道沿程阻力系数 $\lambda = 0.045$，带底阀的滤水管局部阻力系数 $\zeta_1 = 7.0$，弯管局部阻力系数 $\zeta_2 = 0.25$，水泵入口前的减缩管局部阻力系数 $\zeta_3 = 0.1$。试求：允许安装高度 h_s。

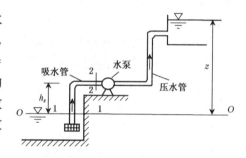

图 5-9 水泵的管道系统

【解】 由式(5-19)

$$h_s = [h_v] - \left(\alpha + \lambda \frac{l}{d} + \sum \zeta\right)\frac{v_2^2}{2g}$$

其中 $\lambda = 0.045$，$\sum \zeta = 7.0 + 0.25 + 0.1 = 7.35$，$v = \dfrac{4Q}{\pi d^2} = \dfrac{4 \times 0.008\,1 \text{ m}^3/\text{s}}{\pi \times (0.1 \text{ m})^2} = 1.03 \text{ m/s}$

代入上式，得 $h_s = 6.0 \text{ m} - \left(1 + 0.045\dfrac{5 \text{ m}}{0.1 \text{ m}} + 7.35\right)\dfrac{(1.03 \text{ m/s})^2}{2 \times 9.8 \text{ m/s}^2} = 5.43 \text{ m}$

3) 倒虹吸的水力计算

【例 5-5】 圆形有压涵管(图 5-10)，管长 $l = 50$ m，上下游水位差 $H = 3$ m，沿程阻力损失系数 $\lambda = 0.03$，进口 $\zeta_1 = 0.5$，转弯 $\zeta_2 = 0.65$，出口 $\zeta_3 = 1.0$，若要求涵管通过的流量 $Q = 3$ m³/s，试求管径。

【解】 以下游水面为基准面，对 1-1、2-2 断面建立伯努利方程，忽略上下游流速，得 $H + 0 = 0 + 0 + h_w$

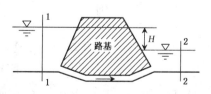

图 5-10 有压涵管

即
$$H = h_w = \left(\lambda \frac{l}{d} + \zeta_1 + 2\zeta_2 + \zeta_3 \right) \frac{1}{2g} \left(\frac{4Q}{\pi d^2} \right)^2$$

简化得
$$3d^5 - 2.08d - 0.745 = 0$$

用试算法求 d,设 $d = 1.0\,\mathrm{m}$ 代入上式 $\quad 3 \times 1 - 2.08 \times 1 - 0.745 \neq 0$

再设 $d = 0.98\,\mathrm{m}$,$3 \times 0.98^5 - 2.08 \times 0.98 - 0.745 \approx 0$

采用规格管径 $d = 1.0\,\mathrm{m}$,实际通过的流量 Q 略大于 $3\,\mathrm{m^3/s}$。

5.4 长管的水力计算

长管是有压管道的简化模型,其局部水头损失和流速水头均可忽略,使水力计算大为简化。

5.4.1 简单管道

沿程直径不变,流量也不变的管道称为简单管道。如图 5-11 所示,由水池引出的简单管道,长度为 l,直径为 d,水箱水面距管道出口高度为 H,现分析其水力特点和计算方法。

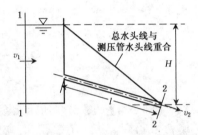

图 5-11 简单管道

以通过管路出口断面 2-2 形心的水平面为基准面,列断面 1-1 和断面 2-2 的伯努利方程

$$H + \frac{p_1}{\rho g} + \frac{\alpha_1 v_1^2}{2g} = \frac{p_2}{\rho g} + \frac{\alpha_2 v_2^2}{2g} + h_j + h_f$$

其中 $p_1 = p_2$,$v_1 \approx 0$,$\dfrac{\alpha_2 v_2^2}{2g} + h_j \ll h_f$,则

$$H = h_f \tag{5-21}$$

上式表明,长管的全部作用水头都消耗于沿程水头损失,总水头线是连续下降的直线,并与测压管水头线重合。

将 $h_f = \lambda \dfrac{l}{d} \dfrac{v^2}{2g}$,$v = \dfrac{4Q}{\pi d^2}$ 代入式(5-21)得

$$H = \frac{8\lambda}{g \pi^2 d^5} l Q^2 \tag{5-22}$$

令 $S = \dfrac{8\lambda}{g \pi^2 d^5}$,则
$$H = S l Q^2 \tag{5-23}$$

式中:S——比阻,指单位流量通过单位长度管道所需水头,其量纲为 $[\mathrm{T^2 L^{-6}}]$。

式(5-23)是简单管道按比阻计算的基本公式。式中 S 取决于管径 d 和沿程阻力系数 λ。由于 λ 的计算公式繁多,因此需按不同行业的设计规范选用,这里只引用土木工程所常用的两种。

第一种计算公式是采用巴尔公式(见 4.6.5 节)。

由式(4-43) $\dfrac{1}{\sqrt{\lambda}} = -2\lg\left(\dfrac{\Delta}{3.7d} + \dfrac{5.1286}{Re^{0.89}}\right)$，与式(5-22)联立求解，适用于紊流各阻力区。

第二种计算公式是采用谢才公式。

由谢才公式　$v = C\sqrt{RJ} = C\sqrt{R\dfrac{h_f}{l}}$　得　$h_f = \dfrac{v^2}{C^2 R}l$

代入式(5-23)，有 $H = \dfrac{v^2}{C^2 R}l = \dfrac{Q^2}{C^2 R A^2}l = SlQ^2$，则　$S = \dfrac{1}{C^2 R A^2}$

取曼宁公式 $C = \dfrac{1}{n}R^{\frac{1}{6}}$，其中 $R = \dfrac{d}{4}$，$A = \dfrac{\pi}{4}d^2$，则　$S = \dfrac{10.3n^2}{d^{5.33}}$

【例5-6】　由水塔向工厂供水（图5-12），采用铸铁管。已知工厂用水量 $Q = 280$ m^3/h，管道总长 $l = 2\,500$ m，管径 $d = 300$ mm，水塔处地形标高 $\nabla_1 = 61$ m，工厂地形标高 $\nabla_2 = 42$ m，管路末端需要的自由水头 $H_2 = 25$ m，求水塔水面距地面的高度 H_1。

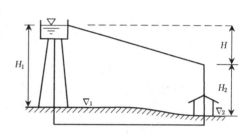

图5-12　供水管线图

【解】　以水塔水面作为1-1断面，管路末端为2-2断面，列1-1和2-2断面的伯努利方程

$$(H_1 + \nabla_1) + 0 + 0 = (\nabla_2 + H_2) + 0 + 0 + h_f$$

则水塔高度　$H_1 = (\nabla_2 + H_2) - \nabla_1 + h_f$

而　$h_f = H = SlQ^2$，$v = \dfrac{4Q}{\pi d^2} = \dfrac{4 \times (280 \text{ m}^3/3\,600\text{s})}{\pi \times (0.30 \text{ m})^2} = 1.10$ m/s

铸铁管取 $\Delta = 0.3$ mm，取运动黏性系数 $\upsilon = 1.308 \times 10^{-6}$ m^2/s

又 $Re = \dfrac{vd}{\upsilon} = \dfrac{1.1 \text{ m/s} \times 0.3 \text{ m}}{1.308 \times 10^{-6} \text{ m}^2/\text{s}} = 252\,293$，将相关数据代入巴尔公式

$$\dfrac{1}{\sqrt{\lambda}} = -2\lg\left(\dfrac{\Delta}{3.7d} + \dfrac{5.1286}{Re^{0.89}}\right)$$

解得　　　　　　　　　　　　　$\lambda = 0.028$

又　　　$S = \dfrac{8\lambda}{g\pi^2 d^5} = \dfrac{8 \times 0.028}{9.8 \text{ m/s}^2 \times 3.14^2 \times (0.3 \text{ m})^5} = 0.954$ s^2/m^6

$$h_f = SlQ^2 = 0.954 \text{ s}^2/\text{m}^6 \times 2\,500 \text{ m} \times \left(\dfrac{280 \text{ m}^3}{3\,600\text{s}}\right)^2 = 14.43 \text{ m}$$

所以　　　　$H_1 = 42 \text{ m} + 25 \text{ m} - 61 \text{ m} + 14.43 \text{ m} = 20.43 \text{ m}$

5.4.2 串联管道

由直径不同的管段顺序连接的管路称为串联管路。适用于沿管线向几处供水的情况。因有流量分出,沿程流量减少,所采用的管径也相应减少,如图 5-13 所示。

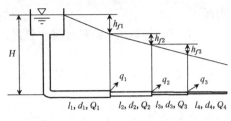

图 5-13 串联管道

串联管路各管段虽然焊接在一个管路系统中,但因各管段的管径、流量、流速互不相同,所以应分段计算其沿程水头损失。设串联管路各管段长度、直径、流量和各管段末端分出的流量分别用 l_i、d_i、Q_i 和 q_i 表示。则串联管路总水头损失等于各管段水头损失之和

$$H = \sum_{i=1}^{n} h_{fi} = \sum_{i=1}^{n} S_i l_i Q_i^2 \tag{5-24}$$

式中:n——管段总数目。

串联管路中,有分流的两管段的交点称为节点,根据连续性方程,流向节点的流量等于流出节点的流量,即

$$Q_i = q_i + Q_{i+1} \tag{5-25}$$

式(5-24)、式(5-25)是串联管路水力计算的基本公式。因各管段的水力坡度不等,所以串联管路的水头线是一条折线。

【例 5-7】 如图 5-14 所示串联管路,供流源 a 处地面与 b 处地面高程相同。已知流量:$q_1 = 0.015$ m³/s, $q_2 = 0.01$ m³/s, $Q_3 = 0.005$ m³/s;管径:$d_1 = 200$ mm, $d_2 = 150$ mm, $d_3 = 100$ mm;管长:$l_1 = 500$ m, $l_2 = 400$ m, $l_3 = 300$ m。b 点的最小服务水头 $h_b = 10$ m。若沿程阻力系数按 $\lambda = 0.025$ 计,试求管道进口 a 点从地面算起的测压管水头 H_a。

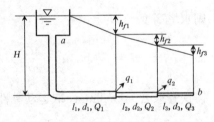

图 5-14 串联管道计算

【解】 根据式(5-24)知,作用水头是三段管道沿程损失之和

$$H = h_{f1} + h_{f2} + h_{f3} = S_1 l_1 Q_1^2 + S_2 l_2 Q_2^2 + S_3 l_3 Q_3^2$$

其中各段管道的比阻

$$S_i = \frac{8\lambda}{g\pi^2 d_i^5}, \ i = 1, 2, 3$$

经计算得

$$S_1 = 6.462 \ \text{s}^2/\text{m}^6, \ S_2 = 27.230 \ \text{s}^2/\text{m}^6, \ S_3 = 206.778 \ \text{s}^2/\text{m}^6$$

由连续性方程得

$$Q_2 = Q_3 + q_2 = 0.005 \ \text{m}^3/\text{s} + 0.01 \ \text{m}^3/\text{s} = 0.015 \ \text{m}^3/\text{s}$$

$$Q_1 = Q_2 + q_1 = 0.015 \text{ m}^3/\text{s} + 0.015 \text{ m}^3/\text{s} = 0.03 \text{ m}^3/\text{s}$$

按 a 处地面高程为基准面,管道进口 a 点的测压管水头为

$$H_a = H + h_b$$

$$= 6.462 \text{ s}^2/\text{m}^6 \times 500 \text{ m} \times (0.03 \text{ m}^3/\text{s})^2 + 27.230 \text{ s}^2/\text{m}^6 \times 400 \text{ m} \times (0.015 \text{ m}^3/\text{s})^2$$

$$+ 206.778 \text{ s}^2/\text{m}^6 \times 300 \text{ m} \times (0.005 \text{ m}^3/\text{s})^2 + 10$$

$$= 16.90 \text{ m}$$

5.4.3 并联管道

为了提高供水的可靠性,在两节点之间并设两条以上管段的管路称为并联管路。如图 5-15 中 AB 段就是由三条管段组成的并联管路。

并联管路的水流特点在于液体通过所并联的任何管段时其水头损失皆相等。在并联管段 AB 间,A 点与 B 点是各管段所共有的,如果在 A、B 两点安置测压管,则每一点都只可能出现一个测压管水头,其测压管水头差就是 AB 间的水头损失,即

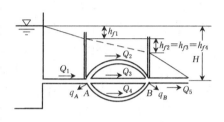

图 5-15 并联管道

$$h_{fAB} = h_{f2} = h_{f3} = h_{f4}$$

每个单独管段都是简单管路,用比阻表示

$$S_2 l_2 Q_2^2 = S_3 l_3 Q_3^2 = S_4 l_4 Q_4^2 \tag{5-26}$$

因并联管路的各管段直径、长度、粗糙度可能不同,则各管段流量也会不同,但各管段流量分配也应满足节点流量平衡条件,即流向节点的流量等于由节点流出的流量。

对节点 A:$Q_1 = q_A + Q_2 + Q_3 + Q_4$

对节点 B:$Q_2 + Q_3 + Q_4 = Q_5 + q_B$

【例 5-8】 三根并联铸铁管路(图 5-16),由节点 A 分出,并在节点 B 重新会合,已知总流量 $Q = 0.28 \text{ m}^3/\text{s}$,$l_1 = 500 \text{ m}$,$l_2 = 800 \text{ m}$,$l_3 = 1\,000 \text{ m}$,$d_1 = 300 \text{ mm}$,$d_2 = 250 \text{ mm}$,$d_3 = 200 \text{ mm}$,$\lambda_1 = \lambda_2 = \lambda_3 = 0.03$,试求并联管路中每一管段的流量及水头损失。

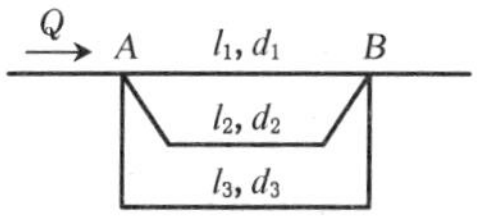

图 5-16 并联管道计算

【解】 由 $S = \dfrac{8\lambda}{g \pi^2 d^5}$ 得各管段的比阻

$$S_1 = 1.025 \text{ s}^2/\text{m}^6, \quad S_2 = 2.752 \text{ s}^2/\text{m}^6, \quad S_3 = 9.029 \text{ s}^2/\text{m}^6$$

又 $S_1 l_1 Q_1^2 = S_2 l_2 Q_2^2 = S_3 l_3 Q_3^2$,则 $1/025 \times 0.5 \times Q_1^2 = 2.752 \times 0.8 \times Q_2^2 = 9.029 Q_3^2$,即

$$Q_1 = 4.197 Q_3, \quad Q_2 = 2.025 Q_3$$

由连续性方程得 $\qquad\qquad Q = Q_1 + Q_2 + Q_3$

所以 $Q_3 = 0.038\,77\ \text{m}^3/\text{s}, Q_2 = 0.078\,51\ \text{m}^3/\text{s}, Q_1 = 0.162\,7\ \text{m}^3/\text{s}$

各段流速为 $v_1 = 2.30\ \text{m/s}, v_2 = 1.60\ \text{m/s}, v_3 = 1.23\ \text{m/s}$

AB 间水头损失为 $h_{fAB} = S_3 l_3 Q_3^2 = 9.029\ \text{s}^2/\text{m}^6 \times 1\,000\ \text{m} \times 0.038\,77\ \text{m}^3/\text{s} = 13.57\ \text{m}$

5.4.4　沿程均匀泄流管道

前面讨论的都是在管段间通过固定不变的流量,这种流量称为通过流量(或传输流量)。在实际工程中,如灌溉工程中的人工降水管或给水工程中的滤池冲洗管,管道中除通过流量外,还有沿管长从侧面不断连续向外泄出的流量,称为途泄流量。其中最简单的情况就是单位长管段泄出的流量均相等,这种管道称为沿程均匀泄流管道,如图 5-17 所示。

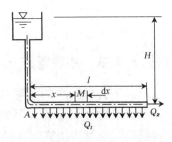

图 5-17　均匀泄流管道

设沿程均匀泄流管段长度为 l,直径为 d,途泄总流量 $Q_t = ql$,末端泄出传输流量为 Q_z。在距离泄流起始断面 A 点 x 的 M 断面处,取长度为 $\mathrm{d}x$ 的微小管段。因 $\mathrm{d}x$ 很小,认为通过此微段的流量 Q_x 不变,其水头损失可近似按均匀流计算,即

$$\mathrm{d}h_f = SQ_x^2\,\mathrm{d}x$$

而 $Q_x = Q_z + Q_t - \dfrac{Q_t}{l}x$,则

$$\mathrm{d}h_f = SQ_x^2\,\mathrm{d}x = S\left(Q_z + Q_t - \frac{Q_t}{l}x\right)^2\mathrm{d}x$$

将上式沿管长积分,即得整个管段的水头损失

$$h_f = \int_0^l \mathrm{d}h_f = \int_0^l S\left(Q_z + Q_t - \frac{Q_t}{l}x\right)^2\mathrm{d}x$$

当管段的粗糙情况和直径不变,且流动处于粗糙管区,则比阻 S 是常量,上式积分得

$$h_f = Sl\left(Q_z^2 + Q_z Q_t + \frac{1}{3}Q_t^2\right) \tag{5-27}$$

上式可近似写成

$$h_f = Sl\,(Q_z + 0.55Q_t)^2 \tag{5-28}$$

在实际计算时,常引用折算流量 $Q_c = Q_z + 0.55Q_t$,所以式(5-28)就可写成

$$h_f = SlQ_c^2 \tag{5-29}$$

式(5-29)和简单管路计算公式(5-23)形式相同,即沿程均匀泄流管路可按折算流量为 Q_c 的简单管路进行计算。若通过流量 $Q_z = 0$,式(5-27)可写成

$$h_f = \frac{1}{3}SlQ_t^2 \tag{5-30}$$

此式表明,管路在只有沿程均匀途泄流量时,其水头损失仅为传输流量通过时水头损失

的三分之一。

水处理构筑物的多孔配水管、冷却塔的布水管，以及城市自来水管道的沿途泄流，地下工程中长距离通风管道的漏风等计算，常可简化为沿程均匀泄流管路来处理。

【例 5-9】 由水塔供水的输水管，用三段铸铁管组成，中段为均匀泄流管（图 5-18）。已知 $l_1 = 500$ m，$d_1 = 200$ mm，$\lambda_1 = 0.035$，$l_2 = 150$ m，$d_2 = 150$ mm，$\lambda_2 = 0.038$，$l_3 = 200$ m，$d_3 = 125$ mm，$\lambda_3 = 0.041$，节点 B 分出流量 $q = 0.01$ m³/s，途泄流量 $Q_t = 0.015$ m³/s，传输流量 $Q_z = 0.02$ m³/s。试求水塔高度（作用水头）。

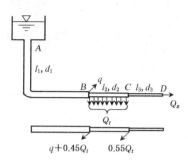

【解】 首先将途泄流量转换为传输流量，按式（5-28）把 $0.55Q_t$ 加在节点 C 处，$0.45Q_t$ 加在节点 B 处，得到如图 5-18 所示流量分配。各管段流量为

图 5-18 均匀泄流管道计算

$$Q_1 = q + Q_t + Q_z = 0.01 \text{ m}^3/\text{s} + 0.015 \text{ m}^3/\text{s} + 0.02 \text{ m}^3/\text{s} = 0.045 \text{ m}^3/\text{s}$$

$$Q_2 = 0.55Q_t + Q_z = 0.55 \times 0.015 \text{ m}^3/\text{s} + 0.02 \text{ m}^3/\text{s} = 0.028 \text{ m}^3/\text{s}$$

$$Q_3 = 0.02 \text{ m}^3/\text{s}$$

又 $S = \dfrac{8\lambda}{g\pi^2 d^5}$，将数据代入。整个管路由三管段串联组成，因而作用水头等于各管段水头损失之和

$$H = \sum h_f = S_1 l_1 Q_1^2 + S_2 l_2 Q_2^2 + S_3 l_3 Q_3^2 = 23.02 \text{ m}$$

5.5 管网水力计算基础

管网是由简单管路、串联管路和并联管路组合而成，常用在城镇供水以及通风、空调系统中。管网按其布置图形可分为枝状管网及环状管网两种。由若干管段顺序连接起来的管路称为管线，任意两节点之间只有一条管线的管网称为枝状管网（图 5-19(a)）；任意两节点之间至少连接两条管线的管网称为环状管网（图 5-19(b)）。

(a)   (b)

图 5-19 枝状管网与环状管网

管网各管段的管径是根据流量 Q 及速度 v 来决定的，在流量 Q 一定的条件下，管径随速度 v 的大小而不同。如果流速大，则管径小，管路造价低；然而流速大，导致水头损失大，又会增大水塔高度及抽水的费用。反之，如果流速小，则管径便大，管内流速的降低会减少水头损失，从而减少了抽水运营费用，但提高了管路造价。因此，选择的流速应使供水的总成本（包括管道及铺筑水管的建筑费、抽水机站建筑费、水塔建筑费、抽水运营费之总和）最

低,这种流速称为经济流速 v_e。对于中小直径的给水管路

当直径 $D = 100 \sim 400$ mm,$v_e = 1.0 \sim 1.4$ m/s;

当直径 $D > 400$ mm,$v_e = 0.6 \sim 1.0$ m/s。

5.5.1 枝状管网的水力计算基础

枝状管网的水力计算,可分为新建给水系统的设计和扩建已有的给水系统的设计两种情形。

1) 新建给水系统的设计

已知管路沿线地形,各管段长度 l 及通过的流量 Q 和端点要求的自由水头 H_z,确定管路的各段直径 d 及水塔的高度 H_t。计算时,首先按经济流速在已知流量下选择管径,然后利用式 $h_{fi} = S_i l_i Q_i^2$,计算出各段的水头损失,最后按串联管路计算干线中从水塔到管网控制点的总水头损失(管网的控制点是指在管网中水塔至该点的水头损失、地形标高和要求的自由水头三项之和最大值之点)。于是水塔高度

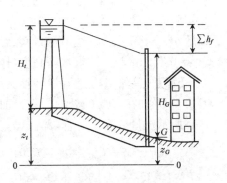

图 5-20 枝状管网水力分析

$$H_t = \sum h_f + H_G + z_G - z_t = \sum S_i l_i Q_i^2 + H_G + z_G - z_t \qquad (5-31)$$

式中:H_G——控制点的自由水头;

z_G——控制点的地形标高;

z_t——水塔处的地形标高;

$\sum h_f$——从水塔到管网控制点的总水头损失。

2) 扩建已有给水系统的设计

已知管路沿线地形,水塔高度 H_t,管路长度 l,用水点的自由水头 H_G 及通过的流量 Q,要求确定管径 d。

因水塔已建成,用前述经济流速计算管径,不能保证供水的技术经济要求时,根据枝状管网各干线的已知条件,算出它们各自的平均水力坡度

$$J = \frac{H_t + (z_t - z_G) - H_G}{\sum l_i}$$

然后选择其中平均水力坡度最小的那根干线作为控制干线进行设计。控制干线上按水头损失均匀分配,即各管段水力坡度相等的条件,由式(5-23)

$$S_i = \frac{J}{Q_i^2}$$

式中:Q_i——各管段通过的流量。

按照求得的 S_i 值选择各管段的直径。实际选用时,可取部分管段比阻 S_i 大于计算值,部分却小于计算值,使得这些管段比阻的组合正好满足在给定水头下通过需要的流量。当控制干线确定后应算出各节点水头,并以此为准,继续设计各枝线管径。

【例 5-10】 一枝状管网从水塔 0 沿 0-1 干线输送用户,各节点要求供水量如图 5-21 所示(图中流量的单位为 m^3/s)。已知每段管路长度(见表 5-1),此外,水塔处的地形标高和点 4、点 7 的地形标高相同,点 4 和点 7 要求的自由水头同为 $H_G = 12$ m,试求各管段的直径、水头损失和水塔高度。

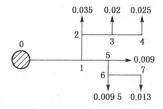

图 5-21 枝状管网计算

【解】 根据经济流速选择各管段的直径。对于 3-4 管段 $Q = 0.025$,采用经济流速 $v_e = 1.0$ m/s,则管径

$$d = \sqrt{\frac{4Q}{\pi v_e}} = \sqrt{\frac{0.025 \text{ m}^3/\text{s} \times 4}{\pi \times 1.0 \text{ m/s}}} = 0.178 \text{ m}$$

采用 $d = 200$ mm,管中实际流速

$$v = \frac{4Q}{\pi d^2} = \frac{4 \times 0.025 \text{ m}^3/\text{s}}{\pi \times (0.2 \text{ m})^2} = 0.8 \text{ m/s}$$

采用旧管的巴尔公式计算,$S = 9.36$ s^2/m^6

$$h_{f3-4} = SlQ^2 = 9.36 \text{ s}^2/\text{m}^6 \times 350 \text{ m} \times (0.025 \text{ m}^3/\text{s})^2 = 2.05 \text{ m}$$

各管段计算列表 5-1。

表 5-1 枝状管网计算结果

管径	已知数值		计算所得数值			
	管段长度 (m)	管段中的流量 (m^3/s)	管道直径 (mm)	流速 (m/s)	比阻 (s^2/m^6)	水头损失 (m)
3-4	350	0.025	200	0.8	9.36	2.05
2-3	350	0.045	250	0.92	2.8	1.98
1-2	200	0.080	300	1.13	1.04	1.33
6-7	500	0.013	150	0.74	43.43	3.67
5-6	200	0.022 5	200	0.72	9.5	0.96
1-5	300	0.031 5	250	0.64	2.97	0.88
0-1	400	0.111 5	350	1.16	0.46	2.29

从水塔到最远的用水点 4 和 7 的沿程水头损失分别为:

沿 4-3-2-1-0 线:

$$\sum h_f = 2.05 + 1.98 + 1.33 + 2.29 = 7.65 \text{ m}$$

沿 7-6-5-1-0 线:

$$\sum h_f = 3.67 + 0.96 + 0.88 + 2.29 = 7.8 \text{ m}$$

采用 $\sum h_f = 7.8$ m 及自由水头 $H_G = 12$ m,因点 0、点 4 和点 7 地形标高相同,则点 0

处的水塔高度

$$H_t = 7.8 + 12 = 19.8 \text{ m}$$

采用 $H_t = 20 \text{ m}$。

5.5.2 环状管网的水力计算基础

环状管网是并联管路的扩展,水流从起点到流出点可以有多条路线。根据连续性原理和能量损失理论,环状管网中的水流必须满足以下两个条件:

1) 节点流量平衡条件:流出任一节点的流量之和(包括节点供水流量)与流入该节点的流量之和相等。

2) 环路闭合条件:对于任一闭合环路,沿顺时针流动的水头损失之和减去沿逆时针流动的水头损失之和等于零。

为了公式表达方便,设某环状管网的管段编号为 $i = 1, 2, \cdots, i_m$,环路编号为 $j = 1, 2, \cdots, j_m$,节点编号为 $k = 1, 2, \cdots, k_m$,$i = j + k - 1$。设各管段的流量和沿程水头损失分别为 Q_i、h_{fi},各节点的供水流量为 q_k(流出节点流量为正)。上述两个条件可以表达为

$$\sum_{i=1}^{i_m} B_{ik} Q_i + q_k = 0, \quad k = 1, 2, \cdots, k_m \tag{5-32}$$

$$\sum_{i=1}^{i_m} A_{ij} h_{fi} = 0, \quad j = 1, 2, \cdots, j_m \tag{5-33}$$

式中 A_{ij}、B_{ik} 为系数。当环路 j 中没有管段 i,则 $A_{ij} = 0$;当环路 j 中管段 i 的流动方向为顺时针方向,$A_{ij} = +1$,否则 $A_{ij} = -1$;当节点 k 处没有管段 i,则 $B_{ik} = 0$;当节点 k 处管段 i 的水流方向为流出节点,$B_{ik} = +1$,否则 $B_{ik} = -1$。

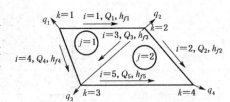

图 5-22 环状管网计算

例如,在图 5-22 所示的环状管网中,$i_m = 5$,$j_m = 2$,$k_m = 4$,对于环路 $j = 1$,$A_{ij} = (1, 0, 1, -1, 0)$,式(5-33)相应的表达式为

$$\sum_{i=1}^{i_m} A_{ij} h_{fi} = 1 \times h_{f1} + 0 \times h_{f2} + 1 \times h_{f3} + (-1) \times h_{f4} + 0 \times h_{f5} = h_{f1} + h_{f3} - h_{f4} = 0$$

对于节点 $k = 2$,$B_{i2} = (-1, +1, +1, 0, 0)$,式(5-32)相应的表达式为

$$\sum_{i=1}^{i_m} B_{i2} Q_i + q_2 = (-1) \times Q_1 + 1 \times Q_2 + 1 \times Q_3 + 0 \times Q_4 + 0 \times Q_5 + q_2$$
$$= -Q_1 + Q_2 + Q_3 + q_2 = 0$$

其他系数和表达式请读者自行推出。

另外,各管段的流量和沿程水头损失之间应满足

$$h_{fi} = S_i l_i Q_i |Q_i|, \quad i = 1, 2, \cdots, i_m \tag{5-34}$$

式(5-32)、(5-33)、(5-34)共包含 $i_m + j_m + k_m - 1 = 2i_m$ 个独立方程,正好可以求解 $2i_m$ 个未知变量 Q_i、h_{fi}。下面介绍环状管网计算中常用的平差法。

首先,根据已知的节点供水流量 q_k,初步假定各管段水流方向及流量大小 Q_i,并使之满足式(5-32)。由于初始流量分配不适当,由此计算出的环路水头损失一般不能满足式(5-33),即环路水头损失闭合差不等于零。

$$\sum_{i=1}^{i_m} A_{ij} h_{fi} \neq 0 \, , \, j = 1, \, 2 \, , \cdots, j_m$$

因此,需要对初设流量进行修正。假设环路 j 的修正流量为 ΔQ_j,则修正后各管段的流量分别为

$$Q_i' = Q_i + \sum_{j=1}^{j_m} A_{ij} \Delta Q_j \, , \, j = 1, \, 2 \, , \cdots, j_m \tag{5-35}$$

由 Q_i' 计算出的环路水头损失应满足式(5-33):

$$\sum_{i=1}^{i_m} A_{ij} S_i l_i \left(Q_i + \sum_{j=1}^{j_m} A_{ij} \Delta Q_j \right) \left| \left(Q_i + \sum_{j=1}^{j_m} A_{ij} \Delta Q_j \right) \right| = 0, \, j = 1, \, 2 \, , \cdots, j_m \tag{5-36}$$

因式(5-36)为非线性方程组,很难直接求出 ΔQ_j 的精确解。为了得到 ΔQ_j 的近似计算式,作如下假定:①在计算环路 j 的修正流量时,不考虑其他环路修正流量的影响;②忽略二次项 ΔQ_j^2;③当水流处于紊流光滑区或过渡区时,忽略 S_i 计算式中含有 ΔQ_j 的项。在以上假定条件下,可从式(5-36)中推出 ΔQ_j 的近似计算式:

$$\Delta Q_j = \frac{\sum_{i=1}^{i_m} (A_{ij} h_{fi})}{2 \sum_{i=1}^{i_m} (|A_{ij}| h_{fi} / Q_i)} \, , \, j = 1, \, 2 \, , \cdots, j_m \tag{5-37}$$

如果流量修正后仍不能满足式(5-33),则需要继续修正,直至满足式(5-33)。这种迭代方法称为 Hardy-Cross 方法,该方法一般可编成程序由计算机计算,而且近年来管网的计算方法已引入到管网智能化的设计中,出现了商业软件(如 Micro Hardy Cross,PIPENET 等),使设计计算效率大为提高。

【例 5-11】　如图 5-22 所示的环状管网中,各管段的长度、管径见表 5-2,糙率均为 0.012 5,各节点的供水流量分别为 $q_1 = 0.080 \, \text{m}^3/\text{s}$,$q_2 = 0.015 \, \text{m}^3/\text{s}$,$q_3 = 0.010 \, \text{m}^3/\text{s}$,$q_4 = 0.055 \, \text{m}^3/\text{s}$,试确定各管段的流量及水头损失。

【解】　(1)假定各管段水流方向及流量大小 Q_i,如图 5-22 所示,并使之满足式(5-32),见表 5-2。

(2)根据水流方向确定系数 A_{ij}。

(3)根据式(5-34)计算各管段沿程水头损失 h_{fi}。

(4)根据式(5-33)计算各环路的水头损失闭合差 $\sum A_{ij} h_{fi}$。

(5)根据式(5-37)计算各环路的修正流量 ΔQ_j。

(6)根据式(5-35)对各管段流量进行修正。

(7)判断各环路水头损失闭合差是否满足精度要求,若不满足,重复计算(2)～(6)步,

直至各环路水头损失闭合差满足精度要求。

表 5-2 环状管网计算结果

编号	环号	$j=1$			$j=2$		
	管段号	$i=1$	$i=3$	$i=4$	$i=2$	$i=3$	$i=5$
已知参数	l_i(m)	450	500	400	500	500	550
	d_i(mm)	250	200	200	150	200	250
	A_{ij}	1	1	−1	1	−1	−1
初设值	Q_i (m³/s)	0.05	0.02	0.03	0.015	0.02	0.04
	h_{fi} (m)	2.944	1.721	3.087	4.489	1.720	2.303
第一次修正计算	$\sum A_{ij}h_{fi}$ (m)	1.568			0.465		
	ΔQ_j (m³/s)	-3.168×10^{-3}			-0.525×10^{-3}		
	Q_i (m³/s)	0.046 84	0.017 37	0.033 16	0.014 47	0.017 37	0.040 53
	h_{fi} (m)	2.584	1.297	3.784	4.180	1.297	2.364
第二次修正计算	$\sum A_{ij}h_{fi}$ (m)	0.098			0.519		
	ΔQ_j (m³/s)	-0.200×10^{-3}			-0.615×10^{-3}		
	Q_i (m³/s)	0.046 64	0.017 78	0.033 36	0.013 86	0.017 78	0.041 14
	h_{fi} (m)	2.562	1.360	3.829	3.832	1.360	2.436
第三次修正计算	$\sum A_{ij}h_{fi}$ (m)	0.092			0.036		
	ΔQ_j (m³/s)	-0.200×10^{-3}			-0.615×10^{-3}		
	Q_i (m³/s)	0.046 64	0.017 78	0.033 36	0.013 86	0.017 78	0.041 14
	h_{fi} (m)	2.562	1.360	3.829	3.832	1.360	2.436

5.5.3 泵及管路系统水力特性

1) 泵的工作原理

离心式水泵是一种常用的抽水机械,它是由工作叶轮、叶片、泵壳(或称蜗壳)、吸水管、压水管及泵轴等零部件构成的。

离心泵启动之前,先要将泵体和吸水管内充满水。充水的办法根据水泵安装情况,有自灌方式、泵顶部注水、漏斗加注、真空泵抽吸以及压水管回流等方式。泵启动后,叶轮高速转动,水在叶轮的带动下获得离心力,由叶片槽道流出叶轮外,同时在泵的叶轮入口处形成真空,吸水池的水在大气压强的作用下沿吸水管上升流入叶轮吸水口,进入叶片槽内。由于叶轮连续旋转,压水吸水便连续进行。

当液体通过叶轮时,叶片与液体的相互作用将水泵机械能传递给液体,从而使液体在随

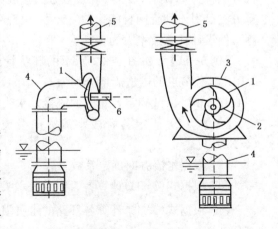

图 5-23 离心式水泵

1—工作叶轮;2—叶片;3—泵壳;
4—吸水管;5—压水管;6—泵轴

叶轮高速旋转时增加了动能和压能。因此说水泵是一种转换能量的水力机械,它将原动机的机械能转换为液体的能量,液体由叶轮流出后进入泵壳,泵壳一方面用来汇集叶轮甩出的液体,将它平稳地引向压水管,另一方面是使液体通过蜗壳时流速降低,以达到将一部分动能转变为压能的目的。

2) 管路系统水力特性

水泵是在管路系统中运行的,因此,泵的实际工作情况要由水泵的性能和管路的特性而定。

下面从水沿管路系统流动需要能量的角度分析管路特性。把水由吸水池送至压水池,需要能量来提升几何高度 H_z 和克服管道(包括吸水管和压水管)的阻力。单位重量水所需的能量为

$$H = H_z + h_w = H_z + \left(\sum\lambda\frac{l}{d}\frac{1}{2gA^2} + \sum\zeta\frac{1}{2gA^2}\right)Q^2$$

令 $S = \sum\lambda\dfrac{l}{d}\dfrac{1}{2gA^2} + \sum\zeta\dfrac{1}{2gA^2}$,则

$$H = H_z + SQ^2 \tag{5-38}$$

式中,S 为管路系统的总阻抗,对于给定的管路,且流动处于紊流粗糙区,S 为定值。

由式(5-38),以 Q 为自变量,绘出 H-Q 关系曲线,即为管路特性曲线(图5-24)。管路特性曲线表示该管路系统通过不同流量时,单位重量水所需的能量。

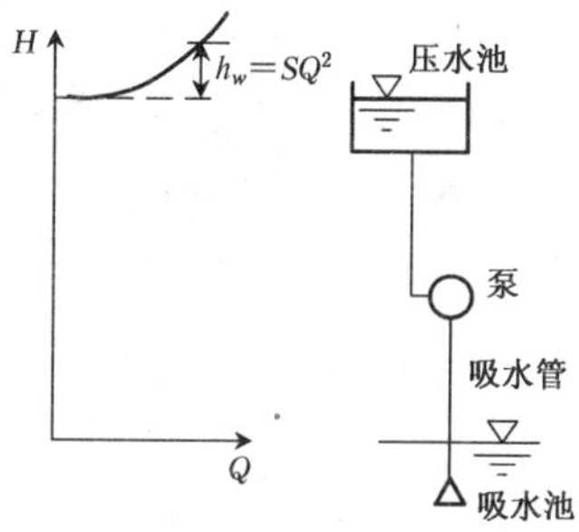

5.6 有压管道中的水击

图 5-24 管路特性曲线

5.6.1 水击现象

在有压管道中,由于某种外界原因(如阀门突然关闭、水泵机组突然停车等),使得流速发生突然变化,从而引起压强急剧升高和降低的交替变化,这种水力现象称为水击,或称水锤。水击引起的压强升高,可达管道正常工作压强的几十倍甚至几百倍,这种大幅度的压强波动,往往会引起管道和设备的强烈振动、阀门的破坏、管道接头断开,甚至管道爆裂或严重变形等重大事故。

1) 水击产生的原因

现以简单管道阀门突然完全关闭为例,说明水击发生的原因。

设简单管道长度为 l,直径为 d,阀门关闭前流速为 v_0。为便于分析水击现象,忽略流速水头和水头损失,则管道沿程各断面的压强相等,以 p_0 表示,各断面的压强水头均为 $H = \dfrac{p_0}{\rho g}$,见图5-25。如阀

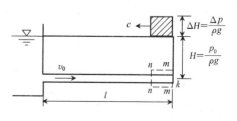

图 5-25 水击的发生

门突然完全关闭,则紧靠阀门的一层水突然停止流动,速度由 v_0 骤变为零。根据动量定律,物体动量的变化等于作用在物体上外力的冲量。这里外力是阀门对水的作用力。因外力作用,紧靠阀门这一层水的应力(即压强)突然升至 $p_0 + \Delta p$,升高的压强 Δp 称为水击压强。

由于水和管道都不是刚体,而是弹性体。因此,在很大的水击压强作用下该层管流 $n\text{-}m$ 段产生两种形变,即水的压缩及管壁的膨胀。由于产生上述变形,阀门突然关闭时,管道内的水就不是在同一时刻全部停止流动,压强也不是在同一时刻同时升高。而是当靠近阀门的第一层水停止流动后,与之相邻的第二层及其后续各层水相继逐层停止流动,同时压强逐层升高,并以弹性波的形式由阀门迅速传向管道进口。这种由于水击而产生的弹性波,称为水击波。可见,引起管道水流速度突然变化的因素(如阀门突然关闭)是发生水击的条件,水流本身具有惯性和压缩性则是发生水击的内在原因。

2)水击波的传播过程

典型水击波的传播过程如图 5-26 所示。设有压管道上游为恒水位水池,下游末端有阀门,阀门全部开启时管内流速为 v_0,当阀门突然完全关闭,分析发生水击时的压强变化及水击波的传播过程。

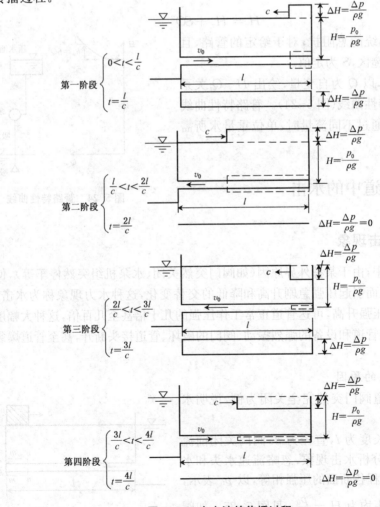

图 5-26　水击波的传播过程

第一阶段 增压波从阀门向管道进口传播。设阀门在时间 $t=0$ 瞬时关闭,增压波从阀门向管道进口传播,波到之处水停止流动,压强增至 $p_0+\Delta p$;未传到之处,水仍以 v_0 流动,压强为 p_0。如以 c 表示水击波的传播速度,在 $t=\dfrac{l}{c}$,水击波传到管道进口,全管压强均为 $p_0+\Delta p$,处于增压状态。

第二阶段 减压波从管道进口向阀门传播。时间 $t=\dfrac{l}{c}$(第一阶段末,第二阶段开始),管内压强 $p_0+\Delta p$ 大于进口外侧静水压强 p_0,在压强差 Δp 作用下,管道内紧靠进口的水以速度 $-v_0$(负号表示与原流速 v_0 的方向相反)向水池倒流,同时压强恢复为 p_0,于是又同管内相邻的水体出现压强差,这样水自管道进口起逐层向水池倒流。这个过程相当于第一阶段的反射波。在 $t=\dfrac{2l}{c}$,减压波传至阀门断面,全管压强为 p_0,恢复原来状态。

第三阶段 减压波从阀门向管道进口传播。时间 $t=\dfrac{2l}{c}$,因惯性作用,水继续向水池倒流,因阀门处无水补充,紧靠阀门处的水停止流动,流速由 $-v_0$ 变为零,同时压强降低 Δp,随之后续各层相继停止流动,流速由 $-v_0$ 变为零,压强降低 Δp。在 $t=\dfrac{3l}{c}$,减压波传至管道进口,全管压强为 $p_0-\Delta p$,处于减压状态。

第四阶段 增压波从管道进口向阀门传播。时间 $t=\dfrac{3l}{c}$,管道进口外侧静水压强 p_0 大于管内压强 $p_0-\Delta p$,在压强差 Δp 作用下,水以速度 v_0 向管内流动,压强自进口起逐层恢复为 p_0。在 $t=\dfrac{4l}{c}$,增压波传至阀门断面,全管压强为 p_0,恢复为阀门关闭前的状态。此时因惯性作用,水继续以流速 v_0 流动,受到阀门阻止,于是和第一阶段开始时,阀门瞬时关闭的情况相同,发生增压波从阀门向管道进口传播,重复上述四个阶段。

至此,水击波的传播完成了一个周期。在一个周期内,水击波由阀门传到进口,再由进口传至阀门,共往返两次,往返一次所需时间 $t=\dfrac{2l}{c}$ 称为相或相长。实际上水击波传播速度很快,前述各阶段是在极短时间内连续进行的。

在水击波的传播过程中,管道各断面的流速和压强是随时间变化的,所以水击过程是非恒定流。图 5-27 是阀门断面压强随时间变化曲线,时间 $t=0$,阀门瞬时关闭,压强由 p_0 增至 $p_0+\Delta p$,一直保持到 $t=\dfrac{2l}{c}$,即水击波往返一次的时间;在 $t=\dfrac{2l}{c}$,压强由 $p_0+\Delta p$ 降至 $p_0-\Delta p$,直至 $t=\dfrac{4l}{c}$,压强由 $p_0-\Delta p$ 恢复到 p_0,然后周期性变化。

如果水击波传播过程中没有能量损失,它将一直周期性地传播下去。但实际水击波传播过程中,能量不断损失,水击压强迅速衰减,阀门断面实测的水击压强随时间的变化如图5-28所示。

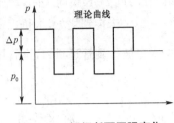

图 5-27 阀门断面压强变化

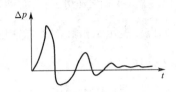

图 5-28 实测阀门断面水击压强变化

5.6.2 水击压强的计算

在认识水击发生的原因和传播过程的基础上,进行水击压强 Δp 的计算,为设计压力管道和控制运行提供依据。

1) 直接水击

如前所述,阀门是瞬时关闭的。实际上阀门关闭总有一个过程,如关闭时间小于一个相长 $\left(T_z < \dfrac{2l}{c} \right)$,那么最早发出的水击波的反射波回到阀门以前,阀门已全关闭,这时阀门处的水击压强和阀门瞬时关闭相同,这种水击称为直接水击。应用质点系动量原理推导直接水击压强的公式(推导过程略)。

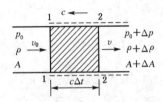

图 5-29 直接水击压强计算

直接水击压强计算公式

$$\Delta p = \rho c (v_0 - v) \tag{5-39}$$

阀门瞬时完全关闭,$v = 0$ 得最大水击压强

$$\Delta p = \rho c v_0 \tag{5-40}$$

直接水击压强的计算公式是由俄国流体力学家儒科夫斯基在 1898 年导出的,又称为儒科夫斯基公式。

2) 间接水击

如阀门关闭时间 $T_z > \dfrac{2l}{c}$,则开始关闭时发出的水击波的反射波,在阀门尚未完全关闭前已返回阀门断面,随即变为负的水击波向管道进口传播。由于正、负水击波相叠加,使阀门处水击压强小于直接水击压强,这种情况的水击称为间接水击。

间接水击由于正、负水击相互作用,计算更为复杂。一般情况下,间接水击压强可用下式计算:

$$\Delta p = \rho c v_0 \frac{T}{T_z} \tag{5-41}$$

式中:v_0——水击发生前断面平均流速;

$\qquad T$——水击波相长,$T = \dfrac{2l}{c}$;

$\qquad T_z$——阀门关闭时间。

3) 水击波的传播速度

式(5-39)表明,直接水击压强与水击波的传播速度成正比。因此,计算水击压强需要知道水击波的传播速度 c。考虑到水的压缩性和管壁的弹性变形,可得水管中水击波的传播速度

$$c = \frac{c_0}{\sqrt{1 + \frac{K}{E} \frac{d}{\delta}}} \tag{5-42}$$

式中:c_0——水中声速的传播速度,水温为 10℃ 左右,压强为 $1\sim25$ 大气压时,$c_0 = 1\,435$ m/s;

K——水的体积弹性模量,$K = 2.1 \times 10^9$ Pa;

E——管壁材料的弹性模量,见表 5-3;

d——管道直径;

δ——管壁厚度。

表 5-3　管壁材料的弹性模量

管材	钢管	铸铁管	钢筋混凝土管	木管
$E(\text{Pa})$	20.6×10^{10}	9.8×10^{10}	19.6×10^9	9.8×10^9

【例 5-12】　某压力引水钢管,上游与水池相连,下游管末端设阀门控制流量。已知管长 $l = 600$ m,管径 $d = 2.4$ m,管壁厚 $\delta = 20$ mm。阀门全开时管中流速 $v_0 = 3$ m/s,阀门在 $T_z = 1$ s 内全部关闭,此时管内发生水击,试求阀门处的水击压强。

【解】　水击波的传播速度为

$$c = \frac{c_0}{\sqrt{1 + \frac{K}{E} \cdot \frac{d}{\delta}}} = \frac{1\,435 \text{ m/s}}{\sqrt{1 + \frac{2.1 \times 10^9 \text{ Pa}}{20.6 \times 10^{10} \text{ Pa}} \times \frac{2.4 \text{ m}}{0.02 \text{ m}}}} = 962 \text{ m/s}$$

相长为

$$T = \frac{2l}{c} = \frac{2 \times 600 \text{ m}}{962 \text{ m/s}} = 1.25 \text{ s}$$

$$T_z = 1\text{s} < T = 1.25 \text{ s}$$

管道发生直接水击,则

$$\Delta p = \rho c (v_0 - v) = 1\,000 \text{ kg/m}^3 \times 962 \text{ m/s} \times (3 \text{ m/s} - 0 \text{ m/s}) = 2\,886 \text{ kN/m}^2$$

5.6.3　水击的防护

水击对管道的运行极为不利,严重的会使管路变形甚至爆裂。通过以上分析可知,影响水击的因素有阀门启闭的时间 T_z、管道长度 l 和管中流速 v_0 等。因此,工程中常采用下列措施来减小水击压强:

(1) 控制阀门的关闭或开启时间,以避免直接水击,也可减小间接水击压强。

(2) 缩短管道长度,即缩短了水击波相长,可使直接水击变为间接水击,也可降低间接

水击的压强。

（3）采用弹性模量较小的材质管道，使水击波传播速度减缓，从而降低直接水击压强。

（4）减小管内流速 v_0，因 Δp 与 v_0 成正比关系，降低 v_0 也就降低了 Δp。所以，一般给水管网中，流速不得大于 $3\ \text{m/s}$。

（5）管路上安装具有安全阀性质的水击消除阀。这种阀在压强升高时自动开启，将部分水从管中放出以降低管中流速，从而降低水击的增压，而当增高的压强消除后，又自动关闭。

（6）管路上还可设置调压塔。如在水电站的有压输水管道上常设有这种塔，如图 5-30 所示。当阀门关闭时，由于惯性作用，沿管路流动的水流，有一部分会流到调压塔内，这样水击危害可大大减少。

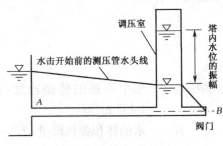

图 5-30 调压塔

思考题

1. 什么是小孔口，大孔口？如何区分？各有什么特点？

2. 小孔口自由出流和淹没出流的流量计算公式有何不同？

3. 同样直径的孔口和管嘴，如果作用水头也一样，出流量是否一样？哪个更大些，大多少？为什么？

4. 圆柱形外管嘴正常工作的条件是什么？为什么要有这些限制条件？

5. 什么是短管和长管？它们有什么实际意义？

6. 短管的自由出流和淹没出流的流量计算公式有何不同？

7. 短管有压流有哪三类基本计算问题？

8. 什么是管道的比阻 S？

9. 串联管道恒定流的水头损失和流量是如何计算的？

10. 并联管道中各支管的流量是如何分配的？

11. 枝状管网和环状管网的计算各应遵循什么原则？

12. 水击产生的原因是什么？水击有哪些危害？采取哪些措施可以防止水击或减小水击危害？

13. 什么是直接水击和间接水击？各如何计算？

习题

一、单项选择题

1. 比较在正常工作条件下，作用水头、直径相等时，小孔口的流量 Q 和圆柱形外管嘴的流量 Q_1 的关系是（　　）。

    A. $Q>Q_1$ B. $Q<Q_1$ C. $Q=Q_1$ D. 不定

2. 圆柱形外管嘴的正常工作条件是（　　）。

    A. $l=(3\sim4)d, H_0>9\ \text{m}$

    B. $l=(3\sim4)d, H_0<9\ \text{m}$

    C. $l>(3\sim4)d, H_0>9\ \text{m}$

D. $l > (3 \sim 4)d$, $H_0 < 9$ m

3. 如图 5-31 所示,为坝身底部的三根泄水管,其管径和管长均相同,它们之间的流量关系为( )。

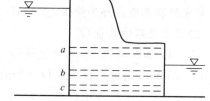

   A. $Q_a < Q_b < Q_c$

   B. $Q_a = Q_b = Q_c$

   C. $Q_a < Q_b = Q_c$

   D. $Q_a > Q_b = Q_c$

图 5-31

4. 如图 5-32,并联长管 1、2 两管的直径相同,沿程阻力系数相同,长度 $l_2 = 3l_1$,通过的流量关系为( )。

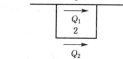

   A. $Q_1 = Q_2$ B. $Q_1 = 1.5Q_2$

   C. $Q_1 = 1.73Q_2$ D. $Q_1 = 3Q_2$

5. 如图 5-33,并联管段 1、2、3,A、B 之间的水头损失为( )。

   A. $h_{f_{AB}} = h_{f1} + h_{f2} + h_{f3}$

   B. $h_{f_{AB}} = h_{f1} + h_{f2}$

   C. $h_{f_{AB}} = h_{f2} + h_{f3}$

   D. $h_{f_{AB}} = h_{f1} = h_{f2} = h_{f3}$

图 5-32

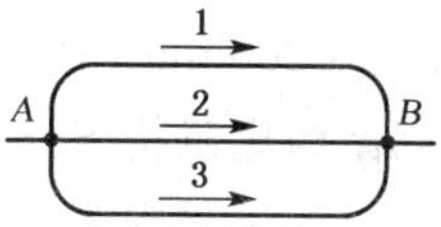

图 5-33

6. 长管并联管道各并联管段( )。

   A. 水头损失相等   B. 水力坡度相等

   C. 总能量损失相等   D. 通过的流量相等

7. 并联管道阀门 K 全开时(如图 5-34),各段流量为 Q_1、Q_2、Q_3,现关小阀门 K,其他条件不变,流量的变化为( )。

   A. Q_1、Q_2、Q_3 都减小

   B. Q_1 减小,Q_2 不变,Q_3 减小

   C. Q_1 减小,Q_2 增大,Q_3 减小

   D. Q_1 不变,Q_2 增大,Q_3 减小

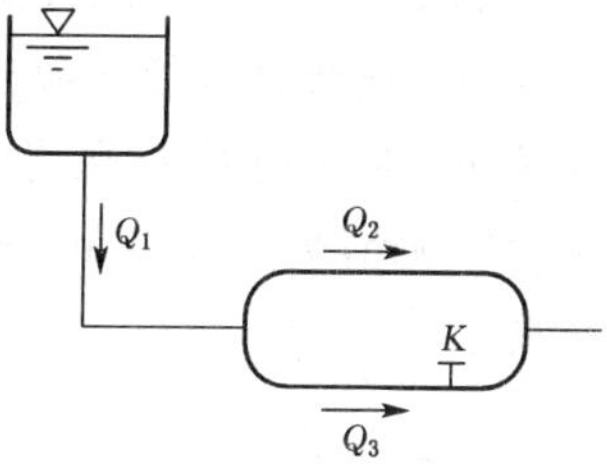

图 5-34

8. 直接水击发生的条件是关闭时间 T_c( )。

   A. $< \dfrac{l}{c}$ B. $< \dfrac{2l}{c}$ C. $< \dfrac{3l}{c}$ D. $< \dfrac{4l}{c}$

9. 阀门瞬间全部关闭的直接水击最大压强等于( )。

   A. $\rho c v_0$ B. $\dfrac{\rho c v_0}{2}$ C. $\dfrac{\rho c v_0^2}{2}$ D. $\mu c v_0$

二、计算题

1. 有一薄壁圆形孔口,直径 $d = 10$ mm,水头 $H = 2$ m。现测得射流收缩断面的直径 $d_c = 8$ mm,在 32.8 s 时间内,经孔口流出的流量 $Q = 0.01$ m³/s,试求该孔口的收缩系数 ε、流量系数 μ、流速系数 φ 及孔口局部损失系数 ζ。

2. 游泳池长 25 m,宽 10 m,水深 1.5 m,池底设有直径为 10 cm 的放水孔直通排水地沟,试求放净池水所需的时间。

3. 如图 5-35 所示,水箱用隔板分为 A、B 两室,隔板上开一孔口,直径 $d_1=4$ cm,在 B 室底部装有圆柱形外管嘴,直径 $d_2=3$ cm。已知 $H=3$ m,$h_3=0.5$ m,试求:(1)h_1,h_2;(2)流出水箱的流量 Q。

4. 如图 5-36 所示,虹吸管将 A 池中的水输入 B 池,已知长度 $l_1=3$ m,$l_2=5$ m,直径 $d=75$ mm,两池水面高差 $H=2$ m,最大超高 $h=1.8$ m,沿程摩阻系数 $\lambda=0.02$,局部损失系数:进口 $\zeta_1=0.5$,转弯 $\zeta_2=0.2$,出口 $\zeta_3=1$。试求流量及管道最大超高断面的真空度。

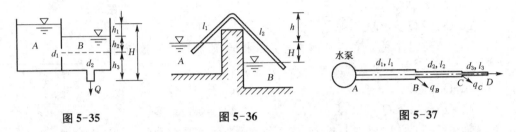

图 5-35   图 5-36   图 5-37

5. 一水泵向图 5-37 中串联管路的 B、C、D 点供水,管道轴线水平,D 点的最小服务水头 $h_e=10$ m。已知分流量 $q_B=0.015$ m³/s,$q_C=0.010$ m³/s,$q_D=0.005$ m³/s;管径 $d_1=200$ mm,$d_2=150$ mm,$d_3=100$ mm;管长 $l_1=500$ m,$l_2=400$ m,$l_3=300$ m。若管路的比阻按 $S_1=9.03$ s²/m⁶,$S_2=41.85$ s²/m⁶,$S_3=365.30$ s²/m⁶ 计算,试求水泵出口 A 点的压强水头。

6. 两水池的水位差 $H=6$ m,用一组管道按图 5-38 中所示方式连接,管道 BC 段长 3 000 m,直径为 600 mm,C 点后分叉成两段各长 3 000 m,直径为 300 mm 的并联管,各在 D 点和 E 点进入下游水池,设管道的沿程损失系数 $\lambda=0.04$,问总流量多大?

7. 枝状供水管网如图 5-39 所示,已知 1、2、3、4 点与水塔地面高程相同,5 点比各点高 2 m,各点的最小服务水头均为 8 m,管长 $l_{12}=200$ m,$l_{23}=350$ m,$l_{45}=200$ m,$l_{14}=300$ m,$l_{01}=400$ m。若管路的摩阻系数按 $\lambda=0.027$ 计,试设计各管段的管径及水塔高度。

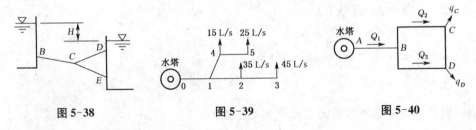

图 5-38   图 5-39   图 5-40

8. 水平给水环状管网如图 5-40 所示,A 为水塔,C、D 为用水点,出水量 $q_C=0.025$ m³/s,$q_D=0.020$ m³/s,均流入大气中。各管段长度 $l_{AB}=4\ 000$ m,$l_{BC}=1\ 000$ m,$l_{BD}=1\ 000$ m,$l_{CD}=500$ m,直径 $d_{AB}=250$ mm,$d_{BC}=200$ mm,$d_{BD}=150$ mm,$d_{CD}=100$ mm,采用粗糙系数 $n=0.011$,试求管段流量及水塔高度。

9. 输水钢管直径 $d=100$ mm,壁厚 $\delta=7$ mm,流速 $v=1.2$ m/s,试求阀门突然关闭时的水击压强。如该管道改为铸铁管,水击压强有何变化?

6　明　渠　流　动

　　人工渠道、天然河道以及未充满水流的管道等统称为明渠。明渠流是一种具有自由表面的流动,自由表面上各点受当地大气压的作用,其相对压强为零,所以又称为无压流动。与有压管流不同,重力是明渠流的主要动力,而压力是有压管流的主要动力。

　　明渠水流根据其水力要素是否随时间变化分为恒定流和非恒定流。明渠恒定流又根据流线是否为平行直线分为均匀流和非均匀流。明渠流动理论将为输水、排水、灌溉渠道的设计和运行控制提供科学依据。

6.1　概　　述

6.1.1　棱柱形渠道与非棱柱形渠道

　　根据渠道的几何特性,分为棱柱形渠道和非棱柱形渠道。断面形状、尺寸沿程不变的长直渠道是棱柱形渠道。例如棱柱形梯形渠道,其底宽 b、边坡 m 皆沿程不变(图 6-1)。对于棱柱形渠道,过流断面面积只随水深改变,即

$$A = f(h)$$

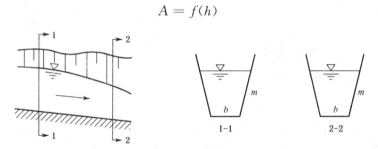

图 6-1　棱柱形渠道

　　断面的形状、尺寸沿程有变化的渠道是非棱柱形渠道。例如非棱柱形梯形渠道,其底宽 b 或沿边坡 m 沿程有变化(图 6-2)。对于非棱柱形渠道,过流断面面积既随水深改变,又随位置改变,即

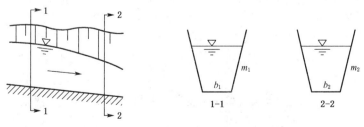

图 6-2　非棱柱形渠道

$$A = f(h, s)$$

渠道的连接过渡段是典型的非棱柱形渠道,天然河道的断面不规则,都属于非棱柱形渠道。

6.1.2 底坡

如图 6-3 所示。明渠渠底与纵剖面的交线称为底线。底线沿流程单位长度的降低值称为渠道纵坡或底坡。以符号 i 表示:

$$i = \frac{\nabla_1 - \nabla_2}{l} = \sin\theta \tag{6-1}$$

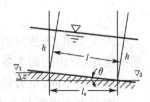

通常渠道底坡 i 很小,为便于量测和计算,以水平距离 l_x 代替流程长度 l,同时以铅垂断面作为过流断面,以铅垂深度 h 作为过流断面水深。于是

图 6-3 明渠的底坡

$$i = \frac{\nabla_1 - \nabla_2}{l_x} = \tan\theta \tag{6-2}$$

底坡分为三种类型:底线高程沿程降低($\nabla_1 > \nabla_2$),$i > 0$,称为正底坡或顺坡(图 6-4(a));底线高程沿程不变($\nabla_1 = \nabla_2$),$i = 0$,称为平底坡或平坡(图 6-4(b));底线高程抬高($\nabla_1 < \nabla_2$),$i < 0$,称为反底坡或逆坡(图 6-4(c))。

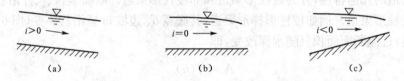

(a)   (b)   (c)

图 6-4 底坡类型

6.1.3 明渠流动的特点

同有压管流相比较,明渠流动有以下特点:

(1) 明渠流动具有自由表面,沿程各断面的表面压强都是大气层,重力对流动起主导作用。

(2) 明渠底坡的改变对流速和水深有直接影响,如图 6-5 所示。底坡 $i_1 \neq i_2$,则流速 $v_1 \neq v_2$,水深 $h_1 \neq h_2$;而有压管流,只要管道的形状、尺寸一定,管线坡度变化,对流速和过流断面面积无影响。

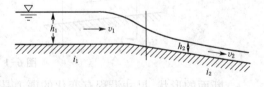

图 6-5 底坡影响

(3) 明渠局部边界的变化,如设置控制设备、渠道形状和尺寸的变化、改变底坡等,都会造成水深在很长的流程上发生变化。因此,明渠流动存在均匀流和非均匀流(图 6-6)。而在有压管流中,局部边界变化影响的范围很短,只需计入局部水头损失,仍按均匀流计算(图 6-7)。

如上所述,重力作用、底坡影响、水深可变是明渠流动有别于有压管流的特点。

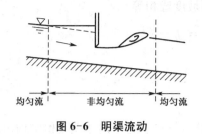 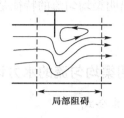

图 6-6　明渠流动　　　　图 6-7　有压管流

6.2　明渠恒定均匀流

明渠恒定均匀流是流线为平行直线的明渠水流,也就是具有自由表面的等深、等速流(图 6-8)。明渠恒定均匀流是明渠流动最简单的形式。

6.2.1　明渠均匀流形成的条件与特征

在明渠中实现等深、等速流动是有条件的。为了说明明渠均匀流形成的条件,在均匀流中(图 6-8),取过流断面 1-1、2-2 列伯努利方程

$$(h_1 + \Delta z) + \frac{p_1}{\rho g} + \frac{\alpha_1 v_1^2}{2g} = h_2 + \frac{p_2}{\rho g} + \frac{\alpha_2 v_2^2}{2g} + h_w$$

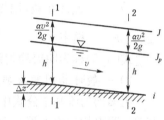

图 6-8　明渠均匀流

明渠均匀流

$$p_1 = p_2 = 0, \ h_1 = h_2 = h, \ v_1 = v_2, \ \alpha_1 = \alpha_2, \ h_w = h_f$$

前式化为

$$\Delta z = h_f$$

除以流程

$$i = J$$

上式表明,明渠均匀流的条件是水流沿程减少的位能,等于沿程水头损失,而水流的动能保持不变。按这个条件,明渠均匀流只能出现在底坡、断面形状尺寸、粗糙系数都不变的顺坡($i > 0$)长直渠道中。在平坡、逆坡渠道,非棱柱形渠道以及天然河道中,都不能形成均匀流。

人工渠道一般都尽量使渠线顺直并在长距离上保持断面形状、尺寸、壁面粗糙不变,这样的渠道基本上符合均匀流形成的条件,可按明渠均匀流计算。

因为明渠均匀流是等深流,水面线即测压管水头线与渠底线平行,坡度相等

$$J_p = i$$

明渠均匀流又是等速流,总水头线与测压管水头线平行,坡度相等

$$J = J_p$$

由以上分析得出明渠均匀流的特征是各项坡度皆相等

$$J = J_p = i \qquad\qquad (6\text{-}3)$$

6.2.2 明渠均匀流的水力计算

1) 基本计算公式

明渠恒定均匀流,可采用谢才公式计算 $v = C\sqrt{RJ}$。对于明渠恒定均匀流,由于 $J = i$,所以上式可写为

$$v = C\sqrt{Ri} \qquad\qquad (6\text{-}4)$$

或

$$Q = vA = AC\sqrt{Ri} = K\sqrt{i} \qquad\qquad (6\text{-}5)$$

式中:K—— 流量系数,$K = AC\sqrt{R}$,单位同流量单位,量纲为 $L^3 T^{-1}$;

C—— 谢才系数,用曼宁公式 $C = \dfrac{1}{n} R^{\frac{1}{6}}$ 计算;

n—— 糙率。

式(6-5)称为明渠均匀流基本公式。

2) 一般计算问题及解法

明渠均匀流基本公式中 Q、A、K、C、R 都与明渠均匀流过流断面的形状、尺寸和水深有关。明渠均匀流水深 h,通称正常水深,常以 h_0 表示。下面研究梯形过流断面的水力要素。如图 6-9 所示的梯形断面,过流断面面积

$$A = (b + mh)h$$

式中:b—— 渠底宽;

h—— 水深;

m—— $m = \cot\alpha$,称为边坡系数。

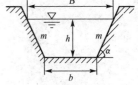

图 6-9 梯形断面

水面宽

$$B = b + 2mh$$

湿周

$$\chi = b + 2h\sqrt{1 + m^2}$$

水力半径

$$R = \frac{A}{\chi}$$

边坡系数 m 可以根据边坡的岩土性质,参照渠道设计的有关规范选定。表 6-1 所列各种岩土的边坡系数可供参考。

工程中提出的明渠均匀流水力计算问题大致可分为两类:一类是校核已有明渠的过水能力;另一类是按任务要求和技术条件设计明渠的断面尺寸和底坡。

表 6-1 各种岩土的边坡系数

岩土种类	边坡系数(水下部分)	边坡系数(水上部分)
未风化的岩石	0～0.25	0
风化的岩石	0.25～0.5	0.25
半岩性耐水土壤	0.5～1	0.5
卵石和砂砾	1.25～1.5	1
黏土、硬或硬黏土壤	1～1.5	0.5～1
松软黏壤土、砂壤	1.25～2	1～1.5
细 砂	1.5～2.5	2
粉 砂	3～3.5	2.5

（1）校核已有明渠的过水能力

因为渠道已经建成,过流断面的形状、尺寸(b、h、m)、渠道的壁面材料 n 及底坡 i 都已知,只需利用明渠均匀流基本公式 $Q = AC\sqrt{Ri}$ 便可算出通过的流量。

【例 6-1】 某一梯形断面渠道,底宽 $b = 2$ m,边坡系数 $m = 2.5$,底坡 $i = 0.001$,糙率 $n = 0.025$,当正常水深 $h_0 = 0.5$ m 时,问通过的流量 Q 能否达到 1.0 m³/s?

【解】 根据已知条件,应用公式(6-5)求流量。

计算正常水深 $h_0 = 0.5$ m 相应断面的几何要素:

过水断面面积

$$A = (b + mh_0)h_0 = (2\,\text{m} + 2.5 \times 0.5\,\text{m}) \times 0.5\,\text{m} = 1.625\,\text{m}^2$$

湿周

$$\chi = b + 2h_0\sqrt{1 + m^2} = 2\,\text{m} + 2 \times 0.5\,\text{m} \times \sqrt{1 + 2.5^2} = 4.695\,\text{m}$$

水力半径

$$R = \frac{A}{\chi} = \frac{1.625\,\text{m}}{4.695\,\text{m}} = 0.346\,\text{m}$$

谢才系数

$$C = \frac{1}{n}R^{\frac{1}{6}} = \frac{1}{0.025} \times 0.346^{\frac{1}{6}} = 33.4\,\text{m}^{0.5}/\text{s}$$

将以上数据代入公式(6-5)得

$$Q = AC\sqrt{Ri} = 1.625\,\text{m}^2 \times 33.4\,\text{m}^{0.5}/\text{s} \times \sqrt{0.346\,\text{m} \times 0.001} = 1.01\,\text{m}^3/\text{s}$$

经过计算,渠道能通过 1.0 m³/s 的流量。

（2）设计渠道水力计算

设计明渠时,设计流量根据明渠所担负的任务确定。如引水明渠由泵房抽引流量确定;灌溉渠道主要决定于灌溉面积、灌溉定额和渠道的工作制度;发电站的引水渠道,决定于发电量的要求等。上述各种情况下的设计流量均应稍许加大,以补偿由于渠道渗漏及蒸发所引起的流量损失。当设计流量确定后,i 可根据渠道所经过的地段的地形、地质以及水流泥沙含量等,经技术上与经济上的比较后确定。

设计渠道时,按均匀流计算有以下几种情况:

① 已知渠道的设计流量 Q、底坡 i、底宽 b、边坡系数 m 和糙率 n,求正常水深 h_0。

② 已知渠道的设计流量 Q、底坡 i、水深 h_0、边坡系数 m 和糙率 n,求渠道底宽 b。这类问题的计算方法与上面求解的相似,只不过将 h_0 换成 b。

③ 已知渠道的断面尺寸(水深 h_0、底宽 b、边坡系数 m)、设计流量 q 及糙率 n,求渠道的底坡 i。

【例 6-2】 某灌溉干渠经砂质黏土地段,渠道断面为梯形,边坡系数 $m=1.5$,糙率 $n=0.025$,渠道底宽 $b=7\,\mathrm{m}$,根据地形,底坡采用 $i=0.000\,3$,干渠的设计流量 $Q=9.68\,\mathrm{m}^3/\mathrm{s}$,试求正常水深。

【解】 本题的几何要素如下:

过水断面面积 $A=(b+mh_0)h_0$,湿周 $\chi=b+2h_0\sqrt{1+m^2}$,水力半径 $R=\dfrac{A}{\chi}$,谢才系数 $C=\dfrac{1}{n}R^{\frac{1}{6}}$,将 A、χ、R 和 C 的表达式代入流量公式,整理得

$$Q=(b+mh_0)h_0\frac{1}{n}\left[\frac{(b+mh_0)h_0}{b+2h_0\sqrt{1+m^2}}\right]^{\frac{2}{3}}i^{\frac{1}{2}}$$

上式中 Q、b、m、n 及 i 均为已知量,只有 h_0 为未知量,但上式为一高阶隐函数,直接求解是有困难的,因此常用试算法求解。

为了减少试算工作量,可假设 4~5 个 h_0 值,代入式(6-5)算出相应的 Q 值,计算结果列于表 6-2。

表 6-2

h_0(m)	A(m²)	χ(m)	R(m)	C(m^{0.5}/s)	Q(m³/s)
1.0	8.50	10.6	0.80	38.5	5.10
1.5	13.87	12.4	1.12	40.6	10.25
2.0	20.00	14.2	1.43	42.5	17.60
2.5	26.87	16.0	1.68	43.5	26.50

根据表中数据可作出 h_0-Q 关系曲线,如图 6-10。然后根据已知流量 $Q=9.68\,\mathrm{m}^3/\mathrm{s}$,在横坐标上取 $Q=9.68\,\mathrm{m}^3/\mathrm{s}$ 的点,作垂线与 h_0-Q 曲线相交,由交点作水平线与纵坐标轴相交,这个交点的 $h_0=1.45\,\mathrm{m}$ 即为所求的正常水深 h_0。

【例 6-3】 一矩形断面的钢筋混凝土引水渡槽,底宽 $b=1.5\,\mathrm{m}$,槽长 $L=116.5\,\mathrm{m}$,进口处底高程为 $52.06\,\mathrm{m}$,当通过设计流量 $Q=7.65\,\mathrm{m}^3/\mathrm{s}$ 时,槽中正常水深 $h_0=1.7\,\mathrm{m}$,求渡槽的底坡 i 及出口处的槽底高程。(n 通常取 0.014)

【解】 应用式(6-5)有

$$i=\frac{Q^2}{K^2},\quad K=AC\sqrt{R}$$

其中

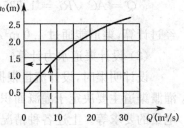

图 6-10 h_0-Q 关系曲线

$$A = bh_0 = 1.5\,\text{m} \times 1.7\,\text{m} = 2.55\,\text{m}^2$$

$$\chi = b + 2h_0 = 1.5\,\text{m} + 2 \times 1.7\,\text{m} = 4.9\,\text{m}$$

$$R = \frac{A}{\chi} = \frac{2.55\,\text{m}}{4.9\,\text{m}} = 0.52\,\text{m}$$

根据槽身为钢筋混凝土，取 $n = 0.014$，则

$$C = \frac{1}{n}R^{\frac{1}{6}} = \frac{1}{0.014}\,0.52^{\frac{1}{6}} = 64\,\text{m}^{0.5}/\text{s}$$

将求出的数值代入式(6-5)得

$$i = \frac{Q^2}{K^2} = \frac{(7.65\,\text{m}^3/\text{s})^2}{(2.55\,\text{m}^2)^2 \times (64\,\text{m}^{0.5}/\text{s})^2 \times 0.52\,\text{m}} = 0.004\,2$$

渡槽出口处槽底高程 = 进口处槽底高程 $- iL = 52.06\,\text{m} - 0.004\,2 \times 116.5\,\text{m} = 51.57\,\text{m}$

6.2.3 明渠均匀流水力计算的其他问题

1) 水力最优断面和允许流速

(1) 水力最优断面

在明渠的底坡、糙率和流量已定时，渠道断面的设计(形状、大小)可有多种选择方案，要从施工、运用和经济等各个方面进行方案比较。

在流量、底坡、糙率已知时，设计的过流断面形式具有最小的面积；或者在过流断面面积、底坡、糙率已知时，设计的过流断面形式能使渠道通过的流量为最大。这种过流断面称为水力最经济断面或水力最优断面。

由明渠均匀流公式

$$Q = AC\sqrt{Ri} = \frac{1}{n}R^{\frac{1}{6}}AR^{\frac{1}{2}}i^{\frac{1}{2}} = \frac{1}{n}A\left(\frac{A}{\chi}\right)^{\frac{2}{3}}i^{\frac{1}{2}} = \frac{A^{\frac{5}{3}}i^{\frac{1}{2}}}{n\chi^{\frac{2}{3}}}$$

可知，当 A、n 和 i 值一定时，要使通过的流量最大必须使湿周 χ 最小。即当 A、n 和 i 值一定时，具有湿周最小的断面，就是水力最优断面。由平面几何可知，面积相等的图形以圆形的周界为最小，故圆形断面是水力最优断面。对于渠道则为半圆形断面，如各地修建的钢筋混凝土薄壳渡槽就常用半圆形断面。

在土中开挖的渠道一般为梯形断面，边坡系数 m 决定于土体稳定和施工条件，于是渠道断面的形状只由宽深比 $\frac{b}{h}$ 决定。下面讨论梯形渠道边坡系数 m 一定时的水力最优断面。

由梯形渠道断面的几何关系：

$$A = (b + mh)h$$

$$\chi = b + 2h\sqrt{1 + m^2}$$

解得 $b = \frac{A}{h} - mh$ 代入湿周的关系式中，有 $\chi = \frac{A}{h} - mh + 2h\sqrt{1 + m^2}$。水力最优断面是面积 A 一定时，湿周 χ 最小的断面。对上式求 $\chi = f(h)$ 的极小值，令

$$\frac{\text{d}\chi}{\text{d}h} = -\frac{A}{h^2} - m + 2\sqrt{1 + m^2} = 0 \tag{6-6}$$

其二阶导数 $\dfrac{d^2\chi}{dh^2}=2\dfrac{A}{h^3}>0$，故有 $\chi_{\min}$ 存在。以 $A=(b+mh)h$ 代入式(6-6)求解，便得到水力最优梯形断面的宽深比

$$\beta_h=\left(\frac{b}{h}\right)_h=2(\sqrt{1+m^2}-m) \tag{6-7}$$

上式中取边坡系数 $m=0$，便得到水力最优矩形断面的宽深比

$$\beta_h=2$$

梯形断面的水力半径 $R=\dfrac{A}{\chi}=\dfrac{(b+mh)h}{b+2h\sqrt{1+m^2}}$，将水力最优条件 $b=2(\sqrt{1+m^2}-m)h$ 代入上式，得到 $R_h=\dfrac{h}{2}$。

上式表明，在任何边坡系数 m 的情况下，水力最优梯形断面的水力半径 R_h 为水深 h 的一半。

(2) 允许流速

为通过一定流量，可采用不同大小的过流断面，则渠道中将有不同的平均流速，如果这一流速过大，可能冲刷渠槽使渠道遭到破坏；如果这一流速过小，又会导致水流中夹带泥沙淤积，降低渠道的过流能力。对航运渠道，流速的大小直接影响航运条件的优劣；对水电站的引水渠道，流速的大小还与电站的功能经济条件有关。所以，设计渠道时，断面平均流速应结合渠道所担负的生产任务(灌溉渠道、水电站引水渠道、航运渠道等)、渠道建筑材料的类型、水流中含沙量的多少以及运用管理上的要求而选定。

① 渠道中的流速 v 应小于不冲允许流速 $v_{\max}$ 以保证渠道免遭冲刷，不冲允许流速与渠道建筑材料的物理特性(如渠道中土壤的种类、级配情况、密度程度等)和渠道水深有关。可参考有关水力学手册确定。

② 渠道中的水流流速 v 应大于不淤流速 $v_{\min}$。关于渠道的最小不淤流速 $v_{\min}$ 与水流中泥沙的性质有关，可参阅土木工程中不同专业的设计手册。

因此，渠道中的水流流速应在两者之间，即 $v_{\min}<v<v_{\max}$。

2) 复式断面的水力计算

梯形、矩形、半圆形等典型几何断面称为单式断面。由两个以上单式断面组成的多边形断面称为复式断面，例如天然河道中的主槽和边滩(图 6-11)。在人工渠道中，如果要求通过的最大流量与最小流量相差很大，也常采用复式断面。它与单式断面比较，能更好地控制淤积，减少开挖量。

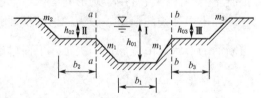

图 6-11　明渠复式断面

图 6-11 表示一天然河段的复式断面。在主槽两侧，有左、右滩地。主槽一般常年过水，壁面比较光滑，而滩地过水机会较少，常常是沙波起伏或水草丛生，壁面比较粗糙。因此，主槽和滩地的粗糙系数一般是不一致的。另外，由于主槽和边滩水深不一，流速相差较大。因此，应用单式断面的计算方法来进行复式断面的水力计算，必然会产生较大的误差。近似计算是用垂线将复式断面划分成主槽和滩地几个部分，如图 6-11 所示。垂线 a-a 和 b-b 将断

面分成主槽Ⅰ和边滩Ⅱ、Ⅲ,分别计算各部分的过流断面面积、湿周、水力半径、谢才系数、流速和流量,复式断面的流量为各部分流量的总和。计算时要注意两点:①各部分的湿周仅计算水流与固体边壁接触的周界,各单式断面的交界线,如图中 a-a、b-b 线不计入湿周内。②各部分的水力坡度认为均等于底坡,即

$$J_1 = J_2 = J_3 = i$$

因此,主槽和两侧滩地的流量分别为 $Q_1 = K_1 \sqrt{i}$, $Q_2 = K_2 \sqrt{i}$, $Q_3 = K_3 \sqrt{i}$。

而复式断面总流量为

$$Q = Q_1 + Q_2 + Q_3$$

或

$$Q = (K_1 + K_2 + K_3)\sqrt{i} = K\sqrt{i} \tag{6-8}$$

式中, $K = K_1 + K_2 + K_3$。这就是复式断面明渠均匀流水力计算的基本公式。

3) 过流断面各部分糙率不同的水力计算

土木工程中,常需在山坡上修建引水渠道,有的傍山渠道一侧为浆砌块石或混凝土边墙,而另一侧及渠底为岩石;有的渠底为岩石而边坡是混凝土护面,如图 6-12 所示。这种渠道在同一个过流断面上各部分的糙率不同,但断面上的垂线流速分布还是比较一致的,可用同一个断面平均流速来表征水流的运动状态,这个断面平均流速仍然可用式 $v = C\sqrt{Ri}$ 计算,但其中谢才系数 C 的计算,需将 n_r 代替 n(n_r 称为综合粗糙系数或等效粗糙系数)。即

$$C = \frac{1}{n_r}R^{\frac{1}{6}}$$

确定综合糙率有几种方法,下面介绍巴甫洛夫斯基的方法,他假定渠道的总阻力等于各部分阻力之和,且糙率不同的每一部分过流面积和该部分的湿周成正比。通过以上假定,可求出渠道断面如图 6-12 所示的有三种不同糙率 n_1、n_2、n_3,各相应部分的湿周长度为 χ_1、χ_2、χ_3 的综合粗糙系数为

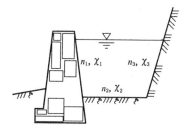

图 6-12 综合糙率的确定

$$n_r = \sqrt{\frac{\chi_1 n_1^2 + \chi_2 n_2^2 + \chi_3 n_3^2}{\chi_1 + \chi_2 + \chi_3}} \tag{6-9}$$

一般情况下,也可按加权平均法估算为

$$n_r = \frac{n_1 \chi_1 + n_2 \chi_2 + n_3 \chi_3}{\chi_1 + \chi_2 + \chi_3} \tag{6-10}$$

6.3 无压圆管均匀流

在环境工程和给排水工程中,广泛采用无压圆管,如城市中污水管道、雨水管道等,这类管道内的流动具有自由表面,且表面压强为大气压强。对于长直无压圆管,当底坡 i、粗糙

系数 n 及管径 d 均沿程不变时,管中流动可认为是明渠均匀流。圆形无压管道之所以在环境、给水排水工程中被广泛应用,是由于它既具有符合水力最优断面形式、受力条件好,又便于制作、施工等一系列优点。

6.3.1 无压圆管的水力特性

在无压圆管均匀流的过流断面如图 6-13 所示,直径为 d,水深为 h,定义无量纲数 $\alpha = \dfrac{h}{d}$ 为充满度,θ 为充满角。由几何关系可得各水力要素间关系为

$$A = \frac{d^2}{8}(\theta - \sin\theta)$$

$$\chi = \frac{d}{2}\theta$$

$$R = \frac{d}{4}\left(1 - \frac{\sin\theta}{\theta}\right)$$

$$B = d\sin\frac{\theta}{2}$$

$$\alpha = \frac{h}{d} = \sin^2\frac{\theta}{4}$$

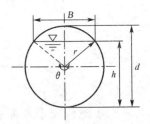

图 6-13　无压圆管断面图

设满管流时 $(h = d)$ 的流量为 Q_d,相应的水力要素用 A_d、R_d、K_d、v_d 表示;不满管流时 $(h < d)$ 的流量为 Q,相应的水力要素用 A、R、K、v 表示,则有无量纲参数

$$\overline{Q} = \frac{Q}{Q_d} = \frac{K\sqrt{i}}{K_d\sqrt{i}} = \frac{A}{A_d}\left(\frac{R}{R_d}\right)^{\frac{2}{3}} = \frac{(\theta - \sin\theta)^{\frac{5}{3}}}{2\pi\theta^{\frac{2}{3}}} = f_Q\left(\frac{h}{d}\right) = f_Q(\alpha)$$

$$\overline{v} = \frac{v}{v_d} = \frac{C\sqrt{Ri}}{C_d\sqrt{R_d i}} = \left(\frac{R}{R_d}\right)^{\frac{2}{3}} = \left(1 - \frac{\sin\theta}{\theta}\right)^{\frac{2}{3}} = f_v\left(\frac{h}{d}\right) = f_v(\alpha)$$

设一系列的 α 值,即可求得相应的 $\dfrac{Q}{Q_d}$ 和 $\dfrac{v}{v_d}$ 值,绘制成如图 6-14 所示的曲线。

从图 6-14 可以看出:

(1) 当 $\dfrac{h}{d} \approx 0.94$ 时,$\dfrac{Q}{Q_d}$ 呈最大值,$\left(\dfrac{Q}{Q_d}\right)_{\max} \approx$ 1.08,此时,管中通过的流量 $Q_{\max}$ 超过管内恰好满流时的流量 Q_d 的 8%。

(2) 当 $\dfrac{h}{d} \approx 0.81$ 时,$\dfrac{v}{v_d}$ 呈最大值,$\left(\dfrac{v}{v_d}\right)_{\max} \approx$ 1.14,此时,管中流速超过管内恰好满流时的流速的 14%。

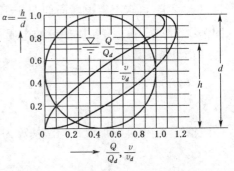

图 6-14　$\dfrac{Q}{Q_d} \sim \dfrac{h}{d}$ 和 $\dfrac{v}{v_d} \sim \dfrac{h}{d}$ 曲线

从以上分析可知,无压圆管的最大流量和最大流速均不发生于满管流时,这是由于圆形断面上部充水时,超过某一水深后,其湿周比水流过流断面面积增长得快,水力半径开始减少,从而导致流量和流速的减少。

6.3.2 无压圆管的计算问题

无压圆管若按均匀流公式直接进行计算往往相当复杂,因此,在实际工作中,常用预先制作好的图表来进行计算。

无压圆管满流时

$$Q_d = A_d C_d \sqrt{R_d i} = K_d \sqrt{i}$$

且 $A_d = \dfrac{\pi d^2}{4}$, $R_d = \dfrac{d}{4}$, 则

$$K_d = A_d C_d \sqrt{R_d} = \frac{0.312}{n} d^{\frac{8}{3}} = f(n, d) \tag{6-11}$$

这表明,满管流时的流量模数只与糙率及管径有关,可预先制成表格供查算。例如,对于钢筋混凝土管,一般取 $n = 0.013$,它的 $K_d \sim d$ 关系如表 6-3 所示。

表 6-3 钢筋混凝土管 $K_d \sim d$ 关系表

d (m)	0.5	0.6	0.7	0.8	0.9
$K_d(\text{m}^3/\text{s})$	3.78	6.15	9.27	13.24	18.12
d (m)	1.00	1.25	1.50	1.75	2.00
$K_d(\text{m}^3/\text{s})$	24.00	43.51	70.76	106.74	152.39

同理, $\overline{Q} = \dfrac{Q}{Q_d} f_Q(\alpha)$ 也可以预先制成表 6-4,对于任一充满度的流量 Q 可以按下式计算:

$$Q = \overline{Q} \cdot Q_d$$

在无压圆管进行水力计算时,还要注意必须满足专业上的有关规定,如"室外排水设计规范"中对各类排水管道均作了相应的规定。

(1) 污水管道应按不满流计算,其最大设计充满度按表 6-5 采用。

(2) 雨水管道和合流管道应按满管流计算。

(3) 排水管的最大设计流速:金属管为 10 m/s;非金属管为 5 m/s。

(4) 排水管道的最小设计流速应符合下列规定:污水管道在设计充满度下为 0.6 m/s;雨水管道和合流管道在满流时为 0.75 m/s。此外,对最小设计坡度等也有相应规定,可参阅有关手册和规范。

表 6-4 不满流管道的 $\overline{Q}$ 值

$\alpha = \dfrac{h}{d}$	A	R	$\overline{Q}$	$\alpha = \dfrac{h}{d}$	A	R	$\overline{Q}$
0.05	$0.0147\,d^2$	$0.0325\,d$	0.0048	0.55	$0.4425\,d^2$	$0.2649\,d$	0.5860
0.10	$0.0400\,d^2$	$0.0635\,d$	0.0204	0.60	$0.4919\,d^2$	$0.2776\,d$	0.6721
0.15	$0.0739\,d^2$	$0.0928\,d$	0.0487	0.65	$0.5403\,d^2$	$0.2882\,d$	0.7567
0.20	$0.1118\,d^2$	$0.1206\,d$	0.0876	0.70	$0.5871\,d^2$	$0.2962\,d$	0.8376
0.25	$0.1535\,d^2$	$0.1466\,d$	0.1370	0.75	$0.6318\,d^2$	$0.3017\,d$	0.9124
0.30	$0.1981\,d^2$	$0.1709\,d$	0.1959	0.80	$0.6735\,d^2$	$0.3042\,d$	0.9780
0.35	$0.2449\,d^2$	$0.1935\,d$	0.2631	0.85	$0.7114\,d^2$	$0.3033\,d$	1.0310
0.40	$0.2933\,d^2$	$0.2142\,d$	0.3372	0.90	$0.7444\,d^2$	$0.2980\,d$	1.0662
0.45	$0.3427\,d^2$	$0.2331\,d$	0.4168	0.95	$0.7706\,d^2$	$0.2865\,d$	1.0752
0.50	$0.3926\,d^2$	$0.2500\,d$	0.5003	1.00	$0.7853\,d^2$	$0.2500\,d$	1.0000

表 6-5　最大设计充满度

管径(mm)	最大设计充满度 $\alpha = \dfrac{h}{d}$
200～300	0.55
350～450	0.65
500～900	0.70
≥1 000	0.75

【例 6-4】　直径 $d = 800$ mm 的钢筋混凝土圆形污水管,管壁糙率 $n = 0.013$,管道坡度 $i = 0.002$,求最大设计充满度时的流速和流量。

【解】　从表 6-5 查得管径为 800 mm 的污水管最大设计充满度为 $\alpha = \dfrac{h}{d} = 0.70$。

再从表 6-3 查得,当 $d = 800$ mm 时,$K_d = 13.24$。查表 6-4,当 $\alpha = 0.70$ 时,$\overline{Q} = 0.837\,6$,$A = 0.587\,1\,d^2$,故管中流量和流速为

$$Q = \overline{Q} \cdot K_d\sqrt{i} = 0.837\,6 \text{ m}^3/\text{s} \times 13.24 \times \sqrt{0.002} = 0.496 \text{ m}^3/\text{s}$$

$$v = \frac{Q}{A} = \frac{0.496 \text{ m}^3/\text{s}}{0.587\,1 \times (0.8 \text{ m})^2} = 1.32 \text{ m/s}$$

校核流速是否在允许范围以内,对于钢筋混凝土管 $v_{d\max} = 5$ m/s,在设计充满度下,最小设计流速 $v_{d\min} = 0.6$ m/s,满足 $v_{d\max} > v > v_{d\min}$。

6.4　明渠恒定非均匀流

6.4.1　概述

人工渠道或天然河道中的水流绝大多数是非均匀流。明渠非均匀流的特点是明渠的底坡线、水面线、总水头线彼此互不平行(见图 6-15)。产生明渠非均匀流的原因很多,明渠横断面的几何形状或尺寸沿程改变,粗糙度或底坡沿程改变,或在明渠中修建人工建筑物(闸、桥梁、涵洞),都能使明渠水流发生非均匀流动。

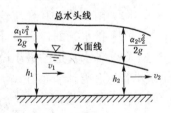

图 6-15　明渠非均匀流

在明渠非均匀流中,若流线是接近相互平行的直线,或流线间夹角很小、流线的曲率半径很大,这种水流称为明渠非均匀渐变流。反之,为明渠非均匀急变流。

本节着重介绍明渠中恒定非均匀渐变流的基本特性及其水力要素(主要是水深)沿程变化的规律。具体来说,就是分析水面线的变化及其计算,以便确定明渠边墙(渠堤)高度,以及回水淹没的范围等。确定明渠水面线的形式及其位置,在工程实践中具有十分重要的意义。

因明渠非均匀流的水深沿程是变化的,即 $h = f(s)$。所以,将明渠均匀流水深称为正常水深 h_0,非均匀流的水深以 h 表示。

6.4.2　明渠水流的三种流态及其判别

仔细观察明渠中障碍物对水流的影响,就会发现明渠水流有三种不同的流动状态。例如在山区河道或陡槽中的水流,由于底坡陡峻,因而水流湍急,流速较大,遇到渠底有大块孤石或其他障碍物时,水面在障碍物顶上或稍向上游隆起;当障碍物阻水程度较大时,则水流在障碍物前跃起,发生浪花,但是障碍物对上游较远处的水流并不发生影响,这种水流状态称为急流(如图6-16(a))。在平原地区的河渠,由于底坡平缓,因而流速较小,遇到渠底有阻水的障碍物时,在障碍物处水面形成跌落,而在其上游则普遍壅高,一直影响到上游较远处,这种水流状态称为缓流(如图6-16(b))。介于两者之间称为临界流。

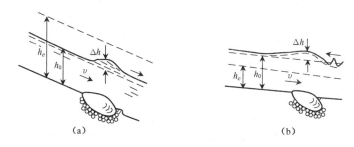

图6-16　明渠水流的流态

明渠水流的这三种流态,反映了障碍物干扰对水流会产生不同的影响,故当河渠边界条件发生改变时,在这三种流动中会出现明显不同的水面变化,因而在分析明渠水流问题时,首先需要区分这三种不同的流态。

明渠水流受障碍物干扰与连续不断地搅动水流所产生的干扰在性质上是一样的。搅动一下明渠水流,将形成波动并以一定的速度向四周传播。这种干扰波波速如果比水流流速大,则干扰引起的波动能够往上游传播。如果波速比水流流速小,则干扰波动显然不能往上游传播。探讨干扰波波速的规律将有助于明渠水流流态的判别。

1) 波速法

设有一平底的棱柱形渠道,渠内水体是静止的,渠中水深为 h,水面宽度为 B。如果用铅垂平板 A 向左移动一下,在平板左侧形成一干扰波,其波高为 Δh,这个波将以波速 v_ω 向左传播,如图6-17(a)所示。如果没有摩阻力的作用,这个波将保持它的波峰形状和波速传到无限远处。实际上在传播过程中,由于摩阻力的作用,波峰和波速将逐渐衰减,最终消失。

干扰波向左传播,波形到达之处带动渠中水体发生运动。如取固定坐标,对明渠水体中某一点来讲,当波传到时,该点的速度为零,当波通过该点时,其速度为 v_ω。因此,该点的速

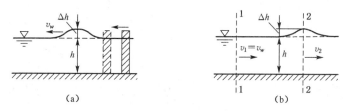

图6-17　干扰波的传播

度将随时间而改变,其运动状态为非恒定流。如取运动坐标,即把坐标取在波峰上,坐标以波速 v_ω 随波移动,则对动坐标而言,波形就变为固定不动,而渠中的水则以波速 v_ω 自左向右移动,如图 6-17(b) 所示。这正像人坐在火车上观察到车厢不动,而车厢外的景物则以火车的速度向后运动一样。所以对这个动坐标来说,水流是做恒定非均匀流动。

对上述相对于动坐标的恒定非均匀流动,在不考虑水头损失的条件下,以水平渠底为基准面,选取较为靠近波峰前的断面 1 和波峰断面 2,写出能量方程

$$h + \frac{\alpha_1 v_1^2}{2g} = (h + \Delta h) + \frac{\alpha_2 v_2^2}{2g}$$

式中,$v_1 = v_\omega$,由连续性方程得

$$v_2 = \frac{hB}{(h + \Delta h)B} v_\omega = \frac{h}{(h + \Delta h)} v_\omega$$

将上式代入能量方程,并取 $\alpha_1 = \alpha_2 = 1.0$,得

$$h + \frac{v_\omega^2}{2g} = (h + \Delta h) + \frac{h^2}{(h + \Delta h)^2} \frac{v_\omega^2}{2g}$$

上式整理得

$$v_\omega^2 = 2g \frac{(h + \Delta h)^2}{(2h + \Delta h)}$$

所以

$$v_\omega = \pm \sqrt{gh \frac{2\left(1 + \dfrac{\Delta h}{h}\right)^2}{2 + \dfrac{\Delta h}{h}}} \tag{6-12}$$

一般干扰波的波峰较小 $\left(\text{如} \dfrac{\Delta h}{h} = \dfrac{1}{20}\right)$,则 $\dfrac{\Delta h}{h} \to 0$,故

$$v_\omega = \pm \sqrt{gh} \tag{6-13}$$

上式就是矩形明渠静水中干扰波传播的相对波速公式。

如果明渠断面为任意形状时,则可证得

$$v_\omega = \pm \sqrt{g \frac{A}{B}} = \pm \sqrt{g\overline{h}} \tag{6-14}$$

式中:$\overline{h}$——断面平均水深;

$\quad\quad A$——断面面积;

$\quad\quad B$——水面宽度。

由上式可以看出,在忽略阻力的情况下,干扰波的相对波速的大小与断面平均水深的 $\dfrac{1}{2}$ 次方成正比,水深越大干扰波相对波速亦越大。

在实际工程中水流都是流动的。设水流的断面平均流速为 v,则干扰波传播的绝对速

度 v'_ω 应是静水中的相对波速与水流流速的代数和,即

$$v'_\omega = v \pm v_\omega = v \pm \sqrt{gh}$$

式中,取正号时为干扰波顺水流方向传播的绝对波速,取负号时为干扰波逆水流方向传播的绝对波速。

当明渠中流速小于干扰波的传播速度,$v < v_\omega$,v'_ω 有正、负值,表明干扰波既能向下游传播,又能向上游传播,这种流态是缓流。

当明渠中流速大于干扰波的传播速度,$v > v_\omega$,v'_ω 只有正值,表明干扰波只能向下游传播,不能向上游传播,这种流态是急流。

当明渠中流速等于干扰波的传播速度,$v = v_\omega$,干扰波向上游传播的速度为零,这种流态是临界流,这时的明渠流速称为临界流速,以 v_c 表示。

因此,干扰波波速可以判别明渠水流的三种流动流态,即

$v < v_\omega$,流动为缓流;

$v = v_\omega$,流动为临界流;

$v > v_\omega$,流动为急流。

2)弗汝德数

根据上面以明渠流速 v 和干扰波速度相比较来判别流动状态的原理,取两者之比,正是以平均水深为特征长度的弗汝德数。

$$\frac{v}{v_\omega} = \frac{v}{\sqrt{g\dfrac{A}{B}}} = \frac{v}{\sqrt{gh}} = Fr \tag{6-15}$$

故弗汝德数可作为流动状态的判别数:

$$Fr < 1, \ v < v_\omega, \ 流动为缓流$$

$$Fr = 1, \ v = v_\omega, \ 流动为临界流$$

$$Fr > 1, \ v > v_\omega, \ 流动为急流$$

由式(6-15),得

$$Fr^2 = \frac{v^2}{gh} = \frac{\dfrac{v^2}{2g}}{\dfrac{h}{2}}$$

可见,弗汝德数的平方值代表了单位重量液体的动能与平均势能之半的比值。当水流中的动能超过 $\dfrac{1}{2}$ 平均势能时,$Fr > 1$,则流动为急流;当水流中的动能小于 $\dfrac{1}{2}$ 平均势能时,$Fr < 1$,则流动为缓流。

3)断面比能法

明渠水流的流态还可以从能量的角度进行分析和判断。设明渠非均匀渐变流,如图 6-18(a)所示。任取一过流断面,如图 6-18(b)所示,断面单位重量流体的机械能

$$E = z + \frac{p}{\rho g} + \frac{\alpha v^2}{2g} = z_1 + h + \frac{\alpha v^2}{2g}$$

若将基准面 0-0 平移到过流断面最低点的位置 0_1-0_1，单位重量流体相对于新的基准面 0_1-0_1 的机械能

$$e = E - z_1 = h + \frac{\alpha v^2}{2g} \tag{6-16}$$

式中 e 定义为断面单位能量，简称断面比能，是单位重量流体相对于通过该断面最低点的基准面的机械能。

断面单位能量 e 和单位重量流体的机械能 E 是两个不同的能量概念。E 是相对于沿程同一基准面的机械能，其值必沿程减少，即 $\frac{dE}{ds} < 0$。e 是以通过各自断面最低点的基准面计算的机械能，只与水深、流速有关，而一般非均匀流的水深和流速沿程是变化的，因而 e 值在顺坡渠道可能增加，即 $\frac{de}{ds} > 0$；也可能减少，即 $\frac{de}{ds} < 0$；在均匀流中，e 值沿程不变，即 $\frac{de}{ds} = 0$。

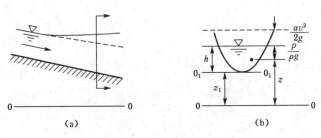

图 6-18　断面单位能量

明渠非均匀流水深是沿程变化的，一定的流量 Q，可能以不同的水深 h 通过某一过流断面，因而有不同的断面单位能量。在断面形状、尺寸和流量一定时，断面单位能量 e 只是水深 h 的函数，即

$$e = h + \frac{\alpha v^2}{2g} = h + \frac{\alpha Q^2}{2gA^2} = f(h) \tag{6-17}$$

以水深 h 为纵坐标，断面单位能量 e 为横坐标，作 $e = f(h)$ 曲线（图 6-19）。从式(6-17)可以看出，当 $h \to 0$ 时，则 $A \to 0$，$v \to \infty$，$e \approx \frac{\alpha v^2}{2g} \to \infty$，比能曲线以横轴为渐近线；当 $h \to \infty$ 时，$A \to \infty$，$v \to 0$，则 $e \approx h \to \infty$，比能曲线又以通过坐标原点与横轴成 45° 角的直线为渐近线。该曲线在 C 点断面比能有最小值 e_{min}，该点将 $e = f(h)$ 曲线分为上下两支。

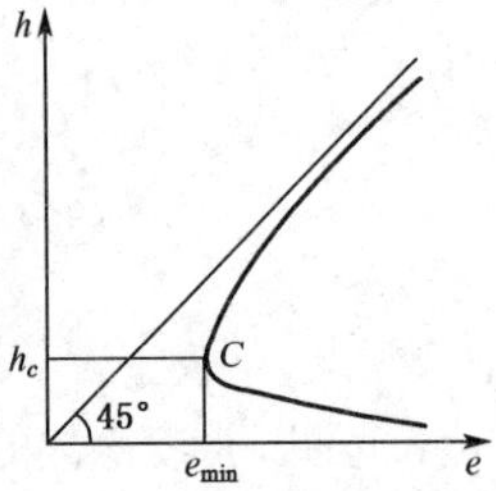

图 6-19　$e = f(h)$ 曲线

若将式(6-17)对 h 取导数，可以进一步了解比能曲线的变化规律

$$\frac{de}{dh} = \frac{d}{dh}\left(h + \frac{\alpha Q^2}{2gA^2}\right) = 1 - \frac{\alpha Q^2}{gA^3}\frac{dA}{dh}$$

考虑到 $\dfrac{\mathrm{d}A}{\mathrm{d}h} = B$，$B$ 为过流断面的水面宽度，取 $\alpha = 1.0$，代入上式，得

$$\frac{\mathrm{d}e}{\mathrm{d}h} = 1 - \frac{Q^2}{gA^3}B = 1 - \frac{v^2}{g\dfrac{A}{B}} = 1 - Fr^2 \tag{6-18}$$

上式表明明渠水流的断面比能随水深的变化规律取决于断面上的弗汝德数。显然：

上支：$\dfrac{\mathrm{d}e}{\mathrm{d}h} > 0$，$Fr < 1$，流动为缓流；

极小点：$\dfrac{\mathrm{d}e}{\mathrm{d}h} = 0$，$Fr = 1$，流动为临界流；

下支：$\dfrac{\mathrm{d}e}{\mathrm{d}h} < 0$，$Fr > 1$，流动为急流。

4）临界水深

上面由能量分析得出，在明渠的断面形式和流量给定的条件下，相应于断面比能最小值的水深称为临界水深，以 h_c 表示，由式(6-18)，临界水深时

$$\frac{\mathrm{d}e}{\mathrm{d}h} = 1 - \frac{\alpha Q^2}{gA_c^3}B_c = 0$$

得

$$\frac{\alpha Q^2}{g} = \frac{A_c^3}{B_c} \tag{6-19}$$

式中 A_c、B_c 表示临界水深时的过流断面面积和水面宽度。式(6-19)是隐函数式，左边是已知量，右边是临界水深 h_c 的函数，通常采用迭代法或作图法求解，也可编制计算机程序求解，得出 h_c。

对于矩形断面渠道，水面宽度 B_c 等于底宽 b。将 $B_c = b$ 代入式(6-19)

$$\frac{\alpha Q^2}{g} = \frac{(bh_c)^3}{b} = b^2 h_c^3$$

得

$$h_c = \sqrt[3]{\frac{\alpha Q^2}{gb^2}} = \sqrt[3]{\frac{\alpha q^2}{g}} \tag{6-20}$$

式中，$q = \dfrac{Q}{b}$ 为单宽流量。

渠道中的水深为临界水深时，相应的流速为临界流速 v_c。由式(6-19)，得

$$v_c = \sqrt{g\frac{A_c}{B_c}}$$

将渠道中的水深 h 与临界水深 h_c 相比较，同样可以判别明渠水流的流动状态，即

$h > h_c$，$v < v_c$，流动为缓流；

$h < h_c$，$v > v_c$，流动为急速；

$h = h_c$，$v = v_c$，流动为临界流。

5）临界底坡

在断面形状、尺寸和糙率沿程不变的棱柱形明渠中，当流量一定时，渠中正常水深 h_0 与明渠底坡 i 有关。若水流的正常水深 h_0 恰好等于临界水深 h_c 时，相应的渠底坡度称为临界底坡，以 i_c 表示。应用明渠均匀流的计算式 $Q = AC\sqrt{Ri}$ 可按上述条件对不同的底坡计算出相应的正常水深 h_0，绘制 $h_0 \sim i$ 曲线，如图 6-20 所示。从图上可以看出，i 越大，h_0 越小。

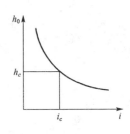

图 6-20　临界底坡

在临界底坡时，明渠中的水深同时满足均匀流基本公式和临界水深公式，即

$$Q = A_c C_c \sqrt{R_c i_c}$$

和

$$\frac{\alpha Q^2}{g} = \frac{A_c^3}{B_c}$$

联立解得

$$i_c = \frac{g}{\alpha C_c^2} \frac{\chi_c}{B_c} \qquad (6\text{-}21)$$

对于宽浅渠道，有 $\chi_c \approx B_c$，则

$$i_c = \frac{g}{\alpha C_c^2} \qquad (6\text{-}22)$$

式中 C_c、χ_c、B_c 分别为与临界水深 h_c 对应的谢才系数、湿周和水面宽度。

由此可见，临界底坡 i_c 是对应某一给定的渠道和流量的特定坡度，它只是为了便于分析明渠流动而引入的一个假想坡度。渠道的实际底坡 i 与临界底坡 i_c 相比较，有三种情况：$i < i_c$ 为缓坡；$i = i_c$ 为临界坡；$i > i_c$ 为陡坡。在明渠均匀流情况下，用底坡类型也可以判别水流的流态，即

$i < i_c$，$h_0 > h_c$，均匀流为缓流；

$i = i_c$，$h_0 = h_c$，均匀流为临界流；

$i > i_c$，$h_0 < h_c$，均匀流为急流。

但一定要注意，这种判别只能适用于均匀流的情况。对于非均匀流，水深 h 不等于正常水深 h_0，在缓坡上可能出现水深 h 小于临界水深 h_c 的急流，而在陡坡上也可能出现水深 h 大于临界水深 h_c 的缓流。

临界流是不稳定的，在渠道设计时应尽量避免。为保证渠中实际流态与设计流态相同，一般常使渠道设计纵坡 i 与设计流量相应的临界底坡 i_c 相差两倍以上。

综上所述，本节讨论了明渠水流的流动流态及其判别，其中干扰波波速 v_ω、弗汝德数 Fr 及临界水深 h_c 作为判别标准是等价的，无论均匀流或非均匀流都适用。临界底坡 i_c 作为判别标准只适用于明渠均匀流。

【例6-5】 某梯形断面渠道,底宽$b = 5$ m,边坡系数$m = 1.0$,通过流量$Q = 8$ m³/s,试求临界水深h_c。

【解】 由式(6-19)$\dfrac{\alpha Q^2}{g} = \dfrac{A_c^3}{B_c}$,其中,$\dfrac{\alpha Q^2}{g} = 6.53$ m⁵

$$B = b + 2mh, \quad A = (b + mh)h$$

因直接求解h_c较困难,给h以不同的值,计算相应的$\dfrac{A^3}{B}$,列入表6-6中,并作$h \sim \dfrac{A^3}{B}$曲线(图6-21)。在图上找出$\dfrac{\alpha Q^2}{B} = 6.53$ m⁵对应的水深,就是所求的临界水深$h_c = 0.61$ m。

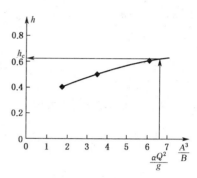

图6-21 $h \sim \dfrac{A^3}{B}$关系曲线

表6-6

h(m)	B(m)	A(m²)	$\dfrac{A^3}{B}$(m⁵)
0.4	5.8	2.16	1.74
0.5	6.0	2.75	3.47
0.6	6.2	3.36	6.12
0.65	6.3	3.67	7.86

【例6-6】 一长直的矩形断面渠道,底宽$b = 1$ m,粗糙系数$n = 0.014$,底坡$i = 0.0004$,渠内均匀流正常水深$h_0 = 0.6$ m,试判别水流的流动状态。

【解】 (1)用波速法判别

断面平均流速

$$v = C\sqrt{Ri}$$

式中,$R = \dfrac{bh_0}{b + 2h_0} = 0.273$ m,$C = \dfrac{1}{n}R^{\frac{1}{6}} = 57.5$ m$^{0.5}$/s,得$v = 0.601$ m/s。

干扰波速度 $v_\omega = \sqrt{gh} = 2.43$ m/s,$v < v_\omega$,流动为缓流。

(2)用弗汝德数判别

弗汝德数 $Fr = \dfrac{v}{\sqrt{gh}} = 0.25$,$Fr < 1$,流动为缓流。

(3)用临界水深判别

由式(6-20),$h_c = \sqrt[3]{\dfrac{\alpha q^2}{g}}$,其中$q = vh_0 = 0.361$ m²/s,得$h_c = 0.237$ m。

$h_0 > h_c$,流动为缓流。

(4)用临界底坡判别

由临界水深$h_c = 0.237$ m,计算相应量

$$B_c = b = 1 \text{ m}$$

$$\chi_c = b + 2h_c = 1.474 \text{ m}$$

$$R_c = \dfrac{bh_c}{\chi_c} = 0.1608 \text{ m}$$

$$C_c = \frac{1}{n} R_c^{\frac{1}{6}} = 52.7 \ \text{m}^{0.5}/\text{s}$$

临界底坡由式(6-21) $i_c = \frac{g}{\alpha C_c^2} \frac{\chi_c}{B_c} = 0.005\,2$，$i < i_c$，为缓坡渠道，均匀流为缓流。

6.4.3　水跃和水跌

缓流和急流是明渠水流的两种不同的流态。工程中由于明渠沿程流动边界的变化，当水流由一种流态向另一种流态转换时，会产生局部的急变流现象——水跃和水跌，下面分别讨论这两种水流现象。

1) 水跃

水跃是水流从急流状态过渡到缓流状态时水面突然跃起的急变流现象。例如在溢流坝、闸、堰等泄水建筑物的下游，以及从陡坡渠道过渡到缓坡渠道，一般都会形成水跃。

水跃区如图 6-22 所示。上部分都是急流冲入缓流激起的表面旋流，翻腾滚动，饱掺空气，称为"表面旋滚"。旋滚下面是断面向前扩张的主流。确定水跃区的几何要素有：

跃前水深 h'：跃前断面（表面旋滚起点所在过水断面）的水深；

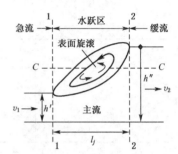

图 6-22　水跃区结构

跃后水深 h''：跃后断面（表面旋滚终点所在过水断面）的水深；

水跃高度 $a = h'' - h'$；

水跃长度 l_j：跃前表面与跃后断面之间的距离。

由于表面旋滚大量掺气、旋转、内部极强的紊动掺混作用，以及主流流速分布不断改组，集中消耗大量的机械能，可达跃前断面急流能量的 $60\% \sim 70\%$，水跃成为主要的消能方式，具有重大意义。

下面推导平坡($i=0$)棱柱形渠道中水跃的基本方程。

如图 6-22 所示，设流量为 Q 的恒定流在泄水建筑物的下游发生自由水跃。跃前断面水深 h'，平均流速 v_1；跃后断面水深 h''，平均流速 v_2。

为便于方程的推导，根据水跃的实际情况，作如下假设：

(1) 渠道边壁摩擦阻力较小，忽略不计。

(2) 跃前、跃后断面为渐变流断面，面上动水压强按静水压强的规律分布。

(3) 跃前、跃后断面的动量修正系数 $\beta_1 = \beta_2 = 1.0$。

取跃前断面 1-1、跃后断面 2-2 之间的水体为控制体，列流动方向总流的动量方程

$$\sum F = \rho Q(\beta_2 v_2 - \beta_1 v_1)$$

因为平坡渠道重力与流动方向正交，又边壁摩擦阻力忽略不计，故作用在控制体上的力只有过流断面上的动水压力：$P_1 = \rho g y_{c1} A_1$，$P_2 = \rho g y_{c2} A_2$，代入上式，可得

$$\rho g y_{c1} A_1 - \rho g y_{c2} A_2 = \rho Q(v_2 - v_1)$$

将 $v_1 = \dfrac{Q}{A_1}$，$v_2 = \dfrac{Q}{A_2}$ 代入上式，并整理得

$$\frac{Q^2}{gA_1} + y_{c1}A_1 = \frac{Q^2}{gA_2} + y_{c2}A_2 \tag{6-23}$$

式中：A_1、A_2——分别为跃前、跃后断面的面积；

　　　y_{c1}、y_{c2}——分别为跃前、跃后断面形心点的水深。

式(6-23)就是平坡棱柱形渠道中水跃的基本方程。它说明水跃区单位时间内，流入跃前断面的动量与该断面动水总压力之和，同流出跃后断面的动量与该断面动水总压力之和相等。

式(6-23)中 A 和 y_c 都是水深的函数，其余量均为常量，所以可写出下式：

$$J(h) = \frac{Q^2}{gA} + y_c A \tag{6-24}$$

$J(h)$ 称为水跃函数，类似断面单位能量曲线，可以画出水跃函数曲线，如图 6-23 所示。

可以证明，曲线上对应水跃函数最小值的水深，恰好也是该流量在已给明渠中的临界水深 h_c，即 $J(h) = J_{\min}$。当 $h > h_c$ 时，$J(h)$ 随水深增大而增大；当 $h < h_c$ 时，$J(h)$ 随水深增大而减小。这样，水跃方程式(6-23)可简写为

$$J(h') = J(h'') \tag{6-25}$$

式中，h'、h'' 分别为跃前和跃后水深，是使水跃函数值相等的两个水深，这一对水深称为共轭水深。由图 6-23 可以看出，跃前水深越小，对应的跃后水深越大；反之，跃前水深越大，对应的跃后水深越小。

关于水跃的计算有下面几种情况：

(1) 共轭水深计算

共轭水深计算是各项水跃计算的基础。泄水建筑物下游明渠常采用矩形的过流断面，下面讨论矩形明渠中的共轭水深计算。

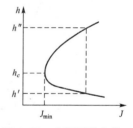

图 6-23　水跃函数曲线

对于矩形断面的平底坡明渠，$A = bh$，$y_c = \dfrac{h}{2}$，单宽流量 $q = \dfrac{Q}{b}$ 代入式(6-23)，消去 b，得

$$\frac{q^2}{gh'} + \frac{h'^2}{2} = \frac{q^2}{gh''} + \frac{h''^2}{2}$$

经过整理，得二次方程式

$$h'h''(h' + h'') = \frac{2q^2}{g}$$

分别以跃后水深 h'' 和跃前水深 h' 为未知量，解上式，得

$$h'' = \frac{h'}{2}\left(\sqrt{1 + \frac{8q^2}{gh'^3}} - 1\right) \tag{6-26}$$

$$h' = \frac{h''}{2}\left(\sqrt{1 + \frac{8q^2}{gh''^3}} - 1\right) \tag{6-27}$$

由于 $\dfrac{q^2}{gh'^3} = \dfrac{v_1^2}{gh'} = Fr_1^2$，$\dfrac{Q^2}{gh''^3} = \dfrac{v_2^2}{gh''} = Fr_2^2$，所以上面两式又可写为

$$h'' = \frac{h'}{2}\left(\sqrt{1+8Fr_1^2} - 1 \right) \tag{6-28}$$

$$h' = \frac{h''}{2}\left(\sqrt{1+8Fr_2^2} - 1 \right) \tag{6-29}$$

式中：Fr_1、Fr_2——分别为跃前和跃后水流的弗汝德数。

（2）水跃长度计算

水跃长度是泄水建筑物消能设计的主要依据之一。由于水跃现象的复杂性，目前理论研究尚不成熟，水跃长度的确定仍以实验研究为主。现介绍用于计算平底坡矩形渠道水跃长度的经验公式。

① 以跃后水深表示的公式

$$l_j = 6.1h''$$

适用范围为 $4.5 < Fr_1 < 10$。

② 以跃高表示的公式

$$l_j = 6.9(h'' - h')$$

③ 含弗汝德数的公式

$$l_j = 9.4(Fr_1 - 1)h'$$

（3）消能计算

研究发现，水跃造成的能量损失主要集中在水跃段，仅有极少部分发生在跃后段。对平底矩形渠道，对跃前、跃后断面列总能量方程，可得水跃的能量损失为

$$\Delta E_j = \left(h' + \frac{\alpha_1 v_1^2}{2g} \right) - \left(h'' + \frac{\alpha_2 v_2^2}{2g} \right) \tag{6-30}$$

将 $v_1 = \dfrac{q}{h'}$，$v_2 = \dfrac{q}{h''}$ 和 $h'h''(h'+h'') = \dfrac{2q^2}{g}$ 代入式（6-30），并取 $\alpha_1 = \alpha_2 = 1.0$，得

$$\Delta E_j = \frac{(h'' - h')^3}{4h'h''} \tag{6-31}$$

式（6-31）说明，在给定流量下，跃前与跃后水深相差越大，水跃消除的能量值就越大。

【例 6-7】 某泄水建筑物下游矩形断面渠道，泄流单宽流量 $q = 15 \text{ m}^2/\text{s}$。产生水跃，跃前水深 $h' = 0.8 \text{ m}$。试求：（1）跃后水深 h''；（2）水跃长度 l_j；（3）水跃消能率 $\dfrac{\Delta E_j}{E_1}$。

【解】 （1）求跃后水深 h''

$$Fr_1^2 = \frac{q^2}{gh'^3} = \frac{(15 \text{ m}^2/\text{s})^2}{9.8 \text{ m/s}^2 \times (0.8 \text{ m})^3} = 44.84$$

$$h'' = \frac{h'}{2}\left(\sqrt{1+8Fr_1^2} - 1 \right) = \frac{0.8 \text{ m}}{2} \times \left(\sqrt{1+8\times 44.84} - 1 \right) = 7.19 \text{ m}$$

（2）求水跃长度 l_j

按 $l_j = 6.1h'' = 6.1 \times 7.19 = 43.86$ m

按 $l_j = 6.9(h'' - h') = 6.9 \times 6.39 = 44.09$ m

按 $l_j = 9.4(Fr_1 - 1)h' = 42.83$ m

（3）求水跃消能率 $\dfrac{\Delta E_j}{E_1}$

$$\Delta E_j = \frac{(h'' - h')^3}{4h'h''} = \frac{(7.19\ \text{m} - 0.8\ \text{m})^3}{4 \times 0.8\ \text{m} \times 7.19\ \text{m}} = 11.34\ \text{m}$$

$$\frac{\Delta E_j}{E_1} = \frac{\Delta E_j}{h' + \dfrac{q^2}{2gh'^2}} = \frac{11.34\ \text{m}}{0.8\ \text{m} + \dfrac{(15\ \text{m}^2/\text{s})^2}{2 \times 9.8\ \text{m/s}^2 \times (0.8\ \text{m})^2}} = 61\%$$

2）水跌

水跌是明渠水流从缓流过渡到急流，水面急剧降落的急变流现象。这种现象常见于渠道底坡由缓坡（$i < i_c$）突然变为陡坡（$i > i_c$）或下游渠道断面形状突然改变处。下面以缓坡渠道末端跌坎上的水流为例来说明水跌现象（图 6-24）。

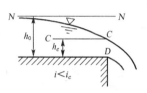

图 6-24 水跌现象

设该渠道的底坡无变化，一直向下游延伸下去，渠道内将形成缓流状态的均匀流，水深为正常水深 h_0，水面线 N-N 与渠底平行。现在渠道在 D 断面截断称为跌坎，失去了下游水流的阻力，使得重力的分力与阻力不相平衡，造成水流加速，水面急剧降低，临近跌坎断面水流变为非均匀急变流。

跌坎上水面沿程降落，应符合机械能沿程减小、末端断面最小、$E = E_{min}$ 的规律：

$$E = z_1 + h + \frac{\alpha v^2}{2g} = z_1 + e$$

式中：z_1——某断面渠底在基准面 0-0 以上的高度；

e——断面单位能量。

在缓流状态下，水深减小，断面单位能量随之减小，坎端断面水深降至临界水深 h_c，断面单位能量达到最小值 $e = e_{min}$，该断面的位置高度 z_1 也最小，所以机械能最小，符合机械能沿程减小的规律。缓流以临界水深通过跌坎断面或变为陡坡的断面，过渡到急流水跌现象的特征。

需要指出的是，上述断面单位能量和临界水深的理论，都是在渐变流的前提下建立的，坎端断面附近，水面急剧下降，流线显著弯曲，流动已不是渐变线。由实验得出，实际坎端水深 h_D 略小于按渐变流计算的临界水深 h_c，$h_D \approx 0.7h_c$。h_c 值发生在距坎端断面约（3~4）h_c 的位置。但一般的水面分析和计算，仍取坎端断面的水深是临界水深 h_c 作为控制水深。

6.4.4 棱柱形渠道非均匀渐变流水面曲线的分析

在河道中修建挡水、泄水等建筑物后，改变了原来正常的流动状态，水面发生了壅高或跌落，在其上、下游发生了非均匀流动。明渠非均匀流是不等深、不等速的流动。根据沿程水深、流速变化程度的不同，分为非均匀急变流和非均匀渐变流。例如，在缓坡渠道中，设有顶部泄流的溢流坝,渠道末端为跌坎(图 6-25)。此时,坝上游水位抬高,并影响一定范围,这一段为非均匀渐变流,再远可视为均匀流;坝下游水流收缩断面至水跃前断面,以及水跃上游流段也是非均匀渐变流,而水沿溢流坝下泄及水跃、水跌均为非均匀急变流。

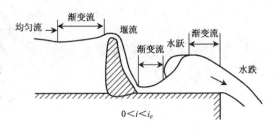

图 6-25 明渠水流流动状态

在棱柱形明渠中发生渐变流时,根据明渠内建筑物所形成的控制水位的不同,可形成 12 种类型的明渠水面曲线。为了确定明渠中建坝后的壅水高程和淹没范围,决定泄水渠的边墙高度等工程设计问题,均需要掌握非均匀渐变流的基本方程,以便进行水面曲线的分析和计算。

1) 棱柱形渠道非均匀渐变流微分方程

图 6-26 为一明渠非均匀渐变流段,沿水流方向任取一微小流段 $\mathrm{d}s$,其上游 1-1 断面相对于 $O\text{-}O$ 基准面的渠底高程为 z,水深为 h,断面平均流速为 v;下游 2-2 断面相应参数为 $z+\mathrm{d}z$,$h+\mathrm{d}h$,$v+\mathrm{d}v$。列 1-1、2-2 断面能量方程

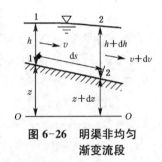

$$(z+h)+\frac{\alpha v^2}{2g}=(z+\mathrm{d}z+h+\mathrm{d}h)+\frac{\alpha\,(v+\mathrm{d}v)^2}{2g}+\mathrm{d}h_w$$

图 6-26 明渠非均匀渐变流段

上式中 $(v+\mathrm{d}v)^2$ 按二项式展开,并忽略高阶微量 $(\mathrm{d}v)^2$,整理得

$$\mathrm{d}z+\mathrm{d}h+d\left(\frac{\alpha v^2}{2g}\right)+\mathrm{d}h_w=0$$

对于渐变流段,局部水头损失很小,忽略不计,$\mathrm{d}h_w=\mathrm{d}h_f$,并以 $\mathrm{d}s$ 除上式,得

$$\frac{\mathrm{d}z}{\mathrm{d}s}+\frac{\mathrm{d}h}{\mathrm{d}s}+\frac{\mathrm{d}}{\mathrm{d}s}\left(\frac{\alpha v^2}{2g}\right)+\frac{\mathrm{d}h_f}{\mathrm{d}s}=0 \tag{6-32}$$

式中: (1) $\dfrac{\mathrm{d}z}{\mathrm{d}s}=-\dfrac{z_1-z_2}{\mathrm{d}s}=-i$,$i$ 为渠道底坡。

(2) $\dfrac{\mathrm{d}}{\mathrm{d}s}\left(\dfrac{\alpha v^2}{2g}\right)=\dfrac{\mathrm{d}}{\mathrm{d}s}\left(\dfrac{\alpha Q^2}{2gA^2}\right)=-\dfrac{\alpha Q^2}{gA^3}\dfrac{\mathrm{d}A}{\mathrm{d}s}$,棱柱形渠道过流断面面积只随水深变化,即 $A=f(h)$,而水深 h 又是流程 s 的函数,即 $h=f(s)$。则

$$\frac{\mathrm{d}A}{\mathrm{d}s}=\frac{\mathrm{d}A}{\mathrm{d}h}\frac{\mathrm{d}h}{\mathrm{d}s}=B\frac{\mathrm{d}h}{\mathrm{d}s}$$

式中 $\dfrac{\mathrm{d}A}{\mathrm{d}h}=B$,$B$ 为水面宽度。于是

$$\frac{\mathrm{d}}{\mathrm{d}s}\left(\frac{\alpha v^2}{2g}\right)=-\frac{\alpha Q^2}{gA^3}B\frac{\mathrm{d}h}{\mathrm{d}s}$$

(3) $\dfrac{\mathrm{d}h_f}{\mathrm{d}s}=J_f$ 为摩阻坡度,由于局部水头损失忽略不计,所以又可看作水力坡度 J。对于

非均匀渐变流过流断面沿程变化缓慢,近似按均匀流计算

$$J_f = J = \frac{Q^2}{A^2 C^2 R} = \frac{Q^2}{K^2}$$

将式(1)、(2)、(3)代入式(6-32)

$$-i + \frac{\mathrm{d}h}{\mathrm{d}s} - \frac{\alpha Q^2}{g A^3} B \frac{\mathrm{d}h}{\mathrm{d}s} + J = 0$$

即

$$\frac{\mathrm{d}h}{\mathrm{d}s} = \frac{i - J}{1 - \dfrac{\alpha Q^2 B}{g A^3}} = \frac{i - J}{1 - Fr^2} \tag{6-33}$$

式(6-33)为棱柱形渠道非均匀渐变流微分方程。该式是在顺坡($i > 0$)的情况下得出的。

对于平坡渠道 $i = 0$,则有

$$\frac{\mathrm{d}h}{\mathrm{d}s} = \frac{-J}{1 - Fr^2} \tag{6-34}$$

对于逆坡渠道,$i < 0$,以渠底坡度 $|i| = i'$ 代入式(6-33),得

$$\frac{\mathrm{d}h}{\mathrm{d}s} = \frac{-i' - J}{1 - Fr^2} \tag{6-35}$$

应用以上三式,可以分析棱柱形渠道的非均匀渐变流动水面曲线的 12 种型式。

2)水面曲线分析

明渠中非均匀流有减速运动和加速运动,其相应的水面线也分为两类:减速流动,水深沿程增加,$\dfrac{\mathrm{d}h}{\mathrm{d}s} > 0$,称为壅水曲线;加速流动,水深沿程减小,$\dfrac{\mathrm{d}h}{\mathrm{d}s} < 0$,称为降水曲线。所以分析水面曲线型式时,应着眼于 $\dfrac{\mathrm{d}h}{\mathrm{d}s}$ 数值的正负,即决定于式(6-33)中分子、分母的正负变化。因此,使分子、分母为零的水深,就是水面曲线变化规律不同区域的分界。实际水深等于正常水深时,$h = h_0$,渠道中为均匀流动,$J = i$,分子 $i - J = 0$;实际水深等于临界水深时,$h = h_c$,渠道中为临界流,$Fr = 1$,分母 $1 - Fr^2 = 0$。所以分析水面曲线的变化,可借助于正常水深 h_0 线(以 N-N 线表示)和临界水深 h_c 线(以 C-C 线表示)将流动空间分为三个区,分别讨论。

(1)顺坡($i > 0$)渠道

顺坡渠道分为缓坡($i < i_c$)、陡坡($i > i_c$)、临界坡($i = i_c$)三种,均可由微分方程 $\dfrac{\mathrm{d}h}{\mathrm{d}s} = \dfrac{i - J}{1 - Fr^2}$ 分析水面曲线。

缓坡($i < i_c$)渠道:

缓坡渠道中,正常水深 h_0 大于临界水深 h_c,由 N-N 线和 C-C 线将流动空间分成三个区域,明渠在不同的区域内流动,水面曲线的变化不同(图6-27)。

1区($h > h_0 > h_c$):

水深 h 大于正常水深 h_0,也大于临界水深 h_c,流动是缓流。该区水深变化趋势,在式

(6-33) 中,分子:$h>h_0$,流量系数 $K>K_0$,$J<i$,$i-J>0$;分母:$h>h_c$,$Fr<1$,$1-Fr^2>0$。所以 $\dfrac{\mathrm{d}h}{\mathrm{d}s}>0$,水深沿程增加,水面线是壅水曲线,称为 M_1 型水面线。

两端的极限情况:上游 $h\to h_0$,$J\to i$,$i-J\to 0$;$h\to h_0>h_c$,$Fr<1$,$1-Fr^2>0$。所以 $\dfrac{\mathrm{d}h}{\mathrm{d}s}\to 0$,水深沿程不变,水面线以 $N\text{-}N$ 线为渐近线。下游 $h\to\infty$,流量模数 $K\to\infty$,$J\to 0$,$i-J\to i$;$h\to\infty$,$Fr\to 0$,$1-Fr^2\to 1$。所以 $\dfrac{\mathrm{d}h}{\mathrm{d}s}\to i$,单位距离上水深的增加等于渠底高程的降低,水面线为水平线。

综合以上分析,M_1 型水面线是上游以 $N\text{-}N$ 线为渐近线,下游为水平线,形状下凹的壅水曲线(图 6-27)。

在缓坡渠道上修建溢流坝,抬高水位的控制水深 h 超过该流量的正常水深 h_0,溢流坝上游将出现 M_1 型水面线(图 6-28)。

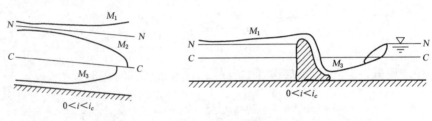

图 6-27　M 型水面线　　　　　图 6-28　M_1、M_3 型水面线

2 区($h_0>h>h_c$):

水深 h 小于正常水深 h_0,但大于临界水深 h_c,流动仍是缓流。该区水深变化的趋势,在式 (6-33) 中,分子:$h<h_0$,$J>i$,$i-J<0$;分母:$h>h_c$,$Fr<1$,$1-Fr^2>0$。所以 $\dfrac{\mathrm{d}h}{\mathrm{d}s}<0$,水深沿程减小,水面线是降水曲线,称为 M_2 型水面线。

两端极限情况:上游 $h\to h_0$,与分析 M_1 型水面线类似,得 $\dfrac{\mathrm{d}h}{\mathrm{d}s}\to 0$,水深沿程不变,水面线以 $N\text{-}N$ 为渐近线。下游 $h\to h_c<h_0$,$J>i$,$i-J<0$;$h\to h_c$,$Fr\to 1$,$1-Fr^2\to 0$。所以 $\dfrac{\mathrm{d}h}{\mathrm{d}s}\to-\infty$,水面线与 $C\text{-}C$ 线正交,此处已不再是渐变流,而发生水跃现象。

综合以上分析,M_2 型水面线是上游以 $N\text{-}N$ 线为渐近线,下游发生水跃,形状上凸的降水曲线(图 6-27)。

缓坡渠道末端为跌坎,渠道内为 M_2 型水面线,跌坎断面水深为临界水深(图 6-29)。

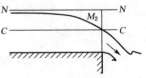

图 6-29　M_2 型水面线

3 区($h<h_c<h_0$):

水深 h 小于正常水深 h_0,也小于临界水深 h_c,流动是急流。该区水深变化的趋势,在式 (6-33) 中,分子:$h<h_0$,$J>i$,$i-J<0$;分母:$h<h_c$,$Fr>1$,$1-Fr^2<0$。所以 $\dfrac{\mathrm{d}h}{\mathrm{d}s}>0$,水深沿程增加,水面线是壅水曲线,称为 M_3 型水面线。

两端极限情况:上游水深由出流条件控制,下游 $h\to h_c<h_0$,$J>i$,$i-J<0$;$h\to h_c$,

$Fr \to 1$，$1 - Fr^2 \to 0$。所以 $\dfrac{\mathrm{d}h}{\mathrm{d}s} \to \infty$，发生水跃。

综合以上分析，M_3 型曲线是上游由出流条件控制，下游发生水跃，形状下凹的壅水曲线（图 6-27）。

在缓坡渠道中修建溢流坝，下泄水流的收缩水深小于临界水深，下泄的急流受下游缓流的阻滞，流速沿程减小，水深增加，形成 M_3 型水面线（图 6-28）。

陡坡（$i > i_c$）渠道：

陡坡渠道中，正常水深 h_0 小于临界水深 h_c，由 N-N 线和 C-C 线将流动空间分成三个区域（图 6-30）。

1 区（$h > h_c > h_0$）：

水深 h 大于正常水深 h_0，也大于临界水深 h_c，流动是缓流。用类似前面分析缓坡渠道水面线的方法，由式（6-33），可得 $\dfrac{\mathrm{d}h}{\mathrm{d}s} > 0$，水深沿程增加，水面线是壅水曲线，称为 S_1 型水面线。当上游 $h \to h_c$ 时，$\dfrac{\mathrm{d}h}{\mathrm{d}s} \to \infty$，发生水跃；当下游 $h \to \infty$，$\dfrac{\mathrm{d}h}{\mathrm{d}s} \to i$，水面线为水平线（图 6-30）。

在陡坡渠道中修建溢流坝，上游形成 S_1 型水面线（图 6-31）。

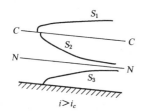

图 6-30 S 型水面线

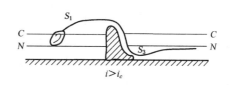

图 6-31 S_1、S_3 型水面线

2 区（$h_c > h > h_0$）：

水深 h 大于正常水深 h_0，但小于临界水深 h_c，流动是急流。由式（6-33），可得 $\dfrac{\mathrm{d}h}{\mathrm{d}s} < 0$，水深沿程减小，水面线是降水曲线，称为 S_2 型水面线。当上游 $h \to h_c$ 时，$\dfrac{\mathrm{d}h}{\mathrm{d}s} \to -\infty$，发生水跃；当下游 $h \to h_0$ 时，$\dfrac{\mathrm{d}h}{\mathrm{d}s} \to 0$，水深沿程不变，水面线以 N-N 线为渐近线。

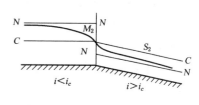

图 6-32 M_2、S_2 型水面线

水流由缓坡渠道流入陡坡渠道，在缓坡渠道中为 M_2 型水面线，在变坡断面水深降至临界水深，发生水跃，与下游陡坡渠道中形成的 S_2 型水面衔接（图 6-32）。

3 区（$h < h_0 < h_c$）：

水深 h 小于正常水深 h_0，也小于临界水深 h_c，流动是急流。由式（6-33），可得 $\dfrac{\mathrm{d}h}{\mathrm{d}s} > 0$，水深沿程增加，水面线是壅水曲线，称为 S_3 型水面线，上游水深由出流断面控制，当下游 $h \to h_0$ 时，$\dfrac{\mathrm{d}h}{\mathrm{d}s} \to 0$，水深沿程不变，水面线以 N-N 线为渐近线（图 6-30）。

在陡坡渠道中修建溢流坝，下泄水流的收缩水深小于正常水深，也小于临界水深，下游

形成 S_3 型水面线(图 6-31)。

临界坡($i = i_c$)渠道:

临界坡渠道中,正常水深 h_0 等于临界水深 h_c,N-N 线与 C-C 线重合,流动空间分为 1、3 两个区域,无 2 区。水面线分别称为 C_1 型水面线和 C_3 型水面线,都是壅水曲线,且在趋近 N-N(C-C)线时趋于水平线(图 6-33)。

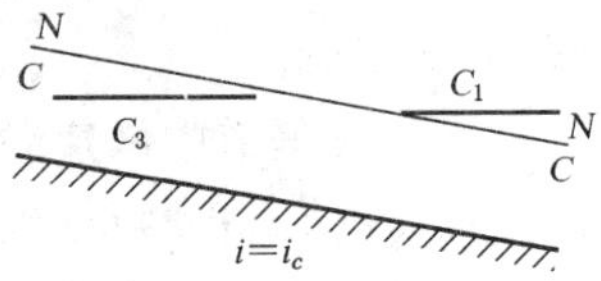

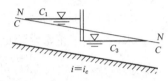

图 6-33 C 型水面线

在临界坡渠道(实际工程不适用)泄水闸门上、下游,可形成 C_1、C_3 型水面线(图 6-34)。

(2) 平坡($i = 0$)渠道

平坡渠道中,不能形成均匀流,无 N-N 线,只有 C-C 线,流动空间分为 2、3 两个区域。

平坡渠道中水面线的变化,由式(6-34),得到:2 区($h > h_c$),$\dfrac{\mathrm{d}h}{\mathrm{d}s} < 0$,水面线是降水面曲线,称为 H_2 型水面线;3 区($h < h_c$),$\dfrac{\mathrm{d}h}{\mathrm{d}s} > 0$,水面线是壅水曲线,称为 H_3 型水面线(图 6-35)。

图 6-34 C_1、C_3 型水面线

在平渠道中,设有泄水闸门,闸门的开启高度小于临界水深,渠道足够长,末端为跌坎时,闸门下游将形成 H_2、H_3 型水面线(图 6-36)。

(3) 逆坡($i < 0$)渠道

逆坡渠道中,不能形成均匀流,无 N-N 线,只有 C-C 线,流动空间分为 2、3 两个区域。

逆坡渠道中水面线的变化,由式(6-35),得到:2 区($h > h_c$),$\dfrac{\mathrm{d}h}{\mathrm{d}s} < 0$,水面线是降水曲线,称为 A_2 型水面线;3 区($h < h_c$),$\dfrac{\mathrm{d}h}{\mathrm{d}s} > 0$ 水面线是壅水曲线,称为 A_3 型水面线(图 6-37)。

在逆坡渠道中,设有泄水闸门,闸门的开启高度小于临界水深,渠道足够长,末端为跌坎时,闸门下游将形成 A_2、A_3 型水面线(图 6-38)。

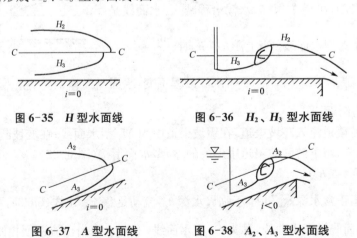

图 6-35 H 型水面线   图 6-36 H_2、H_3 型水面线

图 6-37 A 型水面线   图 6-38 A_2、A_3 型水面线

3) 水面线分析的一般原则

上面列举了棱柱形明渠中可能出现的 12 种型式的水面线,它们之间有共同的规律,又

有各自的特点,在进行具体的水面线分析时要注意以下几点:

(1) 为便于分析,由同流量下的正常水深线 N-N 与临界水深线 C-C,将明渠流动空间分为不同的区域。这里 N-N 线、C-C 线不是渠道中的实际水面线,而是流动空间分区的分界线。

(2) 在各区域中,1、3 区的水面线(M_1、M_3、S_1、S_3、C_1、C_3、H_3、A_3 型水面线)是壅水曲线,2 区的水面线(M_2、S_2、H_2、A_2 型水面线)是降水曲线。

(3) 在分析或计算水面线时,必须从位置确定且根据水流条件及其水深已知的控制断面开始,相应的水深即为控制水深。例如闸、坝、桥、涵等建筑物前的壅水水位,闸下出流、堰顶溢流下游收缩断面水深,水跌中的临界水深以及长直渠道中的正常水深等均可作为控制水深。

(4) 因急流的干扰波只能向下游传播,所以急流状态下的 M_3、S_2、S_3、C_3、H_3 以及 A_3 型水面线,其控制水深必在上游,而缓流的干扰波可以上传,缓流状态下的 M_1、M_2、S_1、C_1、H_2 以及 A_2 型水面线,其控制水深均在下游。

(5) 除 C_1、C_2 型水面线外,所有水面线在水深 h 趋于正常水深 h_0 时,均以 N-N 线为渐近线。在水深 h 趋于临界水深 h_c 时,均以 C-C 线正交,但这里已不再符合渐变流动条件而属于急变流动。沿水流方向,由缓流过渡到急流,水流以水跌方式通过临界水深;从急流过渡到缓流,则水流以水跃方式通过临界水深,水跃的位置应满足跃前跃后水深的共轭关系。

【例 6-8】 储水池引出的输水长渠道,中间设有闸门,末端为跌坎,试画出:①输水渠道为缓坡,闸门开启高度小于临界水深(图 6-39(a)),水面曲线示意图;②输水渠道为陡坡,闸门开启高度小于正常水深(图 6-39(b)),水面曲线示意图。

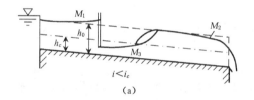
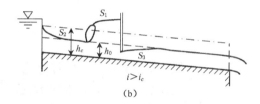

图 6-39 水面曲线绘制

【解】 (1) 缓坡 ($0 < i < i_c$) 渠道

绘 N-N、C-C 线将流动空间分区,找出闸前水深、闸下出流收缩水深及渠道末端临界水深为各渠段水面线的控制水深。闸前段:因闸门阻水,闸前水面升高超过 N-N 线,闸前段为 M_1 型壅水曲线,向上延伸到储水池出口,影响水池出流。闸后段:闸下水深小于临界水深,自收缩断面向下为 M_3 型壅水曲线,又渠道末端为临界水深,向上为 M_2 型降水曲线,在与 M_3 型水面曲线的水深成共轭水深的断面间发生水跃。

(2) 缓坡 ($i > i_c$) 渠道

绘 N-N、C-C 线将流动空间分区,找出渠道进口水深、闸前水深及闸下出流收缩水深为各渠段水面线的控制水深。闸前段:因闸门阻水,闸前水面升高超过 C-C 线,闸前段为 S_1 型壅水曲线,向上延伸到 C-C 线,不影响储水池出流,输水渠道自进口向下为 S_2 型降水曲线,在与 S_1 型水面曲线的水深成共轭水深的断面间发生水跃。闸后段:自收缩断面向下为 S_3 型壅水曲线,下游以 N-N 线为渐近线流出跌坎。

以上水面曲线直接绘于图 6-39(a)、图 6-39(b) 上面。

6.4.5 明渠恒定非均匀渐变流水面曲线计算

实际明渠工程除要求对水面线作出定性分析之外,有时还需要定量计算和绘出水面线。水面线常用分段求和法计算,这个方法是将整个流程分为若干个流段 Δl,并以有限差式来代替微分方程式,然后根据有限差计算水深和相应的距离。

设明渠非均匀渐变流,取其中某流段 Δl(图 6-40),列 1-1、2-2 断面伯努利方程式

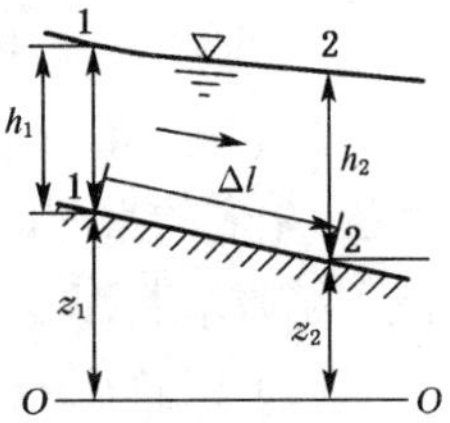

$$z_1 + h_1 + \frac{\alpha_1 v_1^2}{2g} = z_2 + h_2 + \frac{\alpha_2 v_2^2}{2g} + \Delta h_w$$

$$\left(h_2 + \frac{\alpha_2 v_2^2}{2g}\right) - \left(h_1 + \frac{\alpha_1 v_1^2}{2g}\right) = (z_1 - z_2) - \Delta h_w$$

图 6-40 水面曲线计算

式中,$z_1 - z_2 = i\Delta l$,$\Delta h_w = \Delta h_f = \overline{J}\Delta l$,渐变流沿程水头损失近似按均匀流公式计算。该流段平均水力坡度

$$\overline{J} = \frac{\overline{v}}{\overline{C}^2 \overline{R}}$$

其中 $\overline{v} = \frac{v_1 + v_2}{2}$,$\overline{R} = \frac{R_1 + R_2}{2}$,$\overline{C} = \frac{C_1 + C_2}{2}$,又 $e_1 = h_1 + \frac{\alpha_1 v_1^2}{2g}$,$e_2 = h_2 + \frac{\alpha_2 v_{21}^2}{2g}$,将各项代入前式,整理得

$$\Delta l = \frac{e_2 - e_1}{i - \overline{J}} = \frac{\Delta e}{i - \overline{J}} \tag{6-36}$$

上式就是分段求知计算水面线的计算式。

以控制断面水深作为起始水深 h_1(或 h_2),假设相邻断面水深 h_2(或 h_1),算出 Δe 和 $\overline{J}$,代入式(6-36)即可求出第一个分段的长度 Δl_1。再以 Δl_1 处的断面水深作为下一分段的起始水深,用同样的方法求出第 2 个分段的长度 Δl_2。依次计算,直至分段总和等于渠道总长 $\sum \Delta l = l$。根据所求各断面的水深及各分段的长度,即可绘制定量的水面线。

由于分段求和法直接由伯努利方程导出,对棱柱形渠道和非棱柱形渠道都适用,是水面线计算的基本方法。此外,对于棱柱形渠道,还可对式(6-33)近似积分计算。

【例 6-9】 矩形排水长渠道,底宽 $b = 2\,\mathrm{m}$,粗糙系数 $n = 0.025$,底坡 $i = 0.0002$,排水流量 $Q = 2.0\,\mathrm{m^3/s}$,渠道末端排入河中(图 6-41)。试绘制水面曲线。

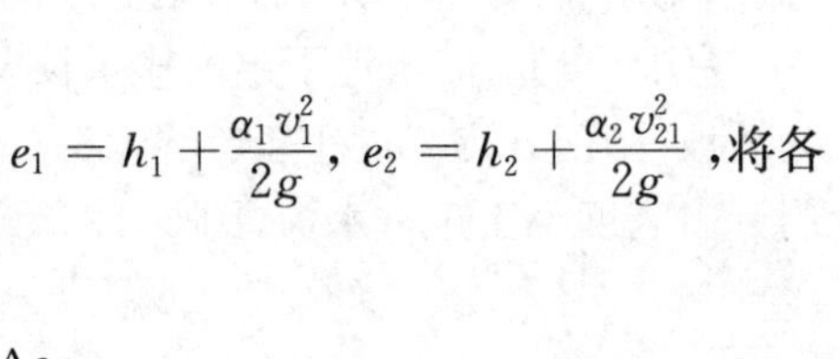

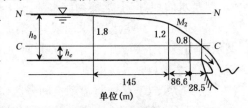

图 6-41 水面线绘制

【解】 (1)判别渠道底坡性质及水面线类型

正常水深由式(6-5)试算得 $h_0 = 2.26\,\mathrm{m}$;临界水深由式(6-20)算得 $h_c = 0.467\,\mathrm{m}$。按 h_0、h_c 计算值,在图中标出 N-N 线和 C-C 线。$h_0 > h_c$ 为缓坡渠道,末端(跌坎)水深为 h_c,渠内水流在缓坡渠道 2 区流动,水面线为 M_2 型降水曲线。

（2）水面线计算

渠道内为缓流，末端水深 h_c 为控制水深，向上游推算。

取 $h_2 = h_c = 0.467\,\text{m}$，$A_2 = bh_2 = 0.943\,\text{m}^2$，$v_2 = \dfrac{Q}{A_2} = 2.14\,\text{m/s}$，$\dfrac{v_2^2}{2g} = 0.234\,\text{m}$，

$e_2 = h_2 + \dfrac{v_2^2}{2g} = 0.7\,\text{m}$，$R_2 = \dfrac{A_2}{\chi_2} = 0.32\,\text{m}$，$C_2 = \dfrac{1}{n}R_2^{\frac{1}{6}} = 33.07\,\text{m}^{0.5}/\text{s}$

设 $h_1 = 0.8\,\text{m}$，$A_1 = bh_1 = 1.6\,\text{m}^2$，$v_1 = \dfrac{Q}{A_1} = 1.25\,\text{m/s}$，$\dfrac{v_1^2}{2g} = 0.08\,\text{m}$，$e_1 = h_1 +$

$\dfrac{v_1^2}{2g} = 0.88\,\text{m}$，$R_1 = \dfrac{A_1}{\chi_1} = 0.44\,\text{m}$，$C_1 = \dfrac{1}{n}R_1^{\frac{1}{6}} = 34.94\,\text{m}^{0.5}/\text{s}$

平均值 $\bar{v} = \dfrac{v_1 + v_2}{2} = 1.695\,\text{m/s}$，$\bar{R} = \dfrac{R_1 + R_2}{2} = 0.38\,\text{m}$，$\bar{C} = \dfrac{C_1 + C_2}{2} = 34\,\text{m}^{0.5}/\text{s}$，

$\bar{J} = \dfrac{\bar{v}^2}{\bar{C}^2\bar{R}} = 0.006\,5$，$\Delta l_{1-2} = \dfrac{\Delta l}{i - \bar{J}} = \dfrac{-0.18}{-0.006\,3} = 28.57\,\text{m}$

继续按 $h = 1.2\,\text{m}$、$1.8\,\text{m}$、$2.1\,\text{m}$，重复以上步骤计算各段长度，各段计算结果见表6-7。根据计算值，便可绘制泄水渠内水面线。

表 6-7　水面曲线计算表

断面	h(m)	A(m²)	v(m/s)	$\bar{v}$(m/s)	$\dfrac{v^2}{2g}$(m)	e(m)	Δe(m)
1	0.476	0.934	2.140		0.234	0.700	
2	0.800	1.600	1.250	1.695	0.080	0.880	−0.180
3	1.200	2.400	0.833	1.640	0.035	1.235	−0.355
4	1.800	3.600	0.556	0.694	0.016	1.816	0.581
5	2.100	4.200	0.476	0.516	0.012	2.112	−0.296

断面	R(m)	$\bar{R}$(m)	C(m⁰·⁵/s)	$\bar{C}$(m⁰·⁵/s)	$\bar{J}$	$i - \bar{J}$	Δl(m)	$\sum\Delta l$(m)
1	0.320		33.07		0.006 5	−0.006 3	28.57	28.57
2	0.440	0.380	34.94	34.00	0.004 3	−0.004 1	86.59	115.16
3	0.545	0.493	36.15	35.55	0.000 6	−0.000 4	1 452	1 567.16
4	0.643	0.594	37.16	36.66	0.000 29	−0.000 09	3 288	4 855
5	0.677	0.660	37.48	37.32				

注：为便于水面曲线定位绘制，表中的断面编号，是自末端断面（控制断面）算起的。

思考题

1. 与有压管流相比，明渠水流的主要特征是什么？

2. 明渠均匀流有哪些水力特征？在什么条件下可能产生明渠均匀流？

3. 为什么只有在正坡渠道上才有可能产生均匀流，而平坡和逆坡渠道则没有可能？

4. 什么叫正常水深？它与流量、糙率、渠道、底坡之间有何关系？

5. 什么是水力最优断面？它是否一定是渠道设计中的最优断面？为什么？

6. 梯形断面渠道满足水力最优时的条件是什么？若要使梯形水力最优断面的水深和底宽相等，则边坡系数 m 应为多少？

7. 无压圆管均匀流中，为什么其流量在满管流之前已达到最大值？

8. 什么是缓流、急流、临界流？如何判别？各有什么特点？

9. 断面单位能量与单位重量流体的机械能有何异同？

10. 为什么能够利用弗汝德数来判别流态？

11. 什么是临界水深？如何利用临界水深来判别流态？

12. 两条明渠的断面形状和尺寸均一样，而底坡和糙率不一样，当通过的流量相等时，问两明渠的临界水深是否相等？

13. 是否缓坡渠道上只能产生缓流，陡坡渠道上只能产生急流？这种说法是否正确？

14. 为什么把跃前水深和跃后水深称为一对共轭水深？

15. 在分析和计算水面曲线时，为什么急流的控制断面选在上游，而缓流的控制断面选在下游？

16. 试说明非均匀渐变流水深沿程变化的微分方程 $\dfrac{\mathrm{d}h}{\mathrm{d}s}=\dfrac{i-J}{1-Fr^2}$ 中分子和分母的物理意义。

习题

一、单项选择题

1. 明渠均匀流只能发生在（　　）。

　A. 顺坡棱柱形渠道中　　　　　　　　　B. 平坡棱柱形渠道中

　C. 逆坡棱柱形渠道中　　　　　　　　　D. 变坡棱柱形渠道中

2. 渠道内为均匀流动时沿程不变的断面水深称为（　　）。

　A. 临界水深　　　B. 控制水深　　　　C. 正常水深　　　　D. 实际水深

3. 水力最优断面是指当渠道的过流断面面积 A、粗糙系数 n 和渠道底坡 i 一定时，（　　）。

　A. 过流能力最大的断面形状　　　　　　B. 水力半径最小的断面形状

　C. 湿周最大的断面形状　　　　　　　　D. 造价最低的断面形状

4. 水力最优矩形断面的宽深比 $\dfrac{b}{h}$ 是（　　）。

　A. 1.0　　　　　　B. 1.5　　　　　　　C. 2.0　　　　　　D. 2.5

5. 对于无压圆管均匀流，流量达最大值的充满度为（　　）。

　A. 0.81　　　　　B. 0.90　　　　　　C. 0.95　　　　　　D. 1.0

6. 明渠流动为缓流时（　　）。

　A. $\dfrac{\mathrm{d}e}{\mathrm{d}h}<0$　　　B. $v>c$　　　　C. $Fr<1$　　　　D. $h<h_c$

7. 明渠流动为急流时（　　）。

　A. $\dfrac{\mathrm{d}e}{\mathrm{d}h}>0$　　　B. $v<c$　　　　C. $Fr>1$　　　　D. $h>h_c$

8. 明渠水流由急流过渡到缓流时，将发生（　　）

　A. 水跃　　　　　B. 水跌　　　　　　C. 连续过渡　　　　D. 都有可能

9. 在流量、渠道断面和尺寸一定时，随底坡的增大，临界水深将（　　）。

　A. 减小　　　　　B. 不变　　　　　　C. 增大　　　　　　D. 不定

10. 在流量、渠道断面和尺寸、壁面粗糙系数一定时,随底坡的增大,正常水深将（　　）。

 A. 减小 B. 不变 C. 增大 D. 不定

11. 急流干扰微波（　　）。

 A. 只能向下游传播,不能向上游传播 B. 既能向下游传播,也能向上游传播

 C. 只能向上游传播,不能向下游传播 D. 既不能向下游传播,也不能向上游传播

12. 对于顺坡($i>0$)渠道中的明渠恒定非均匀流,当水深$h\to\infty$时,（　　）。

 A. $\dfrac{dh}{ds}\to\infty$ B. $\dfrac{dh}{ds}\to i$ C. $\dfrac{dh}{ds}\to 0$ D. $\dfrac{dh}{ds}\to -\infty$

13. 当$\dfrac{de}{dh}=0$时,明渠水流为（　　）。

 A. 缓流 B. 临界流 C. 急流 D. 不定

14. 发生在缓坡($i<i_c$)渠道中的明渠水流是（　　）。

 A. 缓流 B. 临界流

 C. 急流 D. 缓流和急流都有可能

二、计算题

1. 某矩形断面排水沟,采用浆砌块石衬砌,底宽1.6 m,全长150 m,进出口底板高差为30 cm,计算水深为1.0 m时输送的流量和断面平均流速。

2. 在黏质粉土地带开挖了一条梯形断面渠道,底宽$b=2.0$ m,边坡系数$m=1.5$,糙率$n=0.025$,底坡$i=0.0006$,若水深$h=0.8$ m,试计算此渠道的流量和流速。

3. 钢筋混凝土矩形断面渡槽,若纵坡$i=0.005$,流量$Q=8$ m³/s,试按水力最优断面设计断面尺寸。

4. 有一浆砌石的矩形断面长渠道,已知底宽$b=3.0$ m,正常水深$h_0=1.5$ m,糙率$n=0.025$,通过的流量$Q=6$ m³/s,试求该渠道的底坡i和流速v。

5. 为测定某梯形断面渠道的糙率n值,选取$l=100$ m长直的均匀流段进行测量。已知渠道底宽$b=1.6$ m,边坡系数$m=1.5$,正常水深$h_0=1.0$ m,两断面的水面高差$\Delta z=3$ cm,流量$Q=1.52$ m³/s,试求该渠道的n值。

6. 有一梯形断面渠道,边坡系数$m=1.0$,底坡$i=0.002$,糙率$n=0.0225$,要求通过的流量$Q=3$ m³/s,若取底宽$b=1.2$ m,试求正常水深h_0。

7. 某钢筋混凝土污水管,已知管径$d=900$ mm,糙率$n=0.013$,底坡$i=0.001$,求最大设计充满度时的流量和断面平均流速。

8. 有一钢筋混凝土排水管,管径$d=600$ mm,糙率$n=0.013$,试问在最大设计充满度下需要多大的坡度才能通过0.4 m³/s的流量?

9. 已知某矩形断面渠道单宽流量$q=6$ m³/s,正常水深$h_0=3$ m,动能修正系数$\alpha=1.0$,试判别渠道中的流态。

10. 已知浆砌块石矩形断面长渠道的底宽$b=4$ m,底坡$i=0.0009$,糙率$n=0.025$,通过的流量$Q=9.6$ m³/s,正常水深$h_0=1.2$ m,若取动能修正系数$\alpha=1.1$,试判别渠道中的流态。

11. 某混凝土衬砌的矩形断面渠道,底宽$b=4$ m,糙率$n=0.015$,当通过流量$Q=$

$25\,\mathrm{m^3/s}$ 时正常水深 $h_0 = 2.5\,\mathrm{m}$，试计算渠道实际底坡和临界底坡，并判别渠道中水流的流态。

12. 在矩形断面平坡渠道中发生水跃，已知渠道底宽 $b = 5\,\mathrm{m}$，流量 $Q = 60\,\mathrm{m^3/s}$，实测跃前水深 $h' = 0.8\,\mathrm{m}$，试求跃后水深 h'' 和水跃消能率 $\dfrac{\Delta E_j}{E_1}$。

13. 试分析图 6-42 中棱柱形渠道中水面曲线衔接的可能形式。

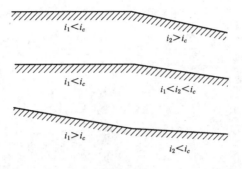

图 6-42

14. 用矩形断面长渠道向低处排水，末端为跌坎，已知渠道底宽 $b = 1\,\mathrm{m}$，底坡 $i = 0.000\,4$，正常水深 $h_0 = 0.5\,\mathrm{m}$，糙率 $n = 0.014$。试求：(1) 渠道末端出口断面的水深；(2) 绘制渠道中水面曲线示意图。

7 堰 流

7.1 堰流的定义及分类

7.1.1 堰和堰流

在发生缓流的明渠中,为控制水位或流量而设置一种既能挡水又能泄水的构筑物,水流因受到堰体或两侧边墙的阻碍,使河渠上游水位壅高,水流经过构筑物顶部溢流下泄,这种构筑物称为堰。流经堰顶的水流现象称为堰流。在水利工程中,溢流堰是主要的泄水构筑物;在给排水工程中,是常用的溢流集水设备和量水设备;也是实验室常用的流量量测设备。

如图 7-1 所示,表征堰流的特征量有:上游渠道宽(上游来流宽度)B;堰宽(水流溢过堰顶的宽度)b;堰前水头(堰上游水位在堰顶上的最大超高)H;堰壁厚度 δ 和它的剖面形状;堰上游高 p 和下游高 p';下游水深 h 及下游水位高出堰顶的高度 Δ;行进速度(上游来流速度)v_0 等。

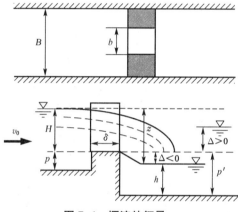

图 7-1　堰流特征量

7.1.2 堰流的分类

研究表明,流过堰顶的水流形态随堰壁厚度与堰顶水头之比 δ/H 而变,工程上,按 δ 与 H 的大小将堰流分为薄壁堰、实用堰、宽顶堰三种基本类型。

(1)薄壁堰($\dfrac{\delta}{H} < 0.67$)

越过堰顶的水舌形状不受堰厚影响,水舌下缘与堰顶为线接触,水面呈降落线。由于堰顶常做成锐缘形,故薄壁堰也称锐缘堰。如图 7-2 所示。

(2)实用堰($0.67 < \dfrac{\delta}{H} < 2.5$)

水利工程中的大、中型溢流坝,常将堰做成曲线形,称曲线形实用堰(图 7-3)。堰顶加厚,水舌

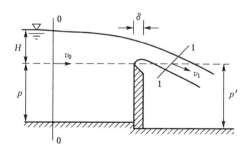

图 7-2　薄壁堰

下缘与堰顶为面接触,水舌受堰顶约束和顶托,已影响水舌形状和堰的过流能力。另外,小型工程常将堰做成折线形(图7-4),称为折线形实用堰。

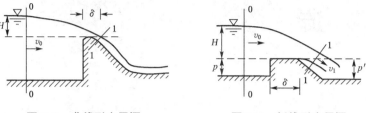

图 7-3　曲线形实用堰　　　　　　图 7-4　折线形实用堰

(3) 宽顶堰($2.5 < \dfrac{\delta}{H} < 10$)

宽顶堰堰顶厚度对水流顶托非常明显。其水流特征为水流在进口附近的水面形成降落;有一段水流与堰顶几乎平行;下游水位较低时,出堰水流又形成二次水面降,如图7-5所示。

堰宽增厚至$\dfrac{\delta}{H} > 10$,沿程水头损失不能忽略,流动已不属于堰流(图7-6)。

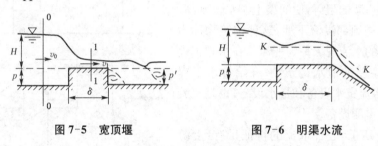

图 7-5　宽顶堰　　　　　　图 7-6　明渠水流

水利工程中,常根据不同建筑材料将堰做成不同类型。例如,溢流坝常用混凝土或石料做成较厚的曲线或者折线形;实验室量水堰一般用钢板、木板做成薄堰壁。

7.2　堰流的基本公式

堰流的基本形式虽然有三种,但其流动却具有一些共同特征。从流态上分析,水流趋近堰顶时,流束断面收缩,流速增大,动能增加,势能减小,水面有明显降落。从作用力方面来看,重力作用是主要的,堰顶流速变化大,且流线弯曲,属于急变流,惯性作用也比较显著。溢流表面曲率较大时,表面张力也有一定的影响。因溢流在堰顶上的流程短,黏性阻力作用小,在能量损失上主要是局部水头损失,沿程水头损失可以忽略不计(如宽顶堰、实用堰)或无沿程水头损失(如薄壁堰)。由于各类堰流具有以上共同特征,因此,堰流的基本公式具有相同的结构形式,不同之处在于公式中各项系数数值的不同上。现以自由溢流的无侧收缩矩形薄壁堰为例来推求堰流计算的基本公式。

如图7-7所示,选取通过堰顶的水平面为基准面,对堰前断面0-0和堰顶断面1-1列能量方程

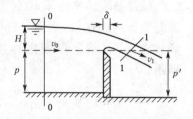

图 7-7　堰流的计算图示

$$H + \frac{\alpha_0 v_0^2}{2g} = H_0 = \frac{\overline{p'}}{\rho g} + (\alpha_1 + \zeta)\frac{\alpha_1 v_1^2}{2g} \tag{7-1}$$

式中：$\dfrac{\overline{p'}}{\rho g}$——1-1 断面测压管水头的平均值；

　　　v_0——0-0 断面的平均流速；

　　　v_1——1-1 断面的平均流速；

　　　ζ—— 局部阻力系数。

令 $\dfrac{\overline{p'}}{\rho g} = \xi H_0$，则式(7-1) 可变为

$$H_0 - \xi H_0 = (\alpha_1 + \zeta)\frac{\alpha_1 v_1^2}{2g} \tag{7-2}$$

由式(7-2)得

$$v_1 = \frac{1}{\sqrt{(\alpha_1 + \zeta)}}\sqrt{2g(H_0 - \xi H_0)}$$

令 $A_1 = kH_0 b$，其中 k 为系数，则

$$Q = v_1 A_1 = \frac{kH_0 b}{\sqrt{\alpha_1 + \zeta}}\sqrt{2g(H_0 - \xi H_0)} = \frac{k}{\sqrt{\alpha_1 + \zeta}}\sqrt{1-\xi}\ b\ \sqrt{2g}H_0^{\frac{3}{2}} \tag{7-3}$$

再令流速系数 $\varphi = \dfrac{1}{\sqrt{\alpha_1 + \zeta}}$，流量系数 $m = \dfrac{k}{\sqrt{\alpha_1 + \zeta}}\sqrt{1-\xi} = k\varphi\sqrt{1-\xi}$，则式(7-3)
可变为

$$Q = mb\ \sqrt{2g}H_0^{\frac{3}{2}} \tag{7-4}$$

由式(7-4) 可知 $Q \propto H_0^{\frac{3}{2}}$。

影响堰流性质的因素除了 δ/H 以外，下游水位和侧向收缩也是两个重要因素。

下游水位影响：基本公式(7-4)是堰上水流在重力作用下自由降落的情况，当下游水位
足够小，不影响堰流性质(如堰流的过流能力)时，称为自由式堰流，否则称为淹没式堰流。
其影响用淹没系数 σ_s 反映。堰流公式变为

$$Q = \sigma_s mb\ \sqrt{2g}H_0^{\frac{3}{2}} \tag{7-5}$$

其中，$\sigma_s < 1$，其值由实验确定。

侧向收缩影响：若堰顶过流的宽度小于上游
来流水面宽度，或者堰顶的两侧设有闸墩、边墩等
结构物(见图 7-8)，引起水流侧向收缩，减小其有效
宽度，增加了局部水头损失，从而降低了过流能力，
用侧收缩系数 ε 反映其影响($\varepsilon < 1$)。考虑下游水位
和侧向收缩两个因素的堰流公式变为

$$Q = \varepsilon\sigma_s mb\ \sqrt{2g}\ H_0^{\frac{3}{2}} \tag{7-6}$$

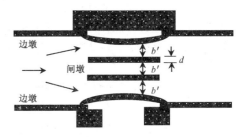

图 7-8　水流侧收缩示意图

7.3 薄壁堰

薄壁堰具有稳定的水头和流量关系,常作为水力学模型实验和野外量测流量的一种有效措施,在工业用水和给水工程中有时也兼作控制水位和分配流量的设备。常用的薄壁堰的堰顶过水断面有矩形、三角形和梯形。

7.3.1 矩形薄壁堰流

矩形薄壁堰一般用来测量流量。当自由出流时,水流最为稳定,测量精度较高。为保证下游为自由出流,矩形薄壁堰应满足:

(1) $H > 25$ mm,否则堰下形成贴壁流,出流不稳定。

(2) 水舌下与大气通,否则水舌下有真空,出流不稳定。

对于矩形薄壁堰稳定水舌的轮廓,巴赞 (H. E. Bazin) 进行了富有意义的观测。图 7-9 表示巴赞量测的水舌轮廓相对尺寸。在堰顶上,水舌上缘降落了 $0.15H$,由于水流质点沿上游堰壁越过堰顶时的惯性,水舌下缘在离堰壁 $0.27H$ 处升得最高,高出堰顶 $0.112H$,此处水舌的垂直厚度为 $0.669H$。距堰壁 $0.67H$ 处,水舌下缘与堰顶同高,这一点表明,只要堰壁厚度 $\delta < 0.67H$,堰壁就不

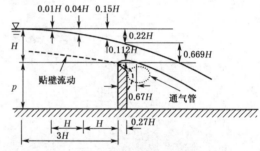

图 7-9　无侧收缩的矩形薄壁堰自由出流水舌形状

会影响水舌的形状。因此,把 $\delta < 0.67H$ 的堰称为薄壁堰。矩形薄壁锐缘堰自由溢流水舌几何形状的观测结果,为后来设计曲线形剖面堰提供了依据。

矩形薄壁堰的流量公式仍用堰流的基本公式(7-4):

$$Q = mb\sqrt{2g}H_0^{\frac{3}{2}}$$

但该公式需要求解包括 Q 的高次代数方程,一般需要采用迭代法计算。由于薄壁堰主要作为测量流量的工具,在堰板上游大于 $3H$ 的地方量测出水头 H 来求流量。所以将行进流速水头 $\dfrac{\alpha v_0^2}{2g}$ 包含在流量系数中更为方便,而将流量公式写成

$$Q = m_0 b\sqrt{2g}H^{\frac{3}{2}} \tag{7-7}$$

式中,m_0 为包含行进流速水头的流量系数。流量系数 m_0 需要通过实验确定。通用的矩形薄壁堰流量系数 m_0 多采用巴赞经验公式计算:

$$m_0 = \left(0.405 + \frac{0.002\,7}{H}\right)\left[1 + 0.55\left(\frac{H}{H+p}\right)^2\right] \tag{7-8}$$

式中 H 以 m 计。其中 $\dfrac{0.002\,7}{H}$ 项反映表面张力的作用,方括号反映行进流速水头的影响。此式适用范围为 $H = 0.1 \sim 1.24$ m、堰宽 $b = 0.2 \sim 2.0$ m 及 $H \leqslant 2p$(p 为上游堰高)的情

况,误差为 1% 左右。

另一种常用的经验公式是雷伯克(T. Rehbock)公式:

$$m_0 = 0.403 + 0.053 \frac{H}{p} + \frac{0.000\,7}{H} \tag{7-9}$$

式中,H、P 以 m 计。适用于 $H \geqslant 0.025\,\text{m}$,$\frac{H}{p} \leqslant 2$,$p \geqslant 0.3\,\text{m}$ 的情况。

1) 侧收缩影响

当 $b < B$,即堰宽小于上游渠宽时,堰顶水流将出现横向收缩,使水流有效宽度小于实际堰宽 b,堰的过水能力有所降低。有侧收缩的薄壁堰的流量计算公式 $Q = \varepsilon m_0 b \sqrt{2g} H^{\frac{3}{2}}$,若将侧收缩的影响也归到流量系数中,并用 m_c 表示,则有侧收缩的薄壁堰的流量计算公式还可以表示为

$$Q = m_c b \sqrt{2g} H^{\frac{3}{2}} \tag{7-10}$$

式中

$$m_c = \left(0.405 + \frac{0.0027}{H} - 0.03 \frac{B-b}{B}\right)\left[1 + 0.55\left(\frac{H}{H+p}\right)^2\left(\frac{b}{B}\right)^2\right]$$

其中 H 以 m 计。

2) 淹没影响

当堰下游水位高于某一数值时,会影响到堰流的工作情况。如果具备下列两个条件时,便形成淹没式堰流:

(1) 必要条件。堰下游水位高于堰顶,即 $h > p'$。但此时若上下游水位差很大,水舌具有很大动能,易把下游水流推开一段距离,形成远驱式水跃,堰壁处下游水深仍小于堰顶发生自由出流。

(2) 充分条件。堰顶下游发生淹没水跃,使下游高于堰顶的水位可直趋堰顶。若下游发生淹没水跃,但下游水位未超过堰顶时,h 不影响 Q。所以,只有同时具备充要条件,才能形成淹没式堰流。实验测定,当 $\frac{z}{p'} < 0.7$ 时,堰顶下游发生淹没水跃,成为淹没溢流。这时,过流能力开始降低,而且水面发生波动。因此,作为量测流量设备的薄壁堰不宜在淹没条件下工作。薄壁堰淹没出流的流量公式仍采用式(7-4),其中淹没系数 σ_s 可用巴赞公式 $\sigma_s = 1.05\left(1 + 0.2\frac{\Delta}{p'}\right)\sqrt[3]{\frac{z}{H}}$ 计算。

7.3.2 三角形薄壁堰流

当所需量测流量较小(例如 $Q < 0.1\,\text{m}^3/\text{s}$)时,若用矩形薄壁堰,则水头过小,测量水头的相对误差大,一般改用三角形薄壁堰。三角堰可在小流量下得到较大的堰顶水头,从而提高量测精度。三角堰口夹角可取不同值,但常用直角,如图 7-10 所示。

三角堰与矩形堰不同,其堰顶横向各点的水头是变化的。自由出流时的计算公式为

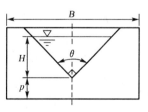

图 7-10 直角三角堰

$$Q = C_0 H^{\frac{5}{2}} \tag{7-11}$$

式中：C_0——与 θ 和 H 有关的系数（可由实验确定）。

对于常用的 $\theta = 90°$ 的等腰直角三角形薄壁堰：

当 $H = 0.05 \sim 0.25$ m 时，$Q = 1.4H^{\frac{5}{2}}$ m³/s；

当 $H = 0.06 \sim 0.65$ m，$(H + p) > 3H$ 时，$Q = 1.343H^{2.47}$ m³/s。

7.3.3　梯形薄壁堰流

当测量较大流量（$Q > 0.1$ m³/s）时，常用有侧收缩的梯形薄壁堰，如图 7-11 所示。梯形薄壁堰的流量可认为是中间矩形堰的流量与三角堰流量的叠加，即

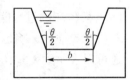

$$Q = m_0 b \sqrt{2g} H^{\frac{3}{2}} + C_0 H^{\frac{5}{2}} = \left(m_0 + \frac{C_0}{\sqrt{2g}} \frac{H}{b} \right) b \sqrt{2g} H^{\frac{3}{2}}$$

图 7-11　梯形薄壁堰

令 $m_t = m_0 + \dfrac{C_0}{\sqrt{2g}} \dfrac{H}{b}$，为梯形堰流量系数，则可得梯形堰流量公式

$$Q = m_t b \sqrt{2g} H^{\frac{3}{2}} \tag{7-12}$$

意大利工程师西波利地（Cipoletti）的研究表明，当 $\theta = 14°$，$b > 3H$ 时，m_t 不随 H 和 b 而变化，且 $m_t = 0.42$，式（7-12）可简化为

$$Q = 0.42b \sqrt{2g} H^{\frac{3}{2}} = 1.86b H^{\frac{3}{2}} \tag{7-13}$$

$\theta = 14°$ 的梯形堰又称为西波利地堰。

利用薄壁堰作为量水设备时，注意测量堰上水头 H 的位置必须在堰顶上游 $3H$ 处或更远。为了减少堰顶上游水面波动，提高测量精度，在堰槽上一般设置稳流栅。

7.4　实用堰

实用堰是水利工程中常见的堰型之一。作为挡水和泄水建筑物，根据堰的专门用途和结构本身稳定性要求，其剖面可设计成曲线形和折线形。其中，折线形实用堰多用于低溢流坝，用石料砌筑而成，剖面形状多为梯形，如图 7-12(a)、(b)所示。曲线形实用堰又可分为非真空堰和真空堰两类。如果堰的剖面曲线基本上与薄壁堰水舌下缘相符，水舌贴着堰面流过，水流作用在堰面上的压强仍近似为大气压强，称为非真空堰（图 7-12(c)）。由于不同的堰顶水头，其水舌形状不同，当堰顶的实际水头超过堰顶的设计水头时，水舌下缘面将部分与坝面脱离，脱离处的空气被水流带走而形成真空区，这种堰称为真空堰（图 7-12(d)）。

实用堰的水力计算公式采用式（7-6）：

$$Q = \varepsilon \sigma_s m b \sqrt{2g} H_0^{\frac{3}{2}}$$

其流量系数 m 与堰的剖面形状、尺寸和堰顶水头大小有关，其精确值由实验具体确定。初步估算时，折线形实用断面堰可取 $m = 0.35 \sim 0.42$，非真空堰取 $m = 0.45$，真空堰取 $m = $

0.50，ε 为侧收缩系数。无侧收缩时，$\varepsilon = 1$；有侧收缩时，$\varepsilon < 1$。对曲线形实用断面堰，初步估算时，取 $\varepsilon = 0.85 \sim 0.95$。淹没系数 σ_s 随淹没程度 $\dfrac{\Delta}{H}$ 的增大而减小，见表 7-1。

表 7-1 实用堰的淹没系数

Δ/H	0.10	0.20	0.30	0.40	0.50	0.60	0.70	0.80	0.90	0.95	0.975	0.995	1.00
σ_s	0.995	0.985	0.972	0.957	0.935	0.906	0.856	0.776	0.621	0.470	0.319	0.100	0

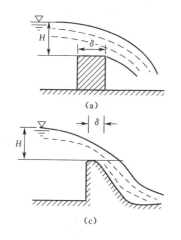
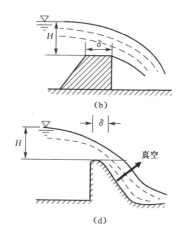

图 7-12 实用堰断面分类

7.5 宽顶堰

对于许多水利工程建筑物的水流，一般都属于宽顶堰流。例如，小桥桥孔过水，无压短涵管的过水，水利工程中的节制闸、分洪闸、泄水闸，灌溉工程中的进水闸、分水闸、排水闸等，当闸门全开时都具有宽顶堰的水力性质。当 $2.5 < \delta/H < 10$ 时，进口处形成水面跌落，堰顶范围内产生一段近似平行于堰顶的渐变流动，称宽顶堰流。宽顶堰流又分为有坎宽顶堰流和无坎宽顶堰流。其中，有坎宽顶堰流是底坎引起水流在垂直方向收缩的堰流（如图 7-13）。而无坎宽顶堰流是由于侧向收缩，进口水面跌落，产生的宽顶堰流。例如，当水流进入涵洞或隧洞进口流，施工围堰束窄的河床，经过桥墩之间的水流（如图 7-14、图 7-15）。

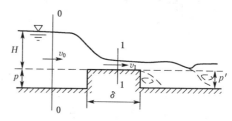

图 7-13 有坎的宽顶堰流

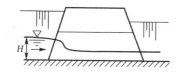

图 7-14 隧洞或者涵洞进口无坎宽顶堰流

图 7-15 桥墩之间的无坎宽顶堰流

宽顶堰出流会产生垂直、侧向收缩，还受下游水位影响。宽顶堰流水力计算的基本公式为式(7-6)：$Q = \varepsilon \sigma_s mb \sqrt{2g} H_0^{\frac{3}{2}}$。

7.5.1 流量系数 m

流量系数取决于堰顶进口形式、堰的上游相对高度$\frac{p}{H}$，可用下列经验公式计算：

(1) 堰顶入口为直角的宽顶堰(图 7-16(a))

当 $0 \leqslant \frac{p}{H} \leqslant 3$ 时

$$m = 0.32 + 0.01 \frac{3 - \frac{p}{H}}{0.46 + 0.75 \frac{p}{H}} \tag{7-14}$$

当 $\frac{p}{H} > 3$ 时

$$m = 0.32$$

(2) 堰顶入口为圆弧的宽顶堰(图 7-16(b))

当 $0 \leqslant \frac{p}{H} \leqslant 3$ 时

$$m = 0.36 + 0.01 \frac{3 - \frac{p}{H}}{1.2 + 1.5 \frac{p}{H}} \tag{7-15}$$

当 $\frac{p}{H} > 3$ 时

$$m = 0.36$$

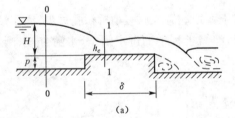 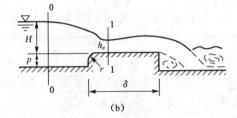

图 7-16 不同进口形式的宽顶堰流

7.5.2 侧收缩系数

影响侧收缩的主要因素有闸墩和边墩头部形状，闸墩数目，闸墩在堰上相对位置以及堰上水头等。由于流道断面面积的变化，水流在惯性作用下，流线发生弯曲，局部脱离边壁，减小了过流宽度，增加了局部损失，降低了过流能力。侧收缩系数(单孔宽顶堰)可采用下列经验公式计算：

$$\varepsilon = 1 - \frac{\alpha_0}{\sqrt[3]{0.2 + \frac{p}{H}}} \sqrt[4]{\frac{b}{B}} \left(1 - \frac{b}{B}\right) \tag{7-16}$$

适用条件：$\frac{b}{B} \geqslant 0.2$ 和 $\frac{p}{H} \leqslant 3$；$\frac{b}{B} < 0.2$，取$\frac{b}{B} = 0.2$；$\frac{p}{H} > 3$，取$\frac{p}{H} = 3$。

式中：b——溢流堰孔净宽；

B——溢流堰上游引渠的宽度；

α_0——考虑墩头及堰顶入口形状的系数，矩形闸墩或边墩 α_0 取 0.19（堰顶入口边缘直角），圆弧闸墩或边墩 α_0 取 0.10（堰顶入口边缘为圆弧）。

7.5.3 淹没条件及淹没系数

宽顶堰的淹没过程如图 7-17 所示，堰顶水头及进口形式一定时，下游水位逐渐升高，宽顶堰形成淹没的过程。

宽顶堰为自由出流时，堰前为缓流，进口产生第一次水面跌落（由于进口产生局部损失）。在进口约为 $2H$ 处的收缩断面 $h_c < h_k$（h_k 为水流的临界水深），堰顶水流为急流，在出口附近，产生水面第二次跌落，堰顶水流仍为急流，随下游水位升高，下游逐渐升高到 K-K 线上，堰顶产生水跃，跃首随下游水位升高向上游移动。

实验证明：当堰顶下游水深 $h_s \geq (0.75 \sim 0.95)H$ 时，水跃移动到收缩断面，收缩断面的水深增大到 $h > h_k$，整个断面为缓流状态，成为淹没出流。因此，淹没条件为：$h_s > 0.8H$。

对于宽顶堰的淹没溢流，由于堰顶水流流向下游时过流断面增大，水流的部分动能转化为势能，故下游水位略高于堰顶水面（见图 7-17(c)）。

淹没溢流由于受到下游水位的顶托，降低了堰的过流能力，淹没的影响用淹没系数 σ_s 表示，σ_s 随相对淹没度 $\dfrac{h_s}{H_0}$ 的增大而减小，见表 7-2。

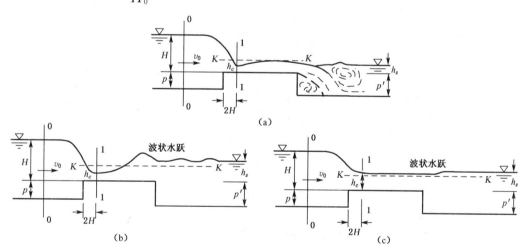

图 7-17 宽顶堰的淹没过程

表 7-2

$\dfrac{h_s}{H_0}$	0.80	0.81	0.82	0.83	0.84	0.85	0.86	0.87	0.88	0.89
σ_s	1.00	0.995	0.99	0.98	0.97	0.96	0.95	0.93	0.90	0.87
$\dfrac{h_s}{H_0}$	0.90	0.91	0.92	0.93	0.94	0.95	0.96	0.97	0.98	
σ_s	0.84	0.82	0.78	0.74	0.70	0.65	0.59	0.50	0.40	

【例 7-1】 某带有底坎的单孔进水闸闸门全开,如图 7-18 所示。底坎高 $p_1 = p_2 = 1$ m,坎上水头 $H = 2$ m,坎顶为圆弧进口,进水闸孔宽 $b = 2$ m,两侧为圆形边墩,引水渠道宽 $B = 3$ m,闸下游水深 $h = 1.5$ m,试求过闸流量。

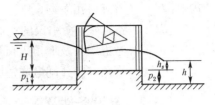

图 7-18 闸孔示意图

【解】 闸门全开时的过闸水流属宽顶堰流,底坎为一宽顶堰。

(1) 判别出流形式

$$h_s = h - p_2 = 1.5 \text{ m} - 1.0 \text{ m} = 0.5 \text{ m}$$

$$\frac{h_s}{H_0} \approx \frac{h_s}{H} = \frac{0.5 \text{ m}}{2 \text{ m}} = 0.25 < 0.8$$

为自由溢流,且 $b < B$,有侧收缩,故应该按有侧收缩宽顶堰自由溢流进行计算。

(2) 计算流量系数 m

坎顶(堰顶)为圆弧进口,$\dfrac{P_1}{H} = \dfrac{1 \text{ m}}{2 \text{ m}} = 0.5 < 3$,则

$$m = 0.36 + 0.01 \frac{3 - \dfrac{P_1}{h}}{1.2 = 1.5 \dfrac{P_1}{H}} = 0.36 + 0.01 \frac{3 - 0.5}{1.2 + 1.5 \times 0.5} = 0.3728$$

(3) 计算侧收缩系数 ε

$$\varepsilon = 1 - \frac{a}{\sqrt[3]{0.2 + \dfrac{P_1}{H}}} \sqrt[4]{\frac{b}{B}} \left(1 - \frac{b}{B}\right) = 1 - \frac{0.1}{\sqrt[3]{0.2 + 0.5}} \times \sqrt[4]{\frac{2 \text{ m}}{3 \text{ m}}} \times \left(1 - \frac{2 \text{ m}}{3 \text{ m}}\right) = 0.966$$

(4) 计算过闸流量

自由溢流,$\sigma_s = 1.0$,由式(7-4)

$$Q = \varepsilon \sigma_s m b \sqrt{2g} H_0^{\frac{3}{2}} \tag{a}$$

其中

$$H_0 = H + \frac{\alpha V_0^2}{2g} \tag{b}$$

$$V_0 = \frac{Q}{b(H + P_1)} \tag{c}$$

用迭代法,先取 $H_{0(1)} \approx H$ 代入式(a)得 $Q_{0(1)}$,将 $Q_{(1)}$ 代入式(c)得 $V_{0(1)}$,将 $V_{0(1)}$ 代入式(b)得 $H_{0(2)}$,将 $H_{0(2)}$ 再代入式(a)得 $Q_{0(2)}$。按以上方法重复迭代,直到满足精度要求。本例迭代四次精度达到 0.3‰。计算结果为 $Q = Q_4 = 9.98$ m³/s,$V_0 = 1.66$ m/s,$H_0 = 2.14$ m。

7.6 小桥孔径水力计算

小桥、无压短涵管、灌溉系统中的节制闸等的孔径计算,基本上都是利用宽顶堰理论。下面以小桥孔径的计算方法为例加以讨论。

7.6.1　小桥孔径的水力计算公式

小桥过水情况与上节所述宽顶堰基本相同,这里堰流的发生是在缓流河沟中,是路基及墩台约束了河沟过水而引起侧向收缩的结果,一般坎高 $p_1 = p_2 = 0$,故称为无坎宽顶堰流。

小桥过水也分自由式和淹没式两种情况。

实验发现,当桥下游水深 $h < 1.3h_k$(其中 h_k 为桥孔水流的临界水深)时,为自由式小桥过水,如图7-19(a)所示。当 $h \geqslant 1.3h_k$ 时,为淹没式小桥过水,如图7-19(b)所示。这就是小桥过水的淹没标准。当桥下为自由出流时,下游水流不会对桥孔出流产生影响;当桥下为淹没出流时,桥孔出流能力降低。

自由式小桥桥孔中水流的水深 $h_1 < h_k$,即桥孔水流为急流,计算时令 $h_1 = \psi h_k$,这里 ψ 为垂向收缩系数,$\psi < 1$,视小桥进口形式决定其数值。

淹没式小桥桥孔中水流的水深 $h_1 > h_k$,即桥孔水流为缓流,计算时一般可忽略小桥出口的动能回复 z',因此有 $h_1 = h$,即淹没式小桥桥孔水深等于桥下游水深。

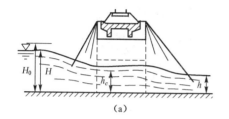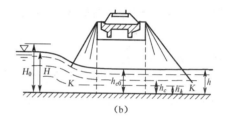

(a)　　　　　　　　　　　　　　　(b)

图7-19　小桥过水

小桥孔径的水力计算公式可由恒定总流的伯努利方程和连续性方程导得。

自由式:

$$v = \varphi \sqrt{2g(H_0 - \psi h_k)} \tag{7-17}$$

$$Q = \varepsilon b \psi h_k \varphi \sqrt{2g(H_0 - \psi h_k)} \tag{7-18}$$

淹没式:

$$v = \varphi \sqrt{2g(H_0 - h)} \tag{7-19}$$

$$Q = \varepsilon b h \varphi \sqrt{2g(H_0 - h)} \tag{7-20}$$

式中 ε、φ 分别为小桥的侧向收缩系数和流速系数,一般与小桥进口形式有关,其实验值见表7-3。

表7-3　小桥的侧向收缩系数和流速系数

桥　台　形　状	侧向收缩系数 ε	流速系数 φ
单孔、有锥体填土(锥体护坡)	0.90	0.90
单孔、有八字翼墙	0.90	0.85
多孔,或无锥体填土多孔,或桥台伸出锥体之处	0.85	0.80
拱脚浸水的拱桥	0.80	0.75

7.6.2　小桥孔径的水力计算原则

小桥过流计算应遵循以下两个原则：

1) 安全原则

（1）当小桥孔通过设计流量 Q 时，应保证桥下不发生冲刷，即桥孔流速 v 不超过桥下铺砌材料或天然土壤的不冲刷允许流速 v'。

（2）桥梁及桥头路堤不发生淹没，即要求桥前壅水水位 H 不大于由路肩标高及桥梁梁底标高决定的允许壅水水位 H'。

2) 经济原则

根据计算的小桥孔径 b，选用标准孔径 B，以便于快速设计和施工，降低工程造价。

7.6.3　小桥孔径过流计算方法

在小桥孔径的设计中，一般是从允许流速 v' 出发，设计小桥孔径 b，同时考虑标准孔径 B，使 $B \geqslant b$，再校核桥前壅水水位 H。总之，在设计时，应考虑 v'、B 及 H 三个因素。

下面以矩形过水断面的小桥孔为例，说明以允许流速出发进行设计的计算方法。

1) 计算临界水深

已知设计流量为 Q，设桥下过水断面宽度为 b，当水流发生侧向收缩时，有效水流宽度为 εb，则临界水深 h_k 与 Q 的关系为

$$h_k = \sqrt[3]{\frac{\alpha Q^2}{g\,(\varepsilon b)^2}} \tag{7-21}$$

在临界水深 h_k 的过水断面上的流速为临界流速 v_k，存在 $Q = v_k A_k = v_k \varepsilon b h_k$ 的关系，将其代入上式可得

$$h_k = \frac{\alpha v_k^2}{g} \tag{7-22}$$

当以允许流速 v' 进行设计时，考虑到自由式小桥的桥下水深的 $h_1 = \psi h_k$，则根据恒定总流的连续性方程，有

$$Q = v_k \varepsilon b h_k = v' \varepsilon b \psi h_k \tag{7-23}$$

即

$$v_k = \psi v' \tag{7-24}$$

因此，桥下临界水深 h_k 与允许流速 v' 的关系为

$$h_k = \frac{\alpha v_k^2}{g} = \frac{\alpha \psi^2 v'^2}{g} \tag{7-25}$$

2) 计算小桥孔径

由式(7-25)算出 h_k，与桥下游水深 h 比较，判别桥孔出流形式并计算孔径。自由式桥孔出流 $(h < 1.3 h_k)$，桥下河槽水深 $h_1 = \psi h_k$。则

$$b = \frac{Q}{\varepsilon \psi h_k v'} \tag{7-26}$$

淹没式桥孔出流($h \geqslant 1.3 h_k$),桥下河槽水深 $h_2 = h$。则

$$b = \frac{Q}{\varepsilon h v'} \tag{7-27}$$

实际工程中,铁路、公路桥梁的标准孔径一般有 4 m、5 m、6 m、8 m、12 m、16 m、20 m 等多种。

3)校核出流流态

选用标准孔径 B 后,应校核出流流态。以 B 替代计算值 b,重新计算临界水深 h'_k,比较 h 与 $1.3h'_k$ 的大小,判别出流形式。如果原设计时流态为自由式,取标准孔径后流态变为淹没式,则按淹没式计算公式重新计算 b、B 值。

4)计算桥前壅水水深

当小桥孔径 B 及桥孔出流流态确定后,则按下式校核桥前壅水水深。

对于自由式桥孔出流,$H_0 = \dfrac{v^2}{2g\varphi^2} + \psi h_k$,则

$$H = H_0 - \frac{\alpha_0 v_0^2}{2g} = H_0 - \frac{Q^2}{2g (B'H)^2} < H'$$

近似可采用 $H \approx H_0 < H'$。式中 B' 为桥前河槽宽度;H' 为桥前允许壅水水深。

对于淹没式桥孔出流,$H_0 = \dfrac{v^2}{2g\varphi^2} + h$,则

$$H = H_0 - \frac{\alpha_0 v_0^2}{2g} = H_0 - \frac{Q^2}{2g (B'H)^2} < H'$$

近似也可采用 $H \approx H_0 < H'$。

进行设计时,需要根据小桥进口形式选用有关系数。ε 和 φ 的实验值见表 7-3,动能修正系数 α 取为 1.0,垂向收缩系数 $\psi = \dfrac{h_1}{h_k}$ 依进口形式而异:非平滑进口,$\psi = 0.75 \sim 0.80$;平滑进口,$\psi = 0.80 \sim 0.85$。

【例 7-2】 试设计一矩形断面小桥孔径 B。已知河道设计流量(据水文计算得)$Q = 30 \text{ m}^3/\text{s}$,桥前允许壅水水深 $H' = 1.5 \text{ m}$,桥下铺砌允许流速 $v' = 3.5 \text{ m/s}$,桥下游水深(据桥下游河段流量水位关系曲线求得)$h = 1.10 \text{ m}$,选定小桥进口形式后知 $\varepsilon = 0.85$,$\varphi = 0.90$,$\psi = 0.85$,取动能修正系数 $\alpha = 1.0$。

【解】 (1)计算临界水深

从 $v = v'$ 出发进行设计,由式(7-25)得

$$h_k = \frac{\alpha \psi^2 v'^2}{g} = \frac{1.0 \times 0.85^2 \times (3.5 \text{m/s})^2}{9.8 \text{ m/s}^2} = 0.903 \text{ m}$$

(2)计算孔径,判别出流流态

因 $1.3 h_k = 1.3 \times 0.903 \text{ m} = 1.17 \text{ m} > 1.10 \text{ m}$,故此小桥过水为自由式。

由 $Q = v'\varepsilon b\psi h_k$ 得

$$b = \frac{Q}{\varepsilon\psi h_k v'} = \frac{30\ \text{m}^3/\text{s}}{0.85 \times 0.85 \times 0.903\ \text{m} \times 3.5\text{m/s}} = 13.14\ \text{m}$$

取标准孔径 $B = 16\ \text{m} > b = 13.14\ \text{m}$。

(3) 校核出流流态

由于 $B > b$,自由式可能转变为淹没式,需要再利用式(7-21)计算孔径为 B 时的桥下游临界水深 h'_k

$$h'_k = \sqrt[3]{\frac{\alpha Q^2}{g(\varepsilon B)^2}} = \sqrt[3]{\frac{1.0 \times (30\ \text{m}^3/\text{s})^2}{9.8\ \text{m/s}^2 \times (0.85 \times 16\ \text{m})^2}} = 0.792\ \text{m}$$

因 $1.3h'_k = 1.3 \times 0.792\ \text{m} = 1.03\ \text{m} < h = 1.10\ \text{m}$,可见此小桥过水已转变为淹没式。则桥下流速

$$v = \frac{Q}{\varepsilon B h} = \frac{30\ \text{m}^3/\text{s}}{0.85 \times 16\ \text{m} \times 1.10\ \text{m}} = 2.01\ \text{m/s} < v',不发生冲刷$$

(4) 验算桥前壅水水深

$$H \approx H_0 = \frac{v^2}{2g\varphi^2} + h = \frac{(2.01\ \text{m/s})^2}{2 \times 9.8\ \text{m/s}^2 \times 0.90^2} + 1.10\ \text{m} = 1.35\ \text{m} < H' = 1.5\ \text{m}$$

计算结果表明,采用标准孔径 $B = 16\ \text{m}$ 时,对桥下允许流速和桥前允许壅水水深均满足要求。

思考题

1. 什么是堰流?它有哪些类型、有何特征?如何判别?

2. 不同类型的堰流有哪些共同特征?

3. 简述薄壁堰量测流量的原理及注意事项。

4. 宽顶堰形式淹没溢流的必要条件和充分条件是什么?淹没系数 σ_s 与哪些因素有关?

5. 简述小桥孔径过流计算的原则和淹没标准。

习题

一、单项选择题

1. 宽顶堰流的基本条件是(   )。

A. $\dfrac{\delta}{H} < 0.67$ B. $0.67 < \dfrac{\delta}{H} < 2.5$

C. $2.5 < \dfrac{\delta}{H} < 10$ D. $\dfrac{\delta}{H} > 10$

2. 从堰流的基本公式可以看出,过堰流量 Q 与堰上水头 H_0 的关系是(   )。

A. $Q \propto H_0^{1.0}$ B. $Q \propto H_0^{1.5}$ C. $Q \propto H_0^{2.0}$ D. $Q \propto H_0^{2.5}$

3. 夹角为 $90°$ 的三角形自由薄壁堰流,其溢流量 Q 与堰上水头 H 的关系为(   )。

A. $Q \propto H_0^{1.0}$　　　B. $Q \propto H_0^{1.5}$　　　C. $Q \propto H_0^{2.0}$　　　D. $Q \propto H_0^{2.5}$

4. 自由式宽顶堰的堰顶水深 h 与临界水深 h_c 的关系为(　　)。

　　A. $h < h_c$　　　B. $h = h_c$　　　C. $h > h_c$　　　D. 不定

5. 宽顶堰的淹没条件是 $\dfrac{h_s}{H_0} > ($　　)。

　　A. 0.15　　　B. 0.7　　　C. 0.8　　　D. 1.0

6. 小桥孔自由式出流时,桥下水深 h_1 与临界水深 h_c 的关系是(　　)。

　　A. $h_1 < h_c$　　　B. $h_1 = h_c$　　　C. $h_1 > h_c$　　　D. 不定

7. 小桥孔淹没式出流的必要充分条件是桥下游水深(　　)。

　　A. $h > 0$　　　B. $h \geqslant 0.8h_c$　　　C. $h \geqslant h_c$　　　D. $h \geqslant 1.3h_c$

二、计算题

1. 如图 7-20 所示。矩形薄壁堰堰高 $P = 0.5$ m,堰上水头 $H = 0.3$ m,堰宽 $b = 0.6$ m(与引水渠同宽),试计算自由溢流时过堰流量。

2. 如图 7-21 所示,三角形薄壁堰,夹角 $\theta = 90°$,堰宽 $B = 1$ m,求通过流量 $Q = 40$ L/s 时,堰上水头 H 应为多少。

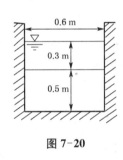

图 7-20　　　　　　　　　　图 7-21

3. 无侧收缩矩形薄壁堰堰高 0.8 m,当堰上水头 $H = 0.42$ m 时,自由溢流过堰流量 $Q = 1.94$ m³/s,试求堰宽 b。

4. 设矩形渠道中有一宽顶堰,进口修圆,已知过堰流量 $Q = 12$ m³/s,堰高 $p_1 = p_2 = 0.8$ m,堰宽 $b = 4.8$ m,无侧收缩,下游水深 $h = 1.75$ m。求堰上水头。

5. 设无侧收缩进口修圆的宽顶堰堰高 $p_1 = p_2 = 3.4$ m,堰上水头 $H = 0.86$ m,过堰流量 $Q = 22.0$ m³/s,求堰宽 b。若要保持为不淹没堰,最大下游水深 h 为多少?

6. 某渠道引水闸采用直角进口宽顶堰,堰高 $p_1 = p_2 = 0.5$ m,引水闸宽度与引水渠宽度相同,均为 3 m,下游水深为 1.15 m,闸门全开畅泄时,过堰流量为 60 m³/s,试确定堰上水头。

7. 小桥孔径设计,已知设计流量 $Q = 35$ m³/s,允许壅水高度 $H' = 2.2$ m,桥下河床采用浆砌块石铺砌加固,其允许流速 $v' = 4.0$ m/s,桥下游水深为 1.0 m,由小桥进口形式查得各项参数 $\varphi = 0.90$, $\varepsilon = 0.90$, $\psi = 0.85$。

8 渗 流

8.1 概 述

流体在孔隙介质中的流动称为渗流。而水在土壤孔隙中的流动，即地下水运动是自然界中最常见的渗流实例。渗流理论除广泛应用于水利、化工、地质、采矿、给水排水等工程部门，在土木工程中，铁路和公路的路基排水、隧道的防水以及土建工程中的围堰或基坑的排水量和水位降落等设计计算，也都涉及有关渗流的问题。

土是孔隙介质的典型代表，研究渗流常以水在土壤中的渗流为例。水在土壤中的渗流规律，一方面取决于水的物理力学性质，同时也受到土体本身某些特性的制约。因此水在土壤中的渗流现象是水和土壤相互作用下形成的。

水在岩石或土壤孔隙中的存在状态有气态水、附着水、薄膜水、毛细水和重力水。

气态水：以蒸汽状态散逸于土壤孔隙中，数量极少，不需考虑。

附着水：以最薄的分子层吸附在土颗粒表面，呈固态水的性质，数量很少。

薄膜水：以厚度不超过分子作用半径的薄层包围土颗粒，性质与液态水近似，数量很少。

毛细水：因毛细管作用保持在土壤孔隙中，除特殊情况外，一般也可忽略。

重力水：在重力作用下在土壤孔隙中运动的那部分水。

土壤按水的存在状态，可以分为饱和带与非饱和带，非饱和带又称为包气带。

本章研究的对象就是饱和带重力水在岩石或土壤中的运动规律。饱和带的重力水按其含水层埋藏条件，又可分为潜水与承压水(自流水)。潜水是埋藏在地面以下第一个稳定隔水层之上的重力水，直接与包气带相连，具有自由表面。承压水是埋藏于地下、充满于两个隔水层之间的重力水，经常处于承压状态。

8.2 渗流基本定律

8.2.1 渗流模型

自然土颗粒，在形状和大小上相差悬殊，而且颗粒间孔隙形成的通道，在形状、大小和分布上也很不规则。因此，水在土壤间通道中的流动是很复杂的，要详细考察每个孔隙中的流动状况是非常困难的，一般也无此必要。因此，常采用一种假想的渗流来代替真实的渗流，这种假想的模型称为渗流模型。

渗流模型不考虑渗流在土壤孔隙中流动途径的迂回曲折，只考虑渗流的主要流向，并认为渗流的全部空间(土颗粒和孔隙的总和)均被渗流所充满。由于渗流模型把渗流的全部空间看作被水体所充满的连续介质,渗流的运动要素在渗流区域内是连续变化的,因此对渗流模型可以应用以连续函数为基础的数学分析这一工具。

渗流模型忽略土壤颗粒的存在,认为水充满整个渗流空间,且满足:

(1) 对同一过水断面,模型的渗流量等于真实的渗流量。

(2) 作用于模型任意面积上的渗流压力,应等于真实渗流压力。

(3) 模型任意体积所受的阻力等于同体积真实渗流所受的阻力。

在渗流场中取一与主流方向正交的微小面积 ΔA,但其中包含了足够多的孔隙和土壤颗粒。设孔隙面积 $n\Delta A$(n 为孔隙率,是孔隙面积与微小面积 ΔA 的比值)的渗流流量为 ΔQ,则渗流在足够多孔隙中的统计平均流速定义为

$$v' = \frac{\Delta Q}{n\Delta A} \tag{8-1}$$

它表征了渗流在孔隙中的运动情况。

但是,在讨论渗流时,为了方便,可把渗流看成是由许多连续元流所组成的总流,这样渗流参数的表示与土壤孔隙无直接关系。则把

$$v = \frac{\Delta Q}{\Delta A} \tag{8-2}$$

定义为渗流模型流速,简称渗流流速。这是一个虚拟的流速,它与孔隙中的平均流速间的关系是

$$v = nv' \tag{8-3}$$

因为孔隙率 $n < 1.0$,所以 $v < v'$,即渗流模型流速小于真实流速。

由于用渗流模型替代实际渗流,可以将渗流区域中的水流看作是连续介质运动,那么,前面关于流体运动的各种概念,如流线、元流、恒定流、均匀流等仍可适用于渗流。

8.2.2　渗流的达西定律

早在 1852—1855 年,法国工程师达西(H. Darcy)在沙质土壤中进行了大量的实验研究。图 8-1 是所用的实验装置。竖直圆筒内充填土壤,圆筒横截面面积为 A,沙层厚度为 L,土壤由滤板支托,水由上端流入圆筒中,并以溢水管 B 使筒内维持一个恒定水位。渗透过沙体的水从短管流入容器 V 中,并由此来计算渗流量 Q。由于渗流流速极小,所以流速水头可以忽略不计。因此总水头 H 可用测压管水头 h 来表示,水头损失 h_w 可以用测压管水头来表示。即

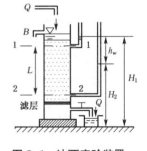

图 8-1　达西实验装置

$$H_1 = z_1 + \frac{p_1}{\rho g}; \quad H_2 = z_2 + \frac{p_2}{\rho g}$$

列 1-1、2-2 断面能量方程

$$H_1 = H_2 + h_w$$

$$h_w = H_1 - H_2$$

实验表明,对不同直径的圆筒和不同类型的土壤,通过的渗流量 Q 均与圆筒的横断面积 A 和水头损失 h_w 成正比,与两断面间的距离 L 成反比,即

$$Q \propto A\frac{h_w}{L}$$

引入比例系数 k,$\dfrac{h_w}{L} = \dfrac{H_1 - H_2}{L} = J$,于是渗流量为

$$Q = kA\frac{h_w}{L} = kAJ \tag{8-4}$$

渗流的平均流速为

$$v = kJ \tag{8-5}$$

式(8-4)或式(8-5)称为达西定律,它是渗流的基本定律。

达西定律表明,渗流流速 v 或流量 Q 与水力坡度 J 的一次方成比例。式中 k 为反映土壤透水性能的一个综合系数,称为渗透系数,其量纲与速度的量纲相同。由 $v = kJ$ 知,当 $J = 1$ 时 $k = v$,所以渗透系数可理解为水力坡度 J 等于 1 时的渗流流速。

达西实验中的渗流为均匀渗流,各点的运动状态相同,任意空间点处的渗流流速 u 等于断面平均流速 v。又由于水力坡度 $J = -\dfrac{\mathrm{d}H}{\mathrm{d}s}$,故达西定律又可写为

$$u = v = kJ = -k\frac{\mathrm{d}H}{\mathrm{d}s} \tag{8-6}$$

$$Q = kA\frac{h_w}{L} = -kA\frac{\mathrm{d}H}{\mathrm{d}s} \tag{8-7}$$

8.2.3 达西定律的适用范围

达西实验是用均匀砂土在均匀渗流条件下进行的。经后人的大量实验研究,认为可将它推广应用于其他土壤。但进一步研究表明,在某些情况下,渗流并不符合达西定律,达西定律有一定的适用范围。

渗流与管流、明渠水流一样,也有层流和紊流之分。由达西定律式(8-5)可知

$$h_w = \frac{L}{k}v \tag{8-8}$$

式(8-8)表明,渗流的水头损失与平均流速的一次方成正比。可见达西定律只适用于层流,具有线性规律。对于大颗粒大孔隙中的渗流,由于流速较大,可能发生紊流,此时,达西定律不再适用。渗流的流态,也可用雷诺数来判别。常用的渗流雷诺数为

$$Re = \frac{vd_{10}}{v} \tag{8-9}$$

式中 d_{10} 为直径比它小的颗粒占全部土重 10% 时的土颗粒直径,称为有效粒径。

由于土壤孔隙的大小、形状、方向、分布等情况十分复杂，而且变化范围较大，各种孔隙内渗流流态的转变也不是同时发生的，从整体来看，由服从达西定律的层流渗流转变为紊流渗流是逐渐的，没有一个明显的界限。实验表明，线性渗流（层流）雷诺数的变化范围为

$$Re = \frac{vd_{10}}{v} < 1 \sim 10 \tag{8-10}$$

绝大多数细颗粒土中的渗流都属于层流。但是卵石、砾石等大颗粒土中的渗流有可能出现紊流，属于非线性渗流。渗流流速的一般表达式可写成

$$v = kJ^{\frac{1}{m}} \tag{8-11}$$

式中，当 $m = 1$ 时为层流渗流；当 $m = 2$ 时，为粗糙区渗流；当 $m = 1 \sim 2$ 时，则为从层流到紊流的过渡区渗流。

8.2.4　渗透系数

渗透系数 k 是与土或岩石透水性大小有关的指标，为反映土壤透水性的一个综合系数。它可理解为单位水力坡度下的渗流流速，其量纲为 $[LT^{-1}]$，常用"cm/s"或"m/d"表示。其数值取决于土壤的特性和水的特性。

在应用达西定律进行渗流计算时，需要确定土的渗透系数 k。要精确确定渗透系数的数值是比较困难的，一般有以下几种办法：

1）实验室测定法

在天然土中取土样，使用如图 8-1 所示的达西实验装置，测定水头损失 h_w 与渗流量 Q，用式（8-4）可求得 k 值。出于被测定的土样只是天然土中的一小块，而且取样和运送时还可能破坏原土的结构，因此，取土样时应尽量保持原土的结构，并取足够数量的具有代表性的土样进行测定，才能得到较为可靠的 k 值。

2）现场测定法

一般是在现场钻井或挖试坑，往其中注水或从中抽水，在注水或抽水的过程中，测得流量 Q 及水头损失，然后应用有关公式计算渗流系数值。此法虽不如实验室测定简单易行，但却可使土体结构保持原状，使测得的 k 值更接近真实值。这是测定 k 值的最有效方法，但此法规模较大，费用多，一般只在重要工程中应用。

3）经验公式法

这一方法是根据土颗粒的大小、形状、结构、孔隙率和温度等参数所组成的经验公式来估算渗流系数 k 值。这类公式很多，各有其局限性，只能作粗略估算。

此外，在进行渗流近似计算时，亦可采用表 8-1 中的 k 值。

表 8-1　土壤渗透系数参考值

土　名	渗透系数	
	m/d	cm/s
黏　土	<0.005	$<6 \times 10^{-6}$
亚黏土	$0.005 \sim 0.1$	$6 \times 10^{-6} \sim 1 \times 10^{-4}$
轻亚黏土	$0.1 \sim 0.5$	$1 \times 10^{-4} \sim 6 \times 10^{-4}$

土　　名	渗 透 系 数	
	m/d	cm/s
黄　　土	0.25~0.5	3×10^{-4}~6×10^{-4}
粉　　沙	0.5~1.0	6×10^{-4}~1×10^{-3}
细　　沙	1.0~5.0	1×10^{-3}~6×10^{-3}
中　　沙	5.0~20.0	6×10^{-3}~2×10^{-2}
均质中沙	35~50	4×10^{-2}~6×10^{-2}
粗　　沙	20~50	2×10^{-2}~6×10^{-2}
均质粗沙	60~75	7×10^{-2}~8×10^{-2}
圆　　砾	50~100	6×10^{-2}~1×10^{-1}
卵　　石	100~500	1×10^{-1}~6×10^{-1}
无填充物卵石	500~1 000	6×10^{-1}~1×10
稍有裂隙岩石	20~60	2×10^{-2}~7×10^{-2}
裂隙多的岩石	>60	$>7\times10^{-2}$

8.3　恒定无压渗流

在自然界中,渗流含水层以下的不透水层往往是不规则的。为了简便起见,一般假定不透水地基为平面,并以 i 表示其坡度,称为底坡。在底坡为 i 的不透水地基上的无压渗流与地面上的明渠水流相似,可视为地下明渠渗流。如果渗流地域广阔,过水断面可以看作是宽阔的矩形,一般可按平面运动处理。

无压渗流的自由液面称为浸润面,顺流向所作的铅垂面与浸润面的交线称为浸润线。

与明渠水流相似,无压渗流可以是均匀渗流,也可以是非均匀渗流。非均匀渗流又可分为渐变渗流和急变渗流。本节主要阐述达西定律在无压均匀渗流中的形式、渐变渗流的一般公式以及不同底坡中无压渐变渗流浸润线的分析和计算。

8.3.1　无压均匀渗流

均匀渗流(见图 8-2)的水深 h_0 沿程不变,断面平均流速 v 也沿程不变,同时,水力坡度 J 和底坡 i 相等,即 $J=i$。由达西定律,断面平均流速为

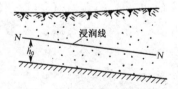

图 8-2　无压均匀渗流

$$v=kJ=ki \tag{8-12}$$

通过断面的渗流流量为 $Q=kA_0i$,式中 A_0 为相应于正常水深 h_0 时的过水断面面积。当宽阔渗流的宽度为 b 时,均匀渗流的流量为

$$Q=kA_0i=kbh_0i \tag{8-13}$$

相应的单宽流量为

$$q=kh_0i \tag{8-14}$$

8.3.2　渐变渗流的一般公式——裘皮依公式

图 8-3 所示为一渐变渗流,以 0-0 为基准面,取相距为 ds 的两个过水断面 1-1 和 2-2。对于渐变渗流,流线近似于平行,过水断面近似为平面,两断面间所有流线的长度 ds 近似相等,水力坡度 $J = \dfrac{H_1 - H_2}{ds} = -\dfrac{dH}{ds}$ 也近似相等,因此,过水断面上各点的流速 u 近似相等,并等于断面平均流速 v,即

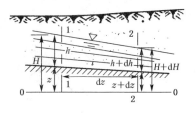

图 8-3　渐变渗流

$$u = v = -k\frac{dH}{ds} = kJ \tag{8-15}$$

式(8-15)为渐变渗流的一般公式,称为裘皮依(J. Dupuit)公式。

裘皮依公式与达西定律在形式上相同,但达西定律应用于均匀渗流,各断面的 J 都相同;而裘皮依公式应用于渐变渗流,不同断面的 $J = \dfrac{H_1 - H_2}{ds} = -\dfrac{dH}{ds}$ 不同,流速分布虽然为矩形,但不同过流断面上的流速大小不同。

8.3.3　渐变渗流的基本微分方程

渐变渗流的微分方程同样可用裘皮依公式来推导。不透水层坡度为 i,对于任一过水断面 $H = z + h$,其中 z 为渠底高程,h 为渗流水深,则

$$\frac{dH}{ds} = \frac{dz}{ds} + \frac{dh}{ds}$$

因渠底坡度 $i = -\dfrac{dz}{ds}$,故 $J = i - \dfrac{dh}{ds}$

根据裘皮依公式,断面平均流速为

$$v = kJ = k\left(i - \frac{dh}{ds}\right) \tag{8-16}$$

渗流流量为

$$Q = kAJ = kA\left(i - \frac{dh}{ds}\right) \tag{8-17}$$

式(8-17)为无压渐变渗流基本微分方程。

8.3.4　渐变渗流浸润曲线

在无压渗流中,重力水的自由表面称为浸润面。在平面问题中,浸润面为浸润曲线。在许多工程中需要解决浸润曲线问题,以下将从渐变渗流基本微分方程出发对其作分析和推导。

为了便于对比分析,参照明渠流的概念,将均匀渗流的水深 h_0 称为正常水深,并按底坡的情况分为顺坡($i > 0$)渗流、平坡($i = 0$)渗流和逆坡($i < 0$)渗流。由于渗流速度甚小,

不存在临界水深,故浸润曲线的类型要比明渠渐变流水面曲线的类型简单得多。

1) 顺坡渗流($i>0$)

由式(8-4)和式(8-17)可得

$$kA_0 i = kA\left(i - \frac{dh}{ds}\right)$$

即

$$\frac{dh}{ds} = i\left(1 - \frac{A_0}{A}\right)$$

设渗流区的过水断面是宽度为 b 的宽阔矩形,$A = bh$,$A_0 = bh_0$,并令 $\eta = A/A_0$,则上式又可写为

$$\frac{dh}{ds} = i\left(1 - \frac{1}{\eta}\right) \tag{8-18}$$

这就是顺坡渗流浸润曲线的微分方程。现以此式对顺坡渗流浸润曲线作定性分析。

在顺坡渗流中可分为 a、b 两区,如图 8-4。在正常水深线 N-N 之上的 a 区的曲线,$h > h_0$,即 $\eta > 1$,由式 (8-18) 可知,$dh/ds > 1$,浸润曲线的水深是沿流向增加的,为壅水曲线。

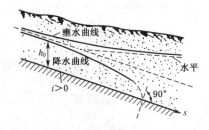

图 8-4 顺坡基底渗流

当 $h \to h_0$ 时,$\eta \to 1$,则 $dh/ds \to 0$,浸润线在上游以 N-N 线为渐近线。

当 $h \to \infty$ 时,$\eta \to \infty$,则 $dh/ds \to i$,浸润线在下游以水平线为渐近线。

在正常水深线 N-N 以下的 b 区的曲线,$h < h_0$,即 $\eta < 1$,由式(8-18)可得 $dh/ds < 0$,浸润曲线的水深是沿流程减小的,为降水曲线。

当 $h \to h_0$ 时,$\eta \to 1$,则 $dh/ds \to 0$。可见浸润曲线与正常水深线 N-N 渐近相切。

当 $h \to 0$ 时,$\eta \to 0$,则 $dh/ds \to -\infty$。浸润曲线的切线与底坡线正交。

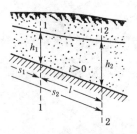

图 8-5 顺坡浸润线

壅水曲线及降水曲线如图 8-4 所示。

因 $h = \eta h_0$,则 $dh = h_0 d\eta$,代入式(8-18)得

$$\frac{h_0 d\eta}{ds} = i\left(1 - \frac{1}{\eta}\right)$$

分离变量得

$$i\frac{ds}{h_0} = d\eta + \frac{d\eta}{\eta - 1}$$

把上式从断面 1-1 到断面 2-2(图 8-5)进行积分,得

$$s_2 - s_1 = l = \frac{h_0}{i}\left(\eta_2 - \eta_1 + \ln\frac{\eta_2 - 1}{\eta_1 - 1}\right) = \frac{h_0}{i}\left(\eta_2 - \eta_1 + 2.31\lg\frac{\eta_2 - 1}{\eta_1 - 1}\right) \tag{8-19}$$

式中 l 为断面 1-1 到断面 2-2 的距离。该式为正坡上无压渐变渗流浸润线方程,可用以进行浸润曲线计算。

2)平坡渗流($i=0$)

对于平坡渗流,浸润曲线的微分形式为

$$\frac{\mathrm{d}h}{\mathrm{d}s}=-\frac{q}{kh} \qquad (8\text{-}20)$$

式中 $q=Q/b$,为单宽渗流流量。

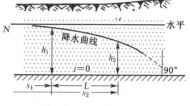

因在平坡渗流不可能产生均匀流,故只可能产生一条浸润曲线。与上述同样的方法,可分析出浸润曲线的形式见图 8-6 所示。

对式(8-20)积分,得浸润曲线方程为

$$\frac{2q}{k}\cdot l=h_1^2-h_2^2 \qquad (8\text{-}21)$$

图 8-6 平坡基底渗流

此式可用以绘制平坡渗流的浸润曲线和进行水力计算。

3)逆坡渗流($i<0$)

逆坡渗流也只能发生一条浸润曲线,其曲线形式见图 8-7,浸润曲线方程为

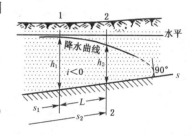

$$l=s_2-s_1=\frac{h_0'}{i'}\left(\zeta_1-\zeta_2+\ln\frac{1+\zeta_2}{1+\zeta_1}\right)$$

$$=\frac{h_0'}{i'}\left(\zeta_1-\zeta_2+2.3\lg\frac{1+\zeta_2}{1+\zeta_1}\right) \qquad (8\text{-}22)$$

图 8-7 逆坡基底渗流

式中,$\zeta=\dfrac{h}{h_0'}$,$i'=-i$,h_0' 为 i' 坡度上的正常水深。

8.4 井的渗流

井是常见的用以抽取地下水的构筑物。例如许多地区打井开采地下水,以满足工农业生产和城乡居民用水的需求;工程施工中用打井排水的方法降低地下水位,保证工程顺利进行。所以,研究井的渗流问题有着实际意义。

井按吸取的是无压地下水还是有压地下水分为普通井(又称潜水井)和承压井(又称自流井)。从透水层吸取无压地下水的井称为普通井,如图 8-8 所示。井身穿过一层或多层不透水层吸取承压水的井称为承压井,如图 8-9 所示。按井底是否到达不透水层可以分为完整井(又称完全井)或不完整井(又称不完全井)。以上两种分类可以组合成普通完整井(图 8-8(a))、普通不完整井(图 8-8(b))、承压完整井(图 8-9(a))、承压不完整井(图 8-9(b))。

目前,不完整井的计算多采用经验公式。下面主要阐明如何应用裘皮依公式进行完整井的计算。

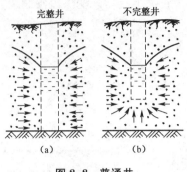

图 8-8　普通井

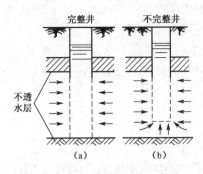

图 8-9　承压井

8.4.1　普通完整井

图 8-10 所示为一水平不透水层上的普通完整井,井的半径为 r_0,含水层厚度为 H。抽水前,井中水位与地下水面齐平。抽水后,井中水面下降,四周地下水汇入井内,井周围地下水也逐渐下降。如果抽水流量保持不变,则井中水位 h_0 也保持不变,井周围地下水面也降到某一固定位置,形成一个恒定的漏斗形浸润面。如果含水层为均质各向同性土,不透水层为水平面,则渗流流速及浸润面对称于井的中心轴,过水断面是以井轴线为中心轴,以 r 为半径的一系列圆柱面,圆柱面的高度 z 就是该断面浸润面的高度。在距井中心较远的 R 处,地下水位下降极微,基本

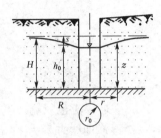

图 8-10　普通完整井

上保持原水位不变,该距离 R 称为井的影响半径,R 值的大小与土层的透水性能有关。

井的渗流,除井壁附近外,流线接近于平行直线,是渐变渗流,可应用裴皮依公式进行分析和计算。当半径有一增量 dr 时,纵坐标 z 的相应增量为 dz(如图 8-10,dr 及 dz 均为正值),则该断面的水力坡度 J 可表示为

$$J = \frac{dz}{dr}$$

断面平均流速为

$$v = kJ = k\frac{dz}{dr}$$

过水断面为一圆柱面,面积 $A = 2\pi rz$,则通过断面的渗流量为

$$Q = vA = k2\pi rz\frac{dz}{dr} \quad \text{或} \quad \frac{Q}{2\pi k}\frac{dr}{r} = zdz$$

积分得

$$z^2 = \frac{Q}{\pi k}\ln r + C$$

式中 C 为积分常数,由边界条件确定。当 $r = r_0$ 时,$z = h_0$,得积分常数 $C = h_0^2 - \frac{Q}{\pi k}\ln r_0$。代

入上式得

$$z^2 - h_0^2 = \frac{Q}{\pi k} \ln \frac{r}{r_0} \tag{8-23}$$

或

$$z^2 - h_0^2 = \frac{0.732Q}{\pi k} \lg \frac{r}{r_0} \tag{8-24}$$

上式为普通完整井的浸润线方程。式中 k、r_0、h_0、Q 为已知,可假设一系列 r 值,算出一系列对应的 z 值,即可绘出浸润线。

当 $r = R$ 时,$z = H$,则得井的渗流量公式

$$Q = 1.36 \frac{k(H^2 - h_0^2)}{\lg \dfrac{R}{r_0}} \tag{8-25}$$

井的影响半径 R 主要取决于土的性质。一般情况下:细砂 $R = 100 \sim 200\,\text{m}$,中砂 $R = 250 \sim 500\,\text{m}$,粗砂 $R = 700 \sim 1\,000\,\text{m}$,或用经验公式

$$\begin{cases} R = 3\,000s\sqrt{k} \\ R = 575s\sqrt{kH} \end{cases} \tag{8-26}$$

式中 $s = H - h_0$,为原地下水位与井中水位之差,即抽水稳定时井中水位的降落值;k 为土的渗流系数。计算时 k 以"m/s"计,其余均以"m"计。

8.4.2 承压完整井

设一承压完整井如图 8-11 所示,含水层位于两个不透水层之间。这里仅考虑最简单的情况,即两个不透水层层面均为水平。设 $i = 0$,以及含水层厚度 t 为定值。因为是承压井,当井穿过上面一层不透水层时,则承压水会从井中上升,达到高度 H。H 为地下水的总水头,其水面可以高于地面,也可以低于地面,但 H 大于含水层厚度 t 才是承压井。当从井中连续抽水达到恒定状态时,井中水深将由 H 降至 h_0,井外的测压管水头线也将下降,形成稳定的漏斗形曲面。此时和普通完整井一样,可按一元渐变渗流处理。根据裘皮依公式,过水断面上的平均流速为

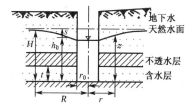

图 8-11　自流完整井

$$v = kJ = k\frac{\mathrm{d}z}{\mathrm{d}r}$$

距井中心为 r 处的过水断面面积 $A = 2\pi rt$,则渗流量为

$$Q = vA = 2\pi rt k\frac{\mathrm{d}z}{\mathrm{d}r}$$

上式分离变量后积分得

$$z = \frac{Q}{2\pi k t} \ln r + C$$

式中 C 为积分常数,由边界条件确定。当 $r = r_0$ 时,$z = h_0$,得积分常数 $C = h_0 - \frac{Q}{2\pi k t} \ln r_0$。代入上式得

$$z - h_0 = \frac{Q}{2\pi k t} \ln \frac{r}{r_0} = 0.366 \frac{Q}{k t} \lg \frac{r}{r_0} \tag{8-27}$$

上式为完全承压井的浸润曲面方程。

井的影响半径为 R。当 $r = R$ 时,$z = H$,代入式(8-27)得完全承压井的出水量公式

$$Q = 2.73 \frac{k t (H - h_0)}{\lg \frac{R}{r_0}} = 2.73 \frac{k t s}{\lg \frac{R}{r_0}} \tag{8-28}$$

8.4.3 井群

抽取地下水时,常采用几口井同时抽水,各井之间的间距又远小于影响半径 R,这时各井之间的地下水就会相互发生影响。这些同时工作的井就称为井群。各井间的相互位置往往根据具体情况而定,各井的出水量也不一定相等。当各井间的距离小于影响半径时,各井之间的地下水位会相互影响,致使渗流区的浸润面形状变得异常复杂。

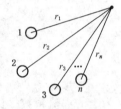

图 8-12 井群

设由 n 个普通完整井组成的井群如图 8-12 所示。

按各井单独抽水时的浸润线方程式(8-23),有

$$z_1^2 - h_{01}^2 = \frac{Q_1}{\pi k} \ln \frac{r_1}{r_{01}}$$

$$z_2^2 - h_{02}^2 = \frac{Q_2}{\pi k} \ln \frac{r_2}{r_{02}}$$

$$\vdots$$

$$z_n^2 - h_{0n}^2 = \frac{Q_n}{\pi k} \ln \frac{r_n}{r_{0n}}$$

当各井同时抽水时,按照势流叠加原理可导出其公共浸润线方程为

$$z^2 = \frac{Q_1}{\pi k} \ln \frac{r_1}{r_{01}} + \frac{Q_2}{\pi k} \ln \frac{r_2}{r_{02}} + \cdots + \frac{Q_n}{\pi k} \ln \frac{r_n}{r_{0n}} + C$$

式中 $r_1, r_2, \cdots, r_n$ 为给定点 A 到各井的距离,C 为常数。

考虑简单的情况,$Q_1 = Q_2 = \cdots = Q_n = \frac{Q_0}{n}$,上式变为

$$z^2 = \frac{Q_0}{\pi k} \left[\frac{1}{n} \ln (r_1 r_2 \cdots r_n) - \frac{1}{n} \ln (r_{01} r_{02} \cdots r_{0n}) \right] + C \tag{8-29}$$

式中 $Q_0 = Q_1 + Q_2 + \cdots + Q_n$ 为井群总抽水流量。

设井群的影响半径为 R，若 R 远大于井群的尺寸，确定边界条件 C，而 A 离各单井都较远，则可认为 $r_1 \approx r_2 \approx \cdots \approx r_n \approx R$, $z = H$。

代入式(8-29)，则有

$$C = H^2 - \frac{Q_0}{\pi k}\left[\ln R - \frac{1}{n}\ln(r_{01}r_{02}\cdots r_{0n})\right]$$

将 C 回代入式(8-29)，并改为常用对数，则

$$z^2 = H^2 - \frac{0.732Q_0}{k}\left[\lg R - \frac{1}{n}\lg(r_1 r_2 \cdots r_n)\right] \tag{8-30}$$

上式为普通完整井井群的浸润线方程。式中井群的影响半径 R 可采用单井的 R 值。计算时，k 以"m/s"计；H, r, R 均以"m"计。当 n, r_1, r_2, $\cdots$, r_n 以及 R, k 为已知时，若测得 H 和 Q_0 值，则 A 点的水位 z 可直接由式(8-30)求得；若测得 H 和 z 值，也可由该式得到井群的总抽水流量 Q_0。

对于完全承压井群，依照以上讨论方法可以得到浸润面的曲线方程

$$z = H - \frac{0.732Q_0}{kt}\left[\lg R - \frac{1}{n}\lg(r_1 r_2 \cdots r_n)\right] \tag{8-31}$$

式中：t——含水层厚度；

H——自流含水层未抽水前地下水总水头水面至不透水底层的高度；

R——自流井井群影响半径。

8.4.4　集水廊道

设有一集水廊道，横断面为矩形，廊道底位于水平不透水层上，见图8-13，底坡 $i = 0$，按平坡渗流浸润曲线公式(8-21)可得集水廊道的计算公式

$$q = \frac{k(h_1^2 - h_2^2)}{2l} \tag{8-32}$$

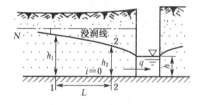

图 8-13　集水廊道

式中：q——单宽流量(与图面垂直方向)。

其他符号如图示。

8.5　渗流对建筑物安全稳定的影响

前面各节围绕渗流量和浸润线的变化，阐述了地下水运动的一些基本规律，本章最后简略介绍渗流对建筑安全稳定的影响。

8.5.1　扬压力

土木工程中，有许多建在透水地基上，由混凝土或其他不透水材料建造的建筑物，渗流作用在建筑物基底上的压力称为扬压力。

以山区河流取水工程，建在透水岩石地基上的混凝土低坝(图8-14)为例，介绍扬压力

的近似算法。因坝上游水位高于下游水位,部分来水经地基渗透至下游,坝基底面任一点的渗透压强水头,等于上游河床的总水头减去入渗点至该点渗流的水头损失

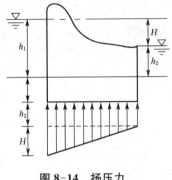

$$\frac{P_i}{\rho g} = h_1 - h_f = h_2 + (H - h_f)$$

由上式,可将渗流作用在坝基底面的压强及所形成的压力,看成由两部分组成:

图 8-14 扬压力

(1)下游水深 h_2 产生的压强。这部分压强在坝基底面上均匀分布,所形成的压力是坝基淹没 h_2 水深所受的浮力,作用在单位宽底面上的浮力

$$F_{Z1} = \rho g h_2 L$$

(2)有效作用水头$(H-h_f)$产生的压强。根据观测资料,近似假定作用水头全部消耗于沿坝基底流程的水头损失,且水头损失均匀分配,故这部分压强按直线分布,分布图为三角形,作用在单位宽底面上的渗透压力

$$F_{Z2} = \frac{1}{2}\rho g H L$$

作用在单位宽坝基底面上的扬压力

$$F_Z = F_{Z1} + F_{Z2} = \frac{1}{2}\rho g(h_1 + h_2)L$$

非岩基渗透压强,一般可按势流理论用流网的方法计算(可参照有关书籍)。

扬压力的作用,降低了建筑物的稳定性,对于主要依靠自重和地基间产生的摩擦力来保持抗滑动稳定性的重力式挡水建筑物,扬压力是稳定计算的基本载荷,不可忽视。

8.5.2 地基渗透变形

渗流对建筑物安全稳定的影响,除扬压力降低建筑物的稳定性之外,渗流速度过大,造成地基渗透变形,进而危及建筑物安全。地基渗透变形有两种基本形式:管涌和流土。

在非黏性土基中,渗流速度达一定值,基土中个别细小颗粒被冲动携带。随着细小颗粒被渗流带出,地基土的孔隙增大,渗流阻力减小,流速和流量增大,得以携带更大更多的颗粒。如此继续发展下去,在地基中形成空道,终将导致建筑物垮塌。这种渗流的冲蚀现象称为机械管涌,简称管涌。汛期江河堤防受洪水河槽高水位作用,在背河堤脚处发生管涌,是汛期常见的险情。

在石基中,地下水可将岩层所含可溶性盐类溶解带出,在地基中形成空穴,削弱地基的强度和稳定性,这种渗流的溶蚀现象称为化学管涌。

在黏性土基中,因土颗粒之间有黏结力,个别颗粒一般不易被渗流冲动携带,而在渗出点附近,当渗透压力超过上部土体重量,会使一部分基土整体浮动隆起,造成险情,这种局部渗透冲破现象称为流土。

管涌和流土危及建筑物的安全,工程上可采取限制渗流速度,阻截基土颗粒被带出地面

等多种防渗措施,来防止破坏性渗透变形。

8.6 流网及其在渗流计算中的应用

前几节在讨论廊道、井及井群等简单的渗流问题时,都是把渗流过水断面看成是渐变流断面,断面上各点渗流流速都相等,即可用裘皮依公式(8-15)。但是工程上常遇到较复杂的情况,例如有板桩的混凝土坝坝基和闸基渗流,需要确定通过基础土的渗流流量、渗流作用于底板的压力等。由于这些渗流流线弯曲程度很大而成为急变流(图 8-15),因此不能采用渐变流的假设来处理,而应当寻求更为普遍的解法。

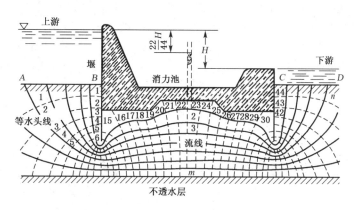

图 8-15 二维流网

8.6.1 渗流微分方程

对于三元渗流问题,设 H 为渗流场任一点的测压管水头,在恒定渗流中 $H=H(x,y,z)$,则在三元渗流场中的渗流速度可根据达西定律式(8-6)表达如下:

$$u_x = -k\frac{\partial H}{\partial x}$$

$$u_y = -k\frac{\partial H}{\partial y}$$

$$u_z = -k\frac{\partial H}{\partial z}$$

在均质各向同性土壤中,渗流系数 k 是常数,因此可令 $\varphi = -kH$,则上式又可写成

$$\left.\begin{aligned} u_x &= \frac{\partial(-kH)}{\partial x} = \frac{\partial \varphi}{\partial x}\\ u_y &= \frac{\partial(-kH)}{\partial y} = \frac{\partial \varphi}{\partial y}\\ u_z &= \frac{\partial(-kH)}{\partial z} = \frac{\partial \varphi}{\partial z} \end{aligned}\right\} \tag{8-33}$$

满足式(8-33)的流动称为无旋流或势流,而函数 φ 称为流速势。这说明服从达西定律的渗流是具有流速势 $\varphi = -kH$ 的势流。不可压缩流体连续性方程为

$$\frac{\partial u_x}{\partial x} + \frac{\partial u_y}{\partial y} + \frac{\partial u_z}{\partial z} = 0$$

将式(8-33)代入上式得

$$\frac{\partial^2 \varphi}{\partial x^2} + \frac{\partial^2 \varphi}{\partial y^2} + \frac{\partial^2 \varphi}{\partial z^2} = 0 \tag{8-34}$$

或

$$\frac{\partial^2 H}{\partial x^2} + \frac{\partial^2 H}{\partial y^2} + \frac{\partial^2 H}{\partial z^2} = 0 \tag{8-35}$$

即渗流流速势 φ 或水头 H 均满足拉普拉斯方程。

对于简化了的平面渗流,式(8-34)或式(8-35)又可写为

$$\frac{\partial^2 \varphi}{\partial x^2} + \frac{\partial^2 \varphi}{\partial y^2} = 0 \tag{8-36}$$

或

$$\frac{\partial^2 H}{\partial x^2} + \frac{\partial^2 H}{\partial y^2} = 0 \tag{8-37}$$

8.6.2　渗流问题的解法概述

1) 解析法

理论上讲在一定的边界条件下求出以上拉普拉斯方程的解 φ 或 H,再根据式(8-33)可求得 u,或由 $H = z + \dfrac{p}{\rho g}$ 可求得 p,则渗流问题就得到解决。

但是,严格的解析解常有困难,且能解的空间渗流问题极为有限。当简化为平面渗流问题时,可以采用复变函数理论中的保角变换法求解。

2) 数值解法

实践证明上述解析法仅适用于边界条件简单且规则的渗流场,对于复杂的边界条件可以采用数值解法。其中常用的有有限差分法、有限元素法等,可参见"计算流体力学"方面的书籍。

3) 图解法

平面渗流的另一类近似解法就是图解法,也称流网法。以下将详细说明。

8.6.3　流网法

平面无旋流(或称势流)存在速度势 φ 和流函数 ψ,等势线与等流函数线正交形成流网。由 $\varphi = -kH$ 知道,在均质各向同性土壤中,渗流系数 k 为常数,则流网图可看成是由等水头线和流线正交组成(如图 8-16)。

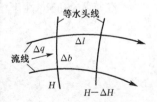

图 8-16　流网网格

1) 流网绘制

用流网法解渗流问题,首先要在渗流区绘出流网。实际上,流网的网格都画成近似的正方形(大多为曲边的正方形)。即每一个网格,其相邻流线的距离和相邻等水头线的距离都

近似相等,且交角是直角。

流网的绘制方法常有手描法和实验方法,实验方法最常用的是水电比拟法。关于实验方法绘制流网在此不作介绍,而手绘法在工程中应用广泛,故在此对其绘制方法作一些介绍。

图 8-15 所示是一个水工建筑物基底下土壤渗流的情况。其流网的绘制方法如下:

(1) 首先根据渗流的边界条件,确定边界流线及边界等势线。例如图中的上、下游透水边界 AB 和 CD,由于该边界上各点的测压管水头值 $H = z + \dfrac{p}{\rho g}$ 相等,故应为等势线。建筑物地下轮廓线和渗流区域的底部不透水边界各为一条边界流线。

(2) 依照边界流线的变化趋势大致画出流线而形成流带,然后再将已经画出的流带划分成许多尽可能近于曲线正方形的网格。

(3) 检验步骤(2)中划分的网格是否都接近于曲线正方形,方法是用两条彼此正交且与网格对边正交的曲线,分每一网格为四个小网格。如果这些小网格本身都接近于曲线正方形,则步骤(2)的划分是可用的,否则应重新划分。

(4) 经过步骤(3)的检验,便可把各网格的等水头线延伸到第 2 流带,再按流网的特性绘出第 2 流带下界的流线。如果这一流线不连续光滑,应调整上一流带的下界流线,使这里的流线光滑连续,并保证各网格接近于曲线正方形。

(5) 如此类推,从某一流带到相邻的另一流带,如果最后流带的下界流线恰好与不透水层线重合,就得到了正确的流网,否则须参照最后不重合的程度作必要的调整。

上述绘制流网的方法,要求有一定的经验和直观能力,只有多实践才能熟练掌握。另外,随着计算机的进步,按照流网绘制的原则可以开发计算机辅助绘制流网以及渗流的计算软件,从而减轻手描法的繁琐工作量,加快渗流计算的工作进程。有此能力和兴趣的读者不妨一试。

渗流场的流网正确绘出后,即可利用流网进行有关的渗流计算。

2) 渗流流速的计算

如图 8-16 所示。若需计算渗流区中各网格内的渗流流速,可以由流网图确定网格的流线长 Δl,流网中任意相邻四条等势线间的水头差均相等,若流网中的等势线条数为 m(包括边界等势线),上下游水位差为 H,则任意相邻两条等势线间的水头差

$$\Delta H = \frac{H}{m-1} \tag{8-38}$$

根据达西定律,某一网格处的渗流流速为

$$u = kJ = k\frac{\Delta H}{\Delta l} = \frac{kH}{(m-1)\Delta l} \tag{8-39}$$

3) 渗流流量的计算

由流网的性质可知,任意相邻两条流线之间通过的渗流量 Δq 相等,若全部流线(包括边界流线)的数目为 n 条,那么通过整个建筑基础下的单宽渗流量应为

$$q = (n-1)\Delta q \tag{8-40}$$

为了求出任意两条流线间渗流量 Δq,可由流网图中确定两流线的间距(即网格的过水断面

宽度)Δb,则

$$\Delta q = u\Delta b$$

将式(8-39)代入上式,得

$$\Delta q = \frac{kH}{(m-1)\Delta l}\Delta b \tag{8-41}$$

再将上式代入式(8-40),得

$$q = kH\frac{n-1}{(m-1)}\frac{\Delta b}{\Delta l} \tag{8-42}$$

这样,在已知渗流系数 k 的情况下,只要计算出流网的 m 和 n,量出任意网格的平均流线长度 Δl 及平均过水断面宽度 Δb,便可求得渗流流量。一般说来,网格尺寸越小,计算精度越高。

4）建筑物基底扬压力的计算

计算渗流作用于基底的扬压力浮托力,需要求出沿基底压强的分布,用每一个小单元上的压强乘单元面积,将各小单元上的力向铅垂面投影并相加,即可得扬压力大小。实际计算中可利用流网图绘出基底线上的测压管水头线来求得,下面简单说明。

如图 8-15 所示,由于上下游水位之差为 H,若沿基底共有 m 条等水头线,前面说过流网中任意相邻的两条等水头线间的水头之差均相等,即 $\Delta H = H/(m-1)$,则第 i 条等水头线的基底处测压管水面低于上游水面 $(i-1)H/(m-1)$。依此规律,即可绘出基底上所有等水头线处的测压管水头线,得到各点的测压管水头,而基底线与测压管水头线之间的面积即为单位长度基底所受总扬压力的大小,合力作用点通过该面积的形心。

思考题

1. 什么是渗流模型？它与实际渗流有何区别？为什么要提出这个概念？

2. 渗流的基本定律是什么？写出其各种形式的数学表达式,并说明其公式的使用条件。

3. 渗流系数 k 的数值与哪些因素有关？它的物理意义是什么？如何确定渗流系数？

4. 达西定律与裘皮依公式有何异同点？

5. 渗流的机械能包括哪些？渗流的测压管水头线可否沿流上升？为什么？

习题

一、单项选择题

1. 在渗流模型中假定（　　　）。
   A. 土壤颗粒大小均匀　　　　　　　B. 土壤颗粒排列整齐
   C. 土壤颗粒均为球形　　　　　　　D. 土壤颗粒不存在

2. 渗流模型与实际模型相比较（　　　）。
   A. 流量相同　　　B. 流速相同　　　C. 压强不同　　　D. 渗流阻力不同

3. 地下水位高的大基坑开挖,为了较准确的确定渗流系数 k,最好采用(   )。

   A. 实验室测定法 B. 现场测定法   C. 经验估算法   D. 理论计算法

4. 达西定律的适用范围是(   )。

   A. $Re < 2\,300$ B. $Re > 2\,300$

   C. $Re < 575$ D. $Re \leqslant 1 \sim 10 \left(Re = \dfrac{v d_{10}}{v} \right)$

二、计算题

1. 为测定某土样的渗流系数 k 值,进行达西实验,圆筒直径 $d = 0.2\,\text{m}$,长为 $l = 0.40\,\text{m}$ 内的测压管水面高差为 $0.12\,\text{m}$,实测流量为 $Q = 1.63 \times 10^{-6}\,\text{m}^3/\text{s}$,计算 k 值。

2. 如图 8-17,普通完全井在厚为 14 m 的含水层中取水,抽水稳定时水位降深 4 m,管井直径为 304 mm。已知 $k = 10\,\text{m/d}$,求管井渗水量。

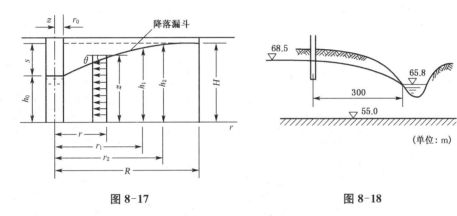

图 8-17   图 8-18

3. 如图 8-18 所示,河中水位为 65.8 m,距河 300 m 处有一钻孔,孔中水位为 68.5 m,不透水层为水平面,高程为 55.0 m,土壤的渗透系数 $k = 16\,\text{m/d}$,求单宽流量。

4. 如图 8.19 所示,一承压完全井的半径 $r_0 = 0.1\,\text{m}$,含水层厚度 $M = 5\,\text{m}$,在离井中心 10 m 处钻一观察孔,在未抽水前,测得地下水的水深 $H = 12\,\text{m}$。现抽水量为 $36\,\text{m}^3/\text{h}$,井中水位降深 $s_0 = 2\,\text{m}$,观测孔中水位降深 $s_1 = 1\,\text{m}$。试求含水层的渗透系数 k 及影响半径 R。

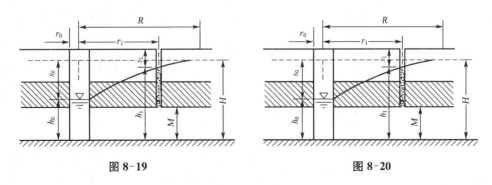

图 8-19   图 8-20

5. 如图 8-20,对承压完全井进行抽水试验,测得 $M = 7.5\,\text{m}$,$r_1 = 6\,\text{m}$,$r_2 = 24\,\text{m}$,$s_1 = 0.76\,\text{m}$,$s_2 = 0.44\,\text{m}$,$Q = 40\,\text{m}^3/\text{h}$,求渗透系数 k。

6. 有一普通完全井群由 6 个井组成,井的布置如图 8-21 所示。已知 $a = 50$ m, $b = 20$ m,井群的总流量 $Q_0 = 3 \times 10^{-3}$ m³/s,各井抽水量相同,井的半径 $r_0 = 0.2$ m,蓄水层厚度 $H = 12$ m,土壤为粗沙,渗透系数 $k = 0.01$ cm/s,影响半径 $R = 700$ m。试计算井群中井点 G 处的地下水水面降低了多少。

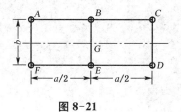

图 8-21

9　量纲分析和相似原理

应用流体力学的基本方程求解流体力学问题是一种基本途径,但只有在某些简单的边界条件下才有可能实现。实际工程中流体力学问题有时非常复杂,因此通过物理模型是揭示流体运动规律和解决实际工程问题的一种重要手段。

物理模型试验就是依照水利工程中原体实物,应用特定的相似准则,缩制成模型,根据所受的作用力,在模型中复演与原体相似的天然状况,进行模型试验,通过观测或量测,获取数据,然后再按照相似准则将结果引申到原体,用以指导现实。在这一系列实验过程中首先要求模型和原型相比是相似的,其次是要对试验数据做出合理的分析,从而得到真正反映原体实际情况的数据。原型是模型的基础。

早在 1686 年牛顿就对相似现象有所阐述,但直到 1848 年法国贝尔特兰(J. Bertrand)才从最普遍的方程出发,较系统地确定了相似现象的基本性质,提出了尺度分析的方法,得到相似体系中的相似准数。1870 年左右弗洛德(W. Froude)进行船舶模型试验,导出了著名的弗洛德数,奠定了重力相似的基础。1883 年雷诺(O. Reynolds)在运动的流体中注入染色的墨水发现了用其名字命名的雷诺定理。1915 年布金汉(E. Buckingham)在他的论文中用 π 表示无量纲积,其理论被称为 π 定理,在量纲理论中占有重要地位。

在相似理论研究方面大致可以归纳为两种不同的方法:一种是量纲分析法,它是基于分析影响某物理量的各种量纲之间的关系,并以此关系来确定相似系统中各物理量之间的相应关系;另一种是动力相似法,主要涉及原型和模型之间的几何、运动和动力学的相似,这种方法在 19 世纪应用得较多,但 20 世纪起除在流体力学范畴内还有所应用外,人们大多更喜欢用基于量纲分析方法的 π 定理。

9.1　量　　纲

9.1.1　量纲的概念

1) 量纲与单位

在流体力学中涉及各种不同的物理量,按性质的不同,将物理量分为长度、时间、质量、力、速度、加速度、黏性系数等各种类别,所有这些物理量都是由自身的物理属性(或称类别)和为度量物理属性而规定的量度标准(或称量度单位)两个因素构成的。例如长度,它的物理属性是线性几何量,量度单位则规定有米、厘米、英尺、光年等不同的标准。

我们把物理量的属性(类别)称为量纲或因次。量纲是区别物理量类别的标志。显然,量纲是物理量的实质,不含有人为的影响。不同类别的物理量可用不同量纲(或称因次)来标志,通常以 L 代表长度量纲,M 代表质量量纲,T 代表时间量纲。

同一类别的物理量量纲相同,但可以用不同的单位去描述。具体的"数值"和"单位"就准确地表示出了该物理量的大小。从原则上讲,一个物理量可以有任意种单位,仅仅是为了交换概念和信息上的方便,才人为地规定了有限的几个具有普遍性的通用单位。例如现行的长度单位米,最初是 1791 年法国国民会议通过的,经过巴黎地球子午线长的 4 000 万分之一;1960 年第 11 届国际计量大会重新规定为氪同位素,原子辐射波的 1 650 763.73 个波长的长度。由于取用的标准不同,被量度的物理量将具有不同的量值。如直径为 1 m 的管道,可以用 100 cm 或 1 000 mm 表示,因而被量度的直径具有不同的量值。由此可见,物理量是客观存在的,单位是人为制定用来度量物理量的。量纲与单位的关系便是内容与形式的关系,单位是量度各种物理量数值大小的标准,是人为规定的量度标准,因为有量纲量是由量纲和单位两个因素决定的,因此含有人的意志影响。

2) 基本量纲与导出量纲

一个力学过程所涉及的各物理量的量纲之间是有联系的,例如速度的量纲就是与长度和时间的量纲相联系的。基本量纲是指具有独立性的量纲,该量纲不能由其他量纲推导出来,即不依赖于其他量纲。如长度[L]、质量[M]、时间[T]或长度[L]、力[F]、时间[T]就是相互独立的量纲,它们之间不能互相推导,它们就可以作为基本量纲。基本量纲并没有从理论上规定只能取三个,但一般来说,通过引入一个额外的物理系数,就可以增加一个互相独立的基本量纲。导出量纲是指由基本量纲推导出的量纲。在各种力学问题中,任何一个物理量的量纲都可以用三个基本量纲的指数乘积形式表示,这称为导出量纲公式。

为了应用方便,并同国际单位制一致,普遍采用 $M-L-T-\Theta$ 基本量纲关系,即选取质量 M、长度 L、时间 T、温度 Θ 为基本量纲。对于不可压缩流体运动,则选取 M、L、T 三个基本量纲,其他物理量量纲均为导出量纲。例如:

速度 $\qquad \dim v = LT^{-1}$

加速度 $\qquad \dim a = LT^{-2}$

力 $\qquad \dim F = MLT^{-2}$

[动力] 黏度 $\quad \dim \mu = ML^{-1}T^{-1}$

综合以上各量纲式,不难得出,某一物理量 q 的量纲都可用三个基本量纲的指数乘积形式表示

$$\dim q = M^{\alpha}L^{\beta}T^{\gamma} \tag{9-1}$$

上式称为量纲公式。物理量 q 的性质由量纲指数 α、β、γ 决定:
(1) 当 $\alpha = 0$, $\beta \neq 0$, $\gamma = 0$, q 为几何量;
(2) $\alpha = 0$, $\beta \neq 0$, $\gamma \neq 0$, q 为运动学量;
(3) $\alpha \neq 0$, $\beta \neq 0$, $\gamma \neq 0$, q 为动力学量。

以上讨论的是以 M、L、T、Θ 为基本量纲,常采用的单位为 m、s、kg、K,为国际单位制(SI 制)。流体力学中常见物理量的量纲和单位见表 9-1。

表 9-1 流体力学中常见物理量的量纲和单位

物 理 量		量 纲	单 位	物 理 量	量 纲	单 位
几何学的量	长度 l	L	m	质量	M	kg
	面积 A	L^2	m^2	力	ML/L^2	N
	体积 V	L^3	m^3	密度	M/L^3	kg/m^3
	水力坡度 J；底坡 i	L^0	m^0	动力黏滞系数	M/LT	$N \cdot s/m^2$
	惯性矩 I	L^4	m^4	压强	M/LT^2	N/m^2
运动学的量	时间 t	T	s	切应力	M/LT^2	N/m^2
	流速 v	L/T	m/s	体积弹性系数	M/LT^2	N/m^2
	重力加速度 g	L/T^2	m/s^2	表面张力系数	M/T^2	N/m
	单宽流量 q	L^2/T	m^2/s	功、能	ML^2/T^2	J
	流函数 Ψ	L^2/T	m^2/s	功率	ML^2/T^3	$N \cdot m/s$
	势函数 ψ	L^2/T	m^2/s	动量	ML/T	$kg \cdot m/s$
	旋转角速度 ω	$1/T$	$1/s$			
	运动黏滞系数 ν	L^2/T	m^2/s			

9.1.2 量纲和谐原理

量纲和谐原理是指物理方程中各项的量纲必须保持一致。即只有两个同类型的物理量才能相加减,但不同类型的物理量可以相乘除,从而得到另一诱导量纲的物理量。

如果一个物理方程量纲和谐,则方程的形式不随量度单位的改变而改变。因此,量纲和谐原理可以用来检验新建方程或经验公式的正确性和完整性。利用量纲和谐原理可以确定公式中物理量的指数,可以建立物理方程,可以实现单位兑换。

量纲和谐原理是量纲分析的基础。量纲和谐原理的简单表述是:凡是正确反映客观规律的物理方程,其各项的量纲一定是一致的,这是被无数事实证实了的客观原理。如伯努利方程式中 z、$\dfrac{p}{\rho g}$、$\dfrac{\alpha v^2}{2g}$、h_w 项均具有长度量纲 L,可见其是符合量纲和谐原理的。其他凡正确反映客观规律的物理方程,量纲之间的关系莫不如此。在工程界至今还有一些由实验和观测资料整理成的经验公式,不满足量纲和谐。如谢才公式 $v = C\sqrt{RJ}$,该经验公式规定要用 m、s 为单位,则式中 C 为一个具有量纲 $L^{1/2}/T$ 的系数,单位为 $m^{1/2}/s$。曼宁提出 C 的经验公式为 $C = \dfrac{1}{n}R^{1/6}$,式中 n 为糙率。若根据量纲和谐原理,n 的量纲为 $T/L^{1/3}$,但一般文献和实用中的糙率 n 是作为无量纲数处理的,所以曼宁公式的量纲是不和谐的。这种情况表明,人们对这一部分流动的认识尚不充分,只能用不完善的经验关系式来表示某一物理过程的规律性,这样的公式将逐渐被修正或被正确完整的公式所替代。

由量纲和谐原理可引申出以下两点:

(1) 凡正确反映客观规律的物理方程,一定能表示成由无量纲项组成的无量纲方程。因为方程中各项的量纲相同,只需用其中一项遍除各项,便得到一个由无量纲项组成的无量纲式,仍保持原方程的性质。

(2) 量纲和谐原理规定了一个物理过程中有关物理量之间的关系。因为一个正确完整的物理方程中,各物理量纲之间的关系是确定的,按物理量纲之间的这一确定性,就可以建立该物理过程各物理量的关系式。量纲分析法就是根据这一原理发展起来的,它是 20 世纪力学上的重要发现之一。

9.2 量纲分析法

9.2.1 瑞利法

瑞利法的基本原理是某一物理过程同几个物理量有关,适用于影响因素(自变量)间的关系为单项指数形式

$$f(q_1 q_2 q_3 \cdots q_n) = 0 \tag{9-2}$$

其中的某一物理量 q 可表示为其他物理量的指数乘积

$$q_i = K q_1^a q_2^b \cdots q_{n-1}^p \tag{9-3}$$

写出量纲式

$$\dim q_i = (q_1^a q_2^b \cdots q_{n-1}^p) \tag{9-4}$$

将量纲式中各物理量的量纲按式(9-1)表示为基本量纲的指数乘积形式,并根据量纲和谐原理,确定指数 a、b、$\cdots$、p,就可得出表达该物理过程的方程式。下面通过例题说明瑞利法的应用步骤。

【例 9-1】 求水泵输出功率的表达式。

【解】 水泵输出功率是指单位时间内水泵输出的能量。

(1) 找出同水泵输出功率有关的物理量,包括单位体积水的重量 $\gamma = \rho g$、流量 Q、扬程 H,即

$$f(N, \gamma, Q, H) = 0$$

(2) 写出指数乘积关系式

$$N = K \gamma^a Q^b H^c$$

(3) 写出量纲式

$$\dim N = \dim(\gamma^a Q^b H^c)$$

(4) 按式(9-1),以基本量纲(M、L、T)表示各物理量量纲

$$ML^2T^{-3} = (ML^{-2}T^{-2})^a (L^3T^{-1})^b (L)^c$$

(5) 根据量纲和谐原理求量纲指数得

$$M: \quad 1 = a$$

$$L: \quad 2 = -2a + 3b + c$$

$$T: -3 = -2a - b$$

得　$a=1$, $b=1$, $c=1$

（6）整理方程式

$$N = K\gamma QH = K\rho gQH$$

式中：K——由实验确定的系数。

【例 9-2】　求圆管层流的流量关系式。

【解】　圆管层流运动在前面已经详细介绍过了，这里仅作为量纲分析的方法来讨论。

（1）找出影响圆管层流流量的物理量，包括管段两端的压强差 Δp、管段长 l、半径 r_0、流体的黏度 μ。根据经验和已有试验资料的分析，得知流量 Q 与压强差 Δp 成正比，与管段长度 l 成反比。因此，可将 Δp、l 归并为一项 $\Delta p/l$，得到

$$f(Q, \Delta p/l, r_0, \mu) = 0$$

（2）写出指数乘积关系式

$$Q = K \left[\frac{\Delta p}{l} \right]^a r_0^b \mu^c$$

（3）写出量纲式

$$\dim Q = \dim \left[\left(\frac{\Delta p}{l} \right)^a r_0^b \mu^c \right]$$

（4）按式（9-1），以基本量纲（M，L，T）表示各物理量量纲

$$L^3 T^{-1} = (ML^{-2}T^{-2})^a \, (L)^b \, (ML^{-1}T^{-1})^c$$

（5）根据量纲和谐原理求量纲指数

$$M：\quad 0 = a + c$$
$$L：\quad 3 = -2a + b - c$$
$$T：\quad -1 = -2a - c$$

得　$a=1$, $b=4$, $c=-1$

（6）整理方程式

$$Q = K \frac{\Delta p}{l} r_0^4 \mu^{-1} = K \frac{\Delta p r_0^4}{l\mu}$$

系数 K 由实验决定，$K = \frac{\pi}{8}$。则

$$Q = \frac{\pi}{8} \frac{\Delta p r_0^4}{l\mu} = \frac{\rho g J}{8\mu} \pi r_0^4$$

其中

$$J = \frac{\Delta p / \rho g}{l}$$

【例 9-3】　设图 9-1 所示为理想液体孔口出流，试用瑞利法导出液体密度 ρ、孔口直径 d 及压强差 Δp（$\Delta p = \rho gh$，h 为孔口水头）表示的孔口流量 Q 的表达式。

【解】　按瑞利法，写出 Q 的函数形式为

$$Q = f(\rho, d, \Delta p)$$

将上式写成下列指数形式，即

$$Q = k\rho^a d^b \Delta p^c$$

其量纲关系式为

$$[\text{L}^3/\text{T}] = [\text{M}/\text{L}^3]^a [\text{L}]^b [\text{M}/(\text{LT}^2)]^c$$

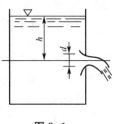

图 9-1

根据量纲和谐原理，得

$$\text{M：} a + c = 0$$

$$\text{L：} -3a + b - c = 3$$

$$\text{T：} -2c = -1$$

解得 $a = -1/2$，$b = 2$，$c = 1/2$，代入原式，得

$$Q = k\rho^{-1/2} d^2 \Delta p^{1/2}$$

式中，$\Delta p = \rho g h$，若令 $k = \sqrt{2}\,\dfrac{\pi}{4}$，则

$$Q = \frac{\pi}{4} d^2 \sqrt{2gh} = A \sqrt{2gh}$$

式中 A 为孔口面积。

由以上例题可以看出，用瑞利法求力学方程，在有关物理量不超过四个，待求的量纲指数不超过三个时，可直接根据量纲和谐条件求出各量纲指数，建立方程，如例 9-1。当有关物理量超过四个时，则需要归并有关物理量或选待定系数，以求得量纲指数，如例 9-2。

9.2.2 布金汉定理

布金汉定理是量纲分析最为普遍的原理，它是 1915 年由美国物理学家布金汉（Buc-king-ham）提出来的，又称为 π 定理。

π 定理可以表述如下：任何一个物理过程，如包含有 n 个物理量，涉及 m 个基本量纲，则这个物理过程可以用 $(n-m)$ 个无量纲 π 数所表达的关系式来描述，即

$$F(\pi_1, \pi, \cdots, \pi_{n-m}) = 0 \tag{9-5}$$

由于无量纲项目用 π 表示，π 定理由此得名。π 定理可用数学方法证明，此处从略。

应用 π 定理的步骤如下：

（1）确定影响所研究问题的各个物理量。例如，表征水的物理特性的有密度、重力加速度、黏性系数、表面张力等；表征流动边界影响的有建筑物尺寸、边界粗糙、突出高度等；表征水流运动要素的有水头、单宽流量、流速、压强等。影响因素列举是否全面和正确，将直接影响分析结果。所列的物理量中包括常量和变量。

（2）在 n 个物理量中选取 m 个基本物理量，对于力学问题，取 $m = 3$。即在几何学量、运动学量和动力学量中各选一个组成，这样做的目的是要求三个基本量在量纲上是互相独立的，即它们不能组成一个无量纲量。

$$[x_1] = L^{\alpha 1} T^{\beta 1} M^{\gamma 1}$$

$$[x_2] = L^{\alpha 2} T^{\beta 2} M^{\gamma 2}$$

$$[x_3] = L^{\alpha 3} T^{\beta 3} M^{\gamma 3}$$

x_1、x_2、x_3 在量纲上是独立的,即不能组合成无量纲数,这就要求它们的指数乘积不能为零,也就是要求以上各式的指数行列式不能为零,即

$$\Delta = \begin{vmatrix} \alpha_1 & \beta_1 & \gamma_1 \\ \alpha_2 & \beta_2 & \gamma_2 \\ \alpha_3 & \beta_3 & \gamma_3 \end{vmatrix} \neq 0$$

(3) 写出 $n-3$ 个无量纲 π 数,它们分别由 $n-3$ 个以外的物理量 x_4、x_5、x_6、$\cdots$、x_n,与由三个基本量纲组成的指数形式的乘积 $x_1^{a_i}$、$x_2^{b_i}$、$x_3^{c_i}$ 的比值组合而成,式中 $i = 1,2,3,\cdots,$
$n-3$,即

$$\pi_1 = \frac{x_4}{x_1^{a_i} \text{、} x_2^{b_i} \text{、} x_3^{c_i}}$$

$$\pi_2 = \frac{x_5}{x_1^{a_2} \text{、} x_2^{b_2} \text{、} x_3^{c_2}}$$

$$\vdots$$

$$\pi_{n-3} = \frac{x_n}{x_1^{a_{n-3}} \text{、} x_2^{b_{n-3}} \text{、} x_3^{c_{n-3}}}$$

式中 a_i,b_i,c_i 为待定指数。

(4) π_1、π_2、$\cdots$、π_{n-3} 是无量纲数,即 $[\pi] = L^0 T^0 M^0$,根据量纲和谐原理可求出指数 a_i、b_i、c_i。

(5) 最后可写出描述物理过程的关系式为

$$F(\pi_1,\pi_2,\cdots,\pi_{n-m}) = 0$$

【例 9-4】　用 π 定理推求水平等直径有压管内压强差 Δp 的表达式。已知影响 Δp 的物理量有管长 l,管径 d,管壁绝对粗糙度 Δ,流速 v,液体密度 ρ,动力黏滞系数 μ,重力加速度 g。

【解】　列出上述影响因素的函数关系式为

$$F(d,v,\rho,l,\mu,\Delta,\Delta p) = 0$$

可以看出函数中变量个数 $n = 7$。

选取三个基本物理量,它们分别是几何学量 d、运动学量 v 及动力学量 ρ。其量纲分别为

$$[d] = L^{\alpha_1} T^{\beta_1} M^{\gamma_1} = L^0 T^0 M^0$$

$$[v] = L^{\alpha_2} T^{\beta_2} M^{\gamma_2} = L^0 T^{-1} M^0$$

$$[\rho] = L^{\alpha_3} T^{\beta_3} M^{\gamma_3} = L^{-3} T^0 M^1$$

检查 d,v,ρ 在量纲上的独立性:

$$\Delta = \begin{vmatrix} 1 & 0 & 0 \\ 1 & -1 & 0 \\ -3 & 0 & -1 \end{vmatrix} = -1 \neq 0$$

说明以上三个基本物理量的量纲是相互独立的。

写出 $n - 3 = 7 - 3 = 4$ 的无量纲 π 数：

$$\pi_1 = \frac{l}{d^{a_1} v^{b_1} \rho^{c_1}}$$

$$\pi_2 = \frac{\mu}{d^{a_2} v^{b_2} \rho^{c_2}}$$

$$\pi_3 = \frac{\Delta}{d^{a_3} v^{b_3} \rho^{c_3}}$$

$$\pi_4 = \frac{\Delta p}{d^{a_4} v^{b_4} \rho^{c_4}}$$

根据量纲和谐原理，各 π 数中的指数分别确定如下。以 π_1 为例，即

$$[L] = [L]^{a_1} [LT^{-1}]^{b_1} [ML^{-3}]^{c_1}$$

$$L: 1 = a_1 + b_1 - 3c_1$$

$$T: 0 = -b_1$$

$$M: 0 = c_1$$

解得 $a_1 = 1$, $b_1 = 0$, $c_1 = 0$, 则可以写成

$$\pi_1 = \frac{l}{d}$$

同理可得

$$\pi_2 = \frac{\mu}{d v \rho}, \ \pi_3 = \frac{\Delta}{d}, \ \pi_4 = \frac{\Delta p}{v^2 \rho}$$

则

$$f(\pi_1, \pi_2, \pi_3, \pi_4) = f\left(\frac{l}{d}, \frac{\mu}{d v \rho}, \frac{\Delta}{d}, \frac{\Delta p}{v^2 \rho}\right) = 0$$

上式中的 π 数可根据需要取其倒数，而不会改变它的无量纲性质，可写成

$$f_1\left(\frac{l}{d}, \frac{\mu}{d v \rho}, \frac{\Delta}{d}, \frac{\Delta p}{v^2 \rho}\right) = 0$$

求解压差 Δp，得

$$\frac{\Delta p}{v^2 \rho} = f_2\left(\frac{l}{d}, \frac{\mu}{d v \rho}, \frac{\Delta}{d}\right)$$

以 $Re = \dfrac{d v \rho}{\mu} = \dfrac{v d}{v}$ 代入，并写为

$$\frac{\Delta p}{v^2 \rho} = f_3 \left(Re, \frac{\Delta}{d} \right) \frac{l}{d} \frac{v^2}{2g}$$

式中 $h_f = \dfrac{\Delta p}{\rho g}$，令 $\lambda = f_3 \left(Re, \dfrac{\Delta}{d} \right)$，最后可得沿程水头损失公式为

$$h_f = \lambda \frac{l}{d} \frac{v^2}{2g}$$

上式是沿程损失的一般表达式，式中 λ 称为沿程水头损失系数，可由实验进一步求得 λ 随雷诺数 Re 及相对粗糙度 $\dfrac{\Delta}{d}$ 的变化关系。

量纲分析法不仅可以利用量纲和谐原理求出各物理量之间的基本关系式，而且可进一步找出研究该问题的途径；此外它还可以使经验公式具有理论上（量纲和谐）的正确形式。

9.3 相似理论基础

9.3.1 相似概念

流动相似概念是几何相似概念的扩展。两个几何图形，如果对应边成比例、对应角相等，两者就是几何相似图形。对于两个几何相似图形，把其中一个图形的某一几何长度，乘以比例常数，就得到另一图形的相应长度。如果原型和模型两个流场的相应点上，所有表征流动状况的相应物理量都存在一定的比例关系，则这两种流动是相似的。要满足力学相似，必须满足几何相似、运动相似和动力相似。

1）几何相似

几何相似指两个流动（原型和模型）流场的几何形状相似，即相应的线段长度成比例、夹角相等。以角标 p 表示原型（prototype），m 表示模型（model），则有

$$\left. \begin{array}{l} \dfrac{l_{p1}}{l_{m1}} = \dfrac{l_{p2}}{l_{m2}} = \cdots = \dfrac{l_p}{l_m} = \lambda_l \\[2mm] \theta_{p1} = \theta_{m1}, \ \theta_{p2} = \theta_{m2} \end{array} \right\} \tag{9-6}$$

称为长度比尺。由长度比尺可推得相应的面积比尺和体积比尺：

面积比尺

$$\lambda_A = \frac{A_p}{A_m} = \frac{l_p^2}{l_m^2} = \lambda_l^2 \tag{9-7}$$

体积比尺

$$\lambda_V = \frac{V_p}{V_m} = \frac{l_p^3}{l_m^3} = \lambda_l^3 \tag{9-8}$$

可见几何相似是通过长度比尺 λ_l 来表征的，只要各相应长度都保持固定的比尺关系，便保证了两个流动几何相似。

2）运动相似

运动相似指两个流动相应点速度方向相同，大小成比例。即

$$\lambda_u = \frac{u_p}{u_m}$$

称为速度比尺。由于各相应点速度成比例,所以相应断面的平均速度必然有同样比尺

$$\lambda_u = \frac{u_p}{u_m} = \frac{v_p}{v_m} = \lambda_v \qquad (9-9)$$

将 $v = \dfrac{l}{t}$ 关系式代入上式

$$\lambda_v = \frac{l_p/t_p}{l_m/t_m} = \frac{l_p t_m}{l_m t_p} = \frac{\lambda_l}{\lambda_t} \qquad (9-10)$$

$\lambda_t = \dfrac{t_p}{t_m}$ 称为时间比尺,满足运动相似应有固定的长度比尺和时间比尺。速度相似就意味着加速度相似,加速度比例尺为

$$\lambda_a = \frac{a_p}{a_m} = \frac{u_p/t_p}{u_m/t_m} = \frac{u_p t_m}{u_m t_p} = \frac{\lambda_u}{\lambda_t} = \frac{\lambda_l}{\lambda_t^2} \qquad (9-11)$$

3)动力相似

动力相似指两个流动相应点处质点受同名力作用,力的方向相同、大小成比例。根据达朗伯原理,对于运动的质点,设想加上该质点的惯性力,则惯性力与质点所受作用力平衡,形式上构成封闭力多边形。从这个意义上说,动力相似又可表述为相应点上的力多边形相似,相应边(即同名力)成比例,如图 9-2 所示。

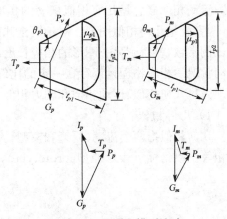

影响流体运动的作用力主要是黏滞力、重力、压力,有时还考虑其他的力。如分别以符号 T、G、P 和 I 代表黏滞力、重力、压力和惯性力,则

图 9-2 原型和模型流动

$$\left.\begin{array}{l} \vec{T} + \vec{G} + \vec{P} + \cdots + \vec{I} = 0 \\[6pt] \dfrac{T_p}{T_m} = \dfrac{G_p}{G_m} = \dfrac{P_p}{P_m} = \cdots = \dfrac{I_p}{I_m} \\[6pt] \lambda_T = \lambda_G = \lambda_P = \cdots = \lambda_I \end{array}\right\} \qquad (9-12)$$

以上三个相似条件是模型和原型保持相似的主要条件,它们相互联系,互为条件。几何相似是运动相似和动力相似的前提和依据;动力相似是决定运动相似的主导因素;运动相似是几何相似和动力相似的具体表现和结果,它们是一个统一的整体,缺一不可。

9.3.2 牛顿相似定律

模型和原型的流动都必须服从同一运动规律,并为统一物理方程所描述,这样才能做到几何、运动和动力的完全相似。由于与液体的物理性质有关的重力、黏滞力、弹性力、表面张

力等都是企图改变运动状态的力,而由液体惯性所引起的惯性力是企图维持液体原有状态的力,因此各种力之间的对比关系应以惯性力和其他各力之间的比值来表示。

为了正确地进行模型设计,需要对液流的动力相似作进一步探讨,找出动力相似的具体表达式。

任何液体运动,不论是原型还是模型,都必须遵循牛顿第二定律,即

$$F = ma = \rho l^3 \frac{l}{t^2} = \rho l^2 u^2$$

式中 u 为点流速。如何研究某一过流断面,可用断面平均流速 v 代替 u。F 为作用于液体质点上所有外力的合力。

动力相似

$$\lambda_F = \frac{F_p}{F_m} = \frac{\rho_p l_p^2 v_p^2}{\rho_m l_m^2 v_m^2} = \lambda_\rho \lambda_l^2 \lambda_v^2$$

上式可以写成

$$\frac{F_p}{\rho_p l_p^2 v_p^2} = \frac{F_m}{\rho_m l_m^2 v_m^2}$$

$\dfrac{F}{\rho l^2 v^2}$ 是无量纲数,称为牛顿数,以 N_e 表示,即

$$N_e = \frac{F}{\rho l^2 v^2} \tag{9-13}$$

牛顿数的物理意义是作用于液体的外力与惯性力之比。式中 ρ 为密度;l 为特征长度,如水深、管径、水力半径;v 为流速。则

$$(N_e)_p = (N_e)_m$$

上式表明,两个动力相似的液流,它们的牛顿数必定相等,称为牛顿相似定律。

9.3.3 相似准则

在自然界,作用于液流的力是多样的,例如重力、黏滞力、压力、表面张力、弹性力等,这些力互不相同,各自遵循自己的规律,并用不同形式的物理公式来表达。因此,要使模型和原型液流运动相似,这些力除了满足牛顿数 N_e 相等的条件外,还必须满足由其自身性质决定的规律。然而要考虑所有不同性质的力的相似,就要同时满足许多特殊规律,这是非常困难的,往往也无法做到。因此对于某种具体液流流动来说,虽然液流中同时作用着不同性质的力,但是它们对液流运动状态的影响并不相同,即总有一种或者两种力居于支配地位,并决定流体运动状态。这种只满足某一种力作用下的动力相似条件称为相似准则。

1) 雷诺准则

$$\frac{I_p}{T_p} = \frac{I_m}{T_m}$$

鉴于上式表示两个流动相应点上惯性力与单项作用力(如黏滞力)的对比关系,而不是

计算力的绝对量,所以式中的力可用运动的特征量表示:

黏滞力 $\qquad\qquad\qquad T = \mu A \dfrac{\mathrm{d}u}{\mathrm{d}y} = \mu l v$

惯性力 $\qquad\qquad\qquad I = \rho l^3 \dfrac{l}{t^2} = \rho l^2 v^2$

代入上式整理,得

$$\frac{v_p l_p}{v_p} = \frac{v_m l_m}{v_m} \qquad\qquad (9\text{-}14)$$

$$(Re)_p = (Re)_m$$

无量纲数 $Re = \dfrac{vl}{v}$ 称雷诺数。雷诺数表示惯性力与黏滞力之比。两流动相应的雷诺数相等,黏滞力相似。

2)费汝德准则

$$\frac{I_p}{G_p} = \frac{I_m}{G_m}$$

式中重力 $G = \rho g l^3$,惯性力 $I = \rho l^2 v^2$。代入上式整理,得

$$\frac{v_p^2}{g_p l_p} = \frac{v_m^2}{g_m l_m}$$

开方

$$\frac{v_p}{\sqrt{g_p l_p}} = \frac{v_m}{\sqrt{g_m l_m}} \qquad\qquad (9\text{-}15)$$

$$(F_r)_p = (F_r)_m$$

无量纲数 $F_r = \dfrac{v}{\sqrt{gl}}$,称弗汝德数。弗汝德数表示惯性力与重力之比。两流动相应的弗汝德数相等,重力相似。

3)欧拉准则

$$\frac{P_p}{I_p} = \frac{P_m}{I_m}$$

式中压力 $P = pl^2$,惯性力 $I = \rho l^2 v^2$。代入上式整理,得

$$\frac{P_p}{\rho_p v_p^2} = \frac{P_m}{\rho_m v_m^2} \qquad\qquad (9\text{-}16)$$

$$(E_v)_p = (E_v)_m$$

无量纲数 $E_u = \dfrac{p}{\rho g}$,称欧拉数。欧拉数表示压力与惯性力之比。两流动的欧拉数相等,压力相似。

在多数流动中,对流动起作用的是压强差 Δp,热不是压强的绝对值,欧拉数中常以相应点的压强差 Δp 代替压强,得

$$E_u = \frac{\Delta p}{\rho v^2} \tag{9-17}$$

4）柯西准则

当流动受弹性力

$$\frac{I_P}{E_P} = \frac{I_m}{E_m}$$

式中弹性力 $E = Kl^2$，K 为流体的体积弹性模量；惯性力 $I = \rho l^2 v^2$。代入上式整理，得

$$\frac{\rho_p v_p^2}{K_P} = \frac{\rho_m v_m^2}{K_m} \tag{9-18}$$

$$(Ca)_p = (Ca)_m$$

无量纲数 $Ca = \dfrac{\rho v^2}{K}$，称为柯西数。柯西数表示惯性力与弹性力之比。两流动相应的柯西数相等，弹性力相似。柯西准则用于水击现象的研究。

声音在流体中传播的速度（音速）$a = \sqrt{\dfrac{K}{\rho}}$，代入式中开方，得

$$\frac{v_p}{a_p} = \frac{v_m}{a_m} \tag{9-19}$$

$$(Ma)_p = (Ma)_m$$

无量纲数 $Ma = \dfrac{v}{a}$，称马赫数。可压缩气流流速接近或超过音速时，弹性力成为影响流动的主要因素，实现流动相似需要相应的马赫数相等。

5）韦伯相似准则

表面张力用 σl 表征，σ 为表面张力系数，可得

$$\frac{\sigma_p l_p}{\rho_p l_p^2 v_p^2} = \frac{\sigma_m l_m}{\rho_m l_m^2 v_m^2}$$

简化整理后

$$\frac{\dfrac{\sigma_p}{\rho_p}}{l_p v_p^2} = \frac{\dfrac{\sigma_m}{\rho_m}}{l_m v_m^2} \tag{9-20}$$

令 $W_e = \dfrac{v^2 l}{\sigma/\rho}$，它是一个无量纲数，称为韦伯（Weber）数，表征水流中表面张力与惯性力之比，于是

$$W_{e_p} = W_{e_m}$$

上式为表面张力相似准则，或称为韦伯相似准则。它表明：两个液流在表面张力作用下的力学相似条件是它们的韦伯数相等。这个准则只有在流动规模甚小、表面张力的作用相对显著时才需要。

6）惯性力相似准则

在非恒定一元流动中，加速度 a 可表示为

$$a = \frac{\mathrm{d}v}{\mathrm{d}t} = \frac{\partial v}{\partial t} + \frac{\partial v}{\partial s}\frac{\mathrm{d}s}{\mathrm{d}t} = \frac{\partial v}{\partial t} + v\frac{\partial v}{\partial s}$$

式中加速度由时变加速度$\frac{\partial v}{\partial t}$和位变加速度$v\frac{\partial v}{\partial s}$两部分组成,位变加速度的惯性作用与时变加速度的惯性作用之比可写成

$$\frac{v \cdot v/l}{v/t} = \frac{vt}{l}$$

无量纲数$\frac{l}{vt} = S_r$,称为斯特劳哈尔(Strouhal)数。如果要求原型、模型的非恒定流动相似,则要求斯特劳哈尔数相等,即

$$S_{r_p} = S_{r_m}$$

上式为惯性力相似准则,它是位变加速度的惯性作用与时变加速度的惯性作用之比。因为它是控制非恒定流时间的准数,故又称为时间相似准则。

流体的运动是边界条件和作用力决定的,当两个流动一旦实现了几何相似和动力相似,就必然以相同的规律运动。由此得出结论,几何相似与独立准则成立是实现动力相似的充分和必要条件。

9.4 模型实验

生产实践中需要通过模型试验解决的问题是多种多样的。模型实验是根据相似原理,制成和原型相似的小尺度模型进行实验研究,并以实验的结果预测出原型将会发生的流动现象。

9.4.1 模型相似准则的选择

为了使模型和原型流动完全相似,除要几何相似外,各独立的相似准则应同时满足。但实际上要同时满足各准则很困难,甚至是不可能的,譬如按雷诺准则

$$(Re)_p = (Re)_m$$

原型与模型的速度比

$$\frac{v_p}{v_m} = \frac{v_p l_m}{v_m l_p} \tag{9-21}$$

按弗汝德准则　　　　　　　　$(Fr)_p = (Fr)_m$,且$g_p = g_m$

　原型与模型的速度比

$$\frac{v_p}{v_m} = \sqrt{\frac{l_p}{l_m}} \tag{9-22}$$

要同时满足雷诺准则和弗汝德准则,就要同时满足式(9-21)和式(9-22)

$$\frac{\upsilon_p l_m}{\upsilon_m l_p} = \sqrt{\frac{l_p}{l_m}} \qquad\qquad (9\text{-}23)$$

当原型和模型为同种流体，$\upsilon_p = \upsilon_m$，得

$$\frac{l_m}{l_p} = \sqrt{\frac{l_p}{l_m}}$$

可见，只有 $l_p = l_m$，即 $\lambda_l = 1$ 时，上式才能成立。这在大多数情况下，已失去模型实验的价值。当原型和模型为不同种流体，$\upsilon_p \neq \upsilon_m$，由式(9-23)得

$$\frac{\upsilon_p}{\upsilon_m} = \left(\frac{l_p}{l_m}\right)^{\frac{3}{2}}$$

$$\upsilon_m = \frac{\upsilon_p}{\left(\dfrac{l_p}{l_m}\right)^{\frac{3}{2}}} = \frac{\upsilon_p}{\lambda_l^{3/2}}$$

如长度比尺 $\lambda_l = 10$，则 $\upsilon_m = \dfrac{\upsilon_p}{\lambda_l^{3/2}} = \dfrac{\upsilon_p}{31.62}$。若原型是水，模型就需选用运动黏度是水的 $1/31.62$ 的实验流体，这样的流体是很难找到的。

由以上分析可见，模型实验做到完全相似是比较困难的，一般只能达到近似相似。就是保证对流动起主要作用的力相似，这就是模型律的选择问题。如有压管流、潜体绕流，黏滞力起主要作用，应按雷诺准则设计模型；堰顶溢流、闸孔出流、明渠流动等，重力起主要作用，应按弗汝德准则设计模型。

当雷诺数超过某一数值后，阻力系数不随 Re 变化，此时流动阻力的大小与 Re 无关，这个流动范围称为自动模型区。若原型和模型流动都处于自动模型区，只需几何相似，不需 Re 相等，就自动实现阻力相似。工程上许多明渠水流处于自模区，按弗汝德准则设的模型，只要模型中的流动进入自模区，便同时满足阻力相似。

9.4.2　模型设计

进行模型设计，通常是先根据实验场地，模型制作和量测条件，定出长度比尺 λ_l；再以选定的比尺 λ_l 缩小原型的几何尺寸，得出模型区的几何边界；根据对流动受力情况的分析，满足对流动起主要作用的力相似，选择模型律；最后按所选用的相似准则，确定流速比尺及模型的流量，例如：

雷诺准则，式(9-14)

$$\frac{\upsilon_p l_p}{\upsilon_p} = \frac{\upsilon_m l_m}{\upsilon_m}，\text{如果}\ \upsilon_p = \upsilon_m$$

$$\frac{\upsilon_p}{\upsilon_m} = \frac{l_m}{l_p} = \lambda_l^{-1} \qquad\qquad (9\text{-}24)$$

弗汝德准则

$$\frac{\upsilon_p}{\sqrt{g_p l_p}} = \frac{\upsilon_m}{\sqrt{g_m l_m}}，\text{如果}\ g_p = g_m$$

$$\frac{v_p}{v_m} = \left(\frac{l_p}{l_m}\right)^{1/2} = \lambda_l^{1/2} \tag{9-25}$$

流量比 $$\frac{Q_p}{Q_m} = \frac{v_p A_p}{v_m A_m} = \lambda_v \lambda_l^2$$

将速度比尺关系式(9-24)、式(9-25)分别代入上式,得模型流量

雷诺准则模型 $$Q_m = \frac{Q_p}{\lambda_l^{-1}\lambda_l^2} = \frac{Q_p}{\lambda_l}$$

弗汝德准则模型 $$Q_m = \frac{Q_p}{\lambda_l^{1/2}\lambda_l^2} = \frac{Q_p}{\lambda_l^{3/2}}$$

按雷诺准则和弗汝德准则导出各物理量比尺,见表9-2。

表 9-2 模型比尺

名　　称	比　尺		弗汝德准则	名　　称	比　尺		弗汝德准则
	雷诺准则				雷诺准则		
	$\lambda_v = 1$	$\lambda_v \neq 1$			$\lambda_v = 1$	$\lambda_v \neq 1$	
长度比尺 λ_l	λ_l	λ_l	λ_l	力的比尺 λ_F	λ_ρ	$\lambda_v^2 \lambda_\rho$	$\lambda_l^3 \lambda_\rho$
流速比尺 λ_v	λ_l^{-1}	$\lambda_v \lambda_l^{-1}$	$\lambda_l^{1/2}$	压强比尺 λ_p	$\lambda_l^{-2} \lambda_\rho$	$\lambda_v^2 \lambda_l^{-2} \lambda_\rho$	$\lambda_l \lambda_\rho$
加速度比尺 λ_a	λ_l^{-3}	$\lambda_v^2 \lambda_l^{-3}$	λ_l^0	功能比尺	$\lambda_l \lambda_\rho$	$\lambda_v^2 \lambda_l \lambda_\rho$	$\lambda_l^4 \lambda_\rho$
流量比尺 λ_Q	λ_l	$\lambda_v \lambda_l$	$\lambda_l^{5/2}$	功率比尺	$\lambda_l^{-1} \lambda_\rho$	$\lambda_v^3 \lambda_l^{-1} \lambda_\rho$	$\lambda_l^{7/2} \lambda_\rho$
时间比尺 λ_t	λ_l^2	$\lambda_v^{-1} \lambda_l^2$	$\lambda_l^{1/2}$				

【例 9-5】 为研究热风炉中烟气的流动特性,采用长度比尺为 10 的水流做模型实验。已知热风炉内烟气流速为 8 m/s,烟气温度为 600 ℃,密度为 0.4 kg/m³,运动黏度为 0.9×10^{-4} m²/s,模型中水温为 10 ℃,密度为 1 000 kg/m³,运动黏度为 1.31×10^{-6} m²/s。试问:(1) 为保证流动相似,模型中水的流速;(2) 实测模型的压降为 6 307.5 N/m²,原型热风炉运行时,烟气的压降是多少?

【解】 (1) 对流动起主要作用的力是黏滞力,应满足雷诺准则

$$(Re)_p = (Re)_m$$

$$v_m = v_p \frac{v_m l_p}{v_p l_m} = 8 \text{ m/s} \times \frac{1.31 \times 10^{-6}\text{m}^2/\text{s}}{0.9 \times 10^{-4}\text{m}^2/\text{s}} \times 10 = 1.16 \text{ m/s}$$

(2) 流动的压降满足欧拉准则

$$(E_v)_p = (E_v)_m$$

$$\Delta p_p = \Delta p_m \times \frac{\rho_p v_p^2}{\rho_m v_m^2} = 6\ 307.5 \text{ N/m}^2 \times \frac{0.4 \text{ kg/m}^3 \times (8 \text{ m/s})^2}{1\ 000 \text{ kg/m}^3 \times (1.16 \text{ m/s})^2} = 120 \text{ N/m}^2$$

【例 9-6】 桥孔过流模型实验,已知桥墩长 24 m,墩宽 4.3 m,水深 8.2 m,平均流速为 2.3 m/s,两桥台的距离为 90 m。现以长度比尺为 50 的模型实验,要求设计模型。

【解】 (1) 由给定的比尺 $\lambda_l = 50$,设计模型各几何尺寸:

桥墩长 $$l_m = \frac{l_p}{\lambda_l} = \frac{24 \text{ m}}{50} = 0.48 \text{ m}$$

桥墩宽 $\qquad b_m = \dfrac{b_p}{\lambda_l} = \dfrac{4.3\,\text{m}}{50} = 0.086\,\text{m}$

墩台距 $\qquad B_m = \dfrac{B_p}{\lambda_l} = \dfrac{90\,\text{m}}{50} = 0.164\,\text{m}$

水深 $\qquad h_m = \dfrac{h_p}{\lambda_l} = \dfrac{8.2\,\text{m}}{50} = 0.164\,\text{m}$

（2）对流动起主要作用的力是重力，按弗汝德准则确定模型流速及流量

$$(F_r)_p = (F_r)_m,\ g_p = g_m$$

流速 $\qquad v_m = \dfrac{v_p}{\lambda_l^{0.5}} = \dfrac{2.3\,\text{m/s}}{\sqrt{50}} = 0.325\,\text{m/s}$

流量

$$Q_p = v_p(B_p - b_p)h_p = 2.3\,\text{m/s} \times (90\,\text{m} - 4.3\,\text{m}) \times 8.2\,\text{m} = 1\,616.3\,\text{m}^3/\text{s}$$

$$Q_m = \dfrac{Q_p}{\lambda_l^{2.5}} = \dfrac{1\,616.3\,\text{m}^3/\text{s}}{50^{2.5}} = 0.091\,4\,\text{m}^3/\text{s}$$

思考题

1. 量纲分析有何作用？
2. 经验公式是否满足量纲和谐原理？
3. 基本物理量的选择有哪些依据？
4. 两液流相似应满足哪些条件？
5. 为什么每个相似准则都要表征惯性力？
6. 用相似准则来描述物理现象有何优点？有哪些相似准则？
7. 举例说明几何相似、运动相似、动力相似的概念。

习题

一、单项选择题

1. 雷诺数 Re 的物理意义为它表示（　　）。

   A. 黏性力与重力之比　　　　　　　　B. 重力与惯性力之比

   C. 惯性力与黏性力之比　　　　　　　D. 压力与重力之比

2. 阻力 F、密度 ρ、长度 l、流速 v 组成的无量纲数是（　　）。

   A. $\dfrac{F}{l^2 \rho v^2}$ 　　　　　B. $\dfrac{F}{\rho v l^2}$ 　　　　　C. $\dfrac{F}{\rho v^2 l}$ 　　　　　D. $\dfrac{F}{\rho v l}$

3. 量纲分析的基本原理是（　　）。

   A. 几何相似原理　　B. 量纲和谐原理　　C. 运动相似原理　　D. 动力相似原理

4. 沿程阻力系数 λ 与密度 ρ、动力黏性系数 μ、绝对粗糙度 Δ、管道直径 d、流速 v 有关，下列组成的表达式正确的是（　　）。

   A. $\lambda = f\left(\dfrac{\mu}{\rho d v}, \dfrac{d}{\Delta}\right)$ 　　　　　　　B. $\lambda = f\left(\dfrac{\mu}{\rho \Delta v}, \dfrac{\Delta}{d}\right)$

$$\text{C. } \lambda = f\left(\frac{\rho \Delta v}{\mu}, \frac{d}{\Delta}\right) \qquad\qquad \text{D. } \lambda = f\left(\frac{\mu}{\rho d^2 v}, \frac{d}{\Delta}\right)$$

5. 压力输水管模型实验,长度比尺为 8,模型水管的流量应为原型输水管流量的(　　)。

A. 1/2　　　　　　　B. 1/4　　　　　　　C. 1/8　　　　　　　D. 1/16

二、计算题

1. 假设自由落体的下落距离 s 与落体的质量 m、重力加速度 g 及下落时间 t 有关,试用瑞利法导出自由落体下落距离的关系式。

2. 截面为半圆形的无限长直管中的不可压缩流体做层流运动,沿管轴方向某一长度 l 上的压降为 Δp。管中的平均流速 U 与管的半径 r 和流体黏性系数 μ 有关。试由量纲分析原理推出管中体积流量 Q 如何随 U、r、μ、Δp 和 l 变化。

3. 图 9-3 为水坝溢流,水的密度与黏度为 ρ 和 μ。试用量纲分析导出溢过单位宽度水坝的体积流量 Q 与什么无量纲量有关。又若已知来流速度为 V,求 H/h 与什么无量纲量有关。

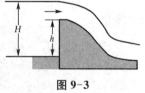

图 9-3

4. 在很低雷诺数下,绕某物体的流动服从下述 Stokes 方程组:$\nabla \cdot V = 0$,$\nabla p = \mu \nabla^2 V$,在物面 $\frac{z}{L} = f\left(\frac{x}{L}, \frac{y}{L}\right)$ 上 $V = 0$,在无穷远处 $V = V_\infty$(沿 x 轴方向)。试用量纲分析论证此物体所受阻力的大小 F 应该与特征尺寸 L 的几次方成正比?

5. 一模型港尺度比为 280:1,设真实 storm wave 振幅 1.524 m,波速 9.144 m/s,那么模型实验中的振幅和波速分别是多少?

10　可压缩气体的一元流动

前几章讨论的是不可压缩流体的流动,例如对于液体,即使在较高的压强下密度的变化也很微小,所以在一般情况下,可以把液体看成是不可压缩流体。对于气体来说,可压缩的程度比液体要大得多。但是当气体流动的速度远小于在该气体中声音传播的速度(即声速)时,密度的变化也很小。例如空气的速度等于 50 m/s,该数值比常温 20℃下空气中的声速 343 m/s 要小得多,这时空气密度的相对变化仅百分之一。所以为简化问题起见,通常也可忽略密度的变化,将密度近似的看作是常数,即在理论上把气体按不可压缩流体处理。当气体流动的速度或物体在气体中运动的速度接近甚至超过声速时,如果气体受到扰动,必然会引起很大的压强变化,以致密度和温度也会发生显著的变化,气体的流动状态和流动图形都会有根本性的变化,这时就必须考虑压缩性的影响。气体动力学就是研究可压缩流体运动规律以及在工程实际中应用的一门科学。空气、燃气、烟气等常用气体在通常温度和压强范围内均可看作理想气体;而大多数工程流动,如输气管道、汽轮机、燃气轮机、喷气发动机的进气管、喷管及叶片的流动均可简化为一维恒定流动。本章主要讨论气体一维恒定流动。

10.1　可压缩气体的一些基本概念

10.1.1　等温流动过程、等熵流动过程和绝热流动过程

从微元流束中沿轴线 s 任取 $\mathrm{d}s$ 段,如图 10-1 所示。两断面面积均为 $\mathrm{d}A$,两断面上的压强分别为 p, $p+\dfrac{\partial p}{\partial s}\mathrm{d}s$,单位质量力在 s 轴上的分量为 S。列 s 轴方向上的平衡方程:

$$p \cdot \mathrm{d}A - \left(p + \frac{\partial p}{\partial s}\mathrm{d}s\right)\mathrm{d}A + \rho\mathrm{d}A\mathrm{d}s \cdot S$$

$$= \rho\mathrm{d}A\mathrm{d}s \frac{\mathrm{d}v}{\mathrm{d}t}$$

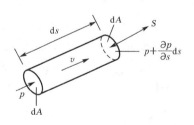

图 10-1　气体微元流动

进一步简化

$$-\frac{1}{\rho}\frac{\partial p}{\partial s} + S = \frac{\mathrm{d}v}{\mathrm{d}t} \tag{10-1}$$

对于稳定流动

$$\frac{\partial p}{\partial s} = \frac{\mathrm{d}p}{\mathrm{d}s};\ \frac{\mathrm{d}v}{\mathrm{d}t} = \frac{\mathrm{d}v}{\mathrm{d}s}\frac{\mathrm{d}s}{\mathrm{d}t} = v\frac{\mathrm{d}v}{\mathrm{d}s}$$

当质量力仅为重力,气体在同介质中流动,浮力和重力平衡,不计质量 S,即 $S=0$,得

$$\frac{1}{\rho}\frac{\mathrm{d}p}{\mathrm{d}s}+v\frac{\mathrm{d}v}{\mathrm{d}s}=0$$

$$\frac{1}{\rho}\mathrm{d}p+v\mathrm{d}v=0$$

$$\frac{\mathrm{d}p}{\rho}+\mathrm{d}\left(\frac{v^2}{2}\right)=0 \tag{10-2}$$

式(10-2)称为欧拉运动微分方程,又称为微分形式的伯努利方程,它确定了气体一元流动的 p、ρ、v 三者之间的关系。

1) 等温流动过程

在等温过程中,根据热力学气体状态方程:

$$\frac{p}{\rho}=R\cdot T=C \tag{10-3}$$

将式(10-3)代入式(10-2)

$$C\frac{\mathrm{d}p}{p}+\mathrm{d}\left(\frac{v^2}{2}\right)=0$$

积分,得

$$C\ln p+\frac{v^2}{2}=常量$$

$$RT\ln p+\frac{v^2}{2}=常量$$

则元流任意两断面方程式为

$$RT\ln p_1+\frac{v_1^2}{2}=RT\ln p_2+\frac{v_2^2}{2}$$

2) 等熵流动过程和绝热流动过程

热力学对热力过程为无能量损失且外界又无热量交换的过程,称为可逆的绝热过程,又称等熵过程。因此,理想气体的绝热流动即为等熵流动。气体参数变化服从等熵过程方程式

$$\frac{p}{\rho^k}=C$$

即

$$\rho=\left(\frac{p}{C}\right)^{\frac{1}{k}}=p^{\frac{1}{k}}C^{-\frac{1}{k}}$$

代入式(10-2),得

$$\frac{\mathrm{d}p}{p^{\frac{1}{k}}C^{-\frac{1}{k}}}+\mathrm{d}\left(\frac{v^2}{2}\right)=0$$

$$C^{\frac{1}{k}}\int p^{-\frac{1}{k}}\mathrm{d}p+\int\mathrm{d}\left(\frac{v^2}{2}\right)=0$$

$$\frac{k}{k-1}\frac{p}{\rho}+\frac{v^2}{2}=常量$$

对任意两断面有

$$\frac{k}{k-1}\frac{p_1}{\rho_1}+\frac{v_1^2}{2}=\frac{k}{k-1}\frac{p_2}{\rho_2}+\frac{v_2^2}{2}$$

将上式变化为

$$\frac{1}{k-1}\frac{p}{\rho}+\frac{p}{\rho}+\frac{v^2}{2}=常量 \tag{10-4}$$

与不可压缩理想流体方程比较,多出一项$\frac{1}{k-1}\frac{p}{\rho}$。此项是绝热过程中单位质量气体所具有的内能 u(J/kg)。

据热力学第一定律,对理想气体

$$u=C_vT$$

而 $RT=\frac{p}{\rho}=C$,则 $T=\frac{p}{R\rho}$,且 $R=C_p-C_v$, $k=\frac{C_p}{C_v}$, 所以

$$u=C_vT=C_v\frac{p}{(C_p-C_v)\rho}=\frac{C_v}{C_p-C_v}\frac{p}{\rho}=\frac{1}{k-1}\frac{p}{\rho}$$

则式(10-4)可变为

$$u+\frac{p}{\rho}+\frac{v^2}{2}=常量 \tag{10-5}$$

这就表明,理想气体绝热流动(即等熵流动)中,能量守恒可表示为内能、压能、动能这三者之和是一个常数。也称式(10-5)为绝热流动的全能方程式。

绝热流动的伯努利方程,不仅用于无摩擦的绝热流动,而且也适用于有黏性的实际气流中。尽管在实际流动中有摩擦会造成机械能(动能和压能)的损失,但只需要所讨论的系统与外界不发生热交换,则所损失的机械能仍以热能形式存在于系统中。虽然机械能有所降低,但热能有所增加,总能量并不改变。如在管流中,只要管材不导热,摩擦所产生的热量将保存在管路中;还有在喷管中的流动,具有较高速度,因而气流与壁面的接触时间极短,来不及进行热交换,都属于等熵流动。

10.1.2　声速和马赫数

在气体动力学中声速与马赫数是两个很重要的基本概念。

1)声速

当弹拨琴弦时,使弦周围的空气受到微小的扰动,压强、密度发生微弱的变化,这种微小扰动以波的形式向外传播,传到人耳就能接收到琴声。凡是微小扰动在流体介质中的传播速度都定义为声速,它是气体动力学的重要参数。

对于小扰动波的传播过程,通过下例说明。

取等断面面积为 A,左端带活塞的直长管如图 10-2(a),管中充满静止的可压缩气体,

压强为 p，密度为 ρ。活塞在力的作用下，以微小速度 $\mathrm{d}v$ 向右移动，紧贴活塞的一层气体受到扰动，以速度 $\mathrm{d}v$ 向右移动，同时气体的压强和密度也发生微小的变化，分别变为 $p+\mathrm{d}p$ 和 $\rho+\mathrm{d}\rho$，产生的一个微小扰动平面波不断地从左端波及右端，波的传播速度即声速，以符号 c 表示。倘若定义扰动与未扰动的分界面称为波阵面，那么波阵面的传播速度就是声速，波阵面所到之处，气体的压强就变为 $p+\mathrm{d}p$，密度变为 $\rho+\mathrm{d}\rho$，速度变为 $\mathrm{d}v$，但波阵面未到之处，气体仍处于静止状态，压强为 p，密度为 ρ。特别要注意的是声速 c 与气体受扰动后的速度 $\mathrm{d}v$ 是不同的，声速 c 是由于流体的弹性来进行传播的，数值很大；而 $\mathrm{d}v$ 是扰动所到之处引起的速度增量，它的数值是很小的。

对于地面观察者而言，这是一个非恒定流动，为了便于分析波阵面前后流体状态参数的变化关系，将坐标系固定在波阵面上如图 10-2(b)，这样，对位于该坐标系的观察者而言，流体的流动是恒定的。

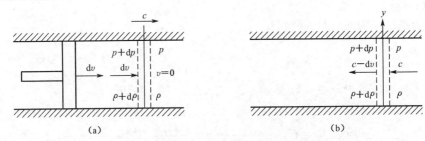

图 10-2 声速传播过程

取波阵面的两侧虚线及活塞壁面所围区域作为控制体，右边的流体以压强为 p，密度为 ρ，以速度为 c 由右控制面流入，然后以压强为 $p+\mathrm{d}p$，密度为 $\rho+\mathrm{d}\rho$，以速度 $c-\mathrm{d}v$ 由左控制面流出。

由连续性方程得

$$\rho cA = (\rho+\mathrm{d}\rho)(c-\mathrm{d}v)A$$

展开并略去二阶微量可得

$$\rho\,\mathrm{d}v = c\,\mathrm{d}\rho \tag{a}$$

对上述控制体列一维动量方程式，由于控制体很薄，忽略壁面摩擦力，仅考虑两侧面上的压强合力，则

$$(\rho+\mathrm{d}\rho)(c-\mathrm{d}v)^2A - \rho c^2A = \rho A - (p+\mathrm{d}p)A$$

展开并略去二阶微量并整理得

$$\rho c\,\mathrm{d}v = \mathrm{d}p \tag{b}$$

由(a)、(b)两式得

$$c^2\,\mathrm{d}\rho = \mathrm{d}p$$

或

$$c = \sqrt{\frac{\mathrm{d}p}{\mathrm{d}\rho}} \tag{10-6}$$

上式不仅适用于微小扰动平面波,也适用于球面波,对气体、液体均适用。

对于气体,由于小扰动波的传播速度很快,与外界来不及进行热交换,且各项参数的变化为微小量,则认为小扰动波的传播过程是一个既绝热又没有能量损失的等熵过程。根据完全气体等熵流体的状态参数方程式

$$\frac{p}{\rho^\gamma} = C \tag{10-7}$$

代入式(10-6),式中 γ 称为比热比(或称为绝热指数),对于空气,$\gamma \approx 1.4$。可导出完全气体的理论声速公式

$$c = \sqrt{\gamma R T} \tag{10-8}$$

式中 R 称为气体常数,空气的 $R = 287 \, \text{J/(kg·K)}$。

由以上声速公式可得出:

(1) 密度对压强的变化率 $\frac{d\rho}{dp}$ 反映流体的压缩性,当 $\frac{d\rho}{dp}$ 越大,表示流体越易压缩,此时由式(10-6) $c = \sqrt{\frac{dp}{d\rho}}$ 越小;反之,当流体越不易压缩,则声速 c 越大,若流体为不可压缩流体,那么声速 $c \to \infty$。因而声速是反映流体压缩性大小的物理参数。

(2) 由式(10-8)可得,不同的气体有不同的比热比及不同的气体常数 R,因而不同的气体声速是不同的。如在常压下,15℃空气中

$$c = \sqrt{\gamma R T} = \sqrt{1.4 \times 287 \times (273 + 15)} = 340 \, \text{m/s}$$

在相同的压强和温度下,氢气的声速为 $c = 1\,295 \, \text{m/s}$。

(3) 声速与气体热力学温度 T 有关,如在常压下空气中声速为

$$c = 20.1 \sqrt{T} \tag{10-9}$$

由于在气体动力学中,温度是空间坐标的函数,所以声速也是空间坐标的函数,为此,常称为当地声速。

(4) 对于液体,由液体的弹性模量 E 和压缩系数 k 的关系

$$E = \frac{1}{k} = \rho \frac{dp}{d\rho}$$

代入式(10-6)得声速公式的另一种形式

$$c = \sqrt{\frac{E}{\rho}} \tag{10-10}$$

2) 马赫数和马赫锥

(1) 马赫数

马赫数是惯性力与由压缩引起的弹性力之比,它是气体动力学中最重要的相似准数。

$$Ma = \frac{v}{c}$$

式中:v——当地气流速度;

c——当地声速。

当气流速度越大,声速越小,则压缩现象越显著,此时马赫数越大;反之,当气流速度越小,声速越大,则压缩现象越不显著,此时马赫数越小。气体动力学中,依据马赫数对可压缩气流进行分类:

$Ma > 1$,即 $v > c$,称为超声速流动;

$Ma = 1$,即 $v = c$,称为声速流动;

$Ma < 1$,即 $v < c$,称为亚声速流动。

这三种流动在物理上有着本质的区别。对于气体流动以 $Ma = 0.3$ 为界,对于 $Ma < 0.3$ 为不可压缩流动,对于 $Ma > 0.3$ 为可压缩流动。

【例 10-1】 用声纳探测仪探测水下物体,已知水温为 $20℃$,水的弹性模量 $E = 1.88 \times 10^9 \, \text{Pa}$,密度为 $998.2 \, \text{kg/m}^3$,今测得往返时间为 6 秒,求声源到该物体的距离。

【解】 由式(10-10)

$$c = \sqrt{\frac{E}{\rho}} = \sqrt{\frac{1.88 \times 10^9 \, \text{Pa}}{998.2 \, \text{kg/m}^3}} = 1\,372.4 \, \text{m/s}$$

从声源到物体之间的距离为

$$ct = 1\,372.4 \, \text{m/s} \times 3 \, \text{s} = 4\,117 \, \text{m}$$

【例 10-2】 某飞机在海平面和 11 000 m 高空均以速度 314.9 m/s 飞行,这架飞机在这两个高度飞行时的马赫数相同吗?

【解】 由于海平面的声速为 $c = 340 \, \text{m/s}$,故海平面飞行的飞机

$$Ma = \frac{v}{c} = \frac{319.4 \, \text{m/s}}{340 \, \text{m/s}} = 0.94$$

为亚声速飞行。

在 11 000 m 高空飞行时,该处的温度为 216.5 K,则由式(10-5)

$$c = 20.1\sqrt{T} = 295.8 \, \text{m/s}$$

故该高度飞行的飞机

$$Ma = \frac{v}{c} = \frac{319.4 \, \text{m/s}}{295.8 \, \text{m/s}} = 1.08$$

为超声速飞行。

(2)马赫锥

图 10-3 是一小扰动波(例如点声源)在四种流动中的传播。

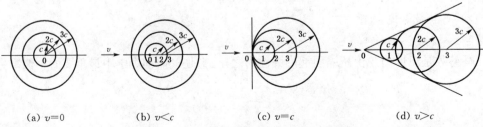

(a) $v=0$　　　(b) $v<c$　　　(c) $v=c$　　　(d) $v>c$

图 10-3　小扰动波在不同来速流场内的传播

（1）当小扰动波在静止流场中传播$\left(v=0,\ Ma=\dfrac{v}{c}=0\right)$，见图 10-3(a)，此时，点声源的扰动波以声速 c 向四面八方传播，它的波阵面是以点声源（固定点 O）为原点 O，半径为 ct 的圆心球面。

（2）当小扰动波在亚声速流场中传播（$0<v<c,\ 0<Ma<1$），见图 10-3(b)，此时点声源为动坐标的原点（称扰动中心），动坐标与流体 v 速度大小相同方向一致作平动，而小扰动波在动坐标中仍以声波 c 向四面八方传播，其波阵面以点声源（动坐标原点），半径为 ct 球面。在绝对坐标系中，声波向四面八方传播的速度除了相对速度 c 外，还要叠加一个牵连速度 v，绝对速度顺流处为 $c+v$，逆流处为 $c-v$。由于 $v<c$，因此小扰动波仍可向四周传播。由于动坐标的原点以 vt 速度相对于固定点 O 在移动，因而小扰动波阵面对固定点（或者是绝对坐标）是一簇偏心的球面。位于不同位置的人将听到不同频率的声音（这是由于声波疏密不同而引起的），此现象称为多普勒效应。

（3）当小扰动波在声速流场中传播（$v=c,\ Ma=1$），此种情况与上面（2）相同，对绝对坐标而言，顺流处小扰动波阵面的传播速度为 $2c$，而逆流处传播速度为零。即小扰动波只能在和所有球面相切的平面 AOB 的右半平面内传播，而无法传播到 AOB 的左半平面（如图 10-3(c)），这两个区分别称为扰动区和寂静区。在寂静区是听不到声音的，在扰动区将听到不同频率的声音。由于各波阵面的球面其圆心离开固定点移动的距离和半径随时间 t 变化的大小是相等的，因此 AOB 平面是所有小扰动波的包络面，称为马赫波，它是寂静区和扰动区的分界面。

（4）当小扰动波在超声速流场中传播（$v>c,\ Ma>1$），此时除了小扰动波不能向逆流方向传播外，每个波阵面相对于动坐标而言，传播速度仍为声速 c，在 t 时刻构成以扰动中心为圆心，半径为 ct 的球面，而扰动中心又以 $v>c$ 的速度在顺流运动，此时的马赫波不再保持为平面，而是以固定点 O 为顶点向右扩张的旋转圆锥面，这个圆锥面称为马赫锥，圆锥顶角的一半 α 称为马赫角，如图 10-3(d)。其中

$$\alpha=\arcsin\frac{c}{v}=\arcsin\frac{1}{Ma} \tag{10-11}$$

当马赫数 $Ma\to\infty$，马赫角 $\alpha\to0$，当马赫数降低时，角 α 增大；当 $Ma=1$ 时，$\alpha=\alpha_{\max}=90°$；当 $Ma<1$ 时，α 不存在。马赫锥只有在超声速流中才存在。从以上分析可知，亚声速流和超声速流在性质上是截然不同的流动。而马赫数是一个鉴别的标准，它是一个很重要的物理参数。对于理想气体的马赫数 Ma 可表示为

$$Ma=\frac{v}{\sqrt{\gamma RT}} \tag{10-12}$$

由于温度是气体分子运动动能的度量，所以式（10-12）说明马赫数是流体宏观运动动能和分子运动动能之比。

【例 10-3】　飞机距地面 1 000 m 的上空，飞过人所在位置 600 m 时，才听到飞机的声音，当地气温为 15℃，试求飞机的速度、马赫数及飞机的声音传到人耳所需的时间。

【解】　当地声速为

$$c = \sqrt{\gamma R T} = \sqrt{1.4 \times 287 \text{ J/kg} \cdot \text{K} \times (273 + 15) \text{K}} = 340 \text{ m/s}$$

马赫角 α 为（如图 10-4）

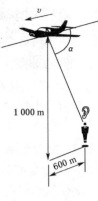

$$\alpha = \arctan \frac{1\,000 \text{ m}}{600 \text{ m}} = 59°$$

由式(10-11) $\alpha = \arcsin \dfrac{1}{Ma} = 59°$

故马赫数 $Ma = 1.167$

飞机速度 $v = cMa = 340 \text{ m/s} \times 1.167 = 397 \text{ m/s}$

所需要时间 $t = \dfrac{600 \text{ m}}{397 \text{ m/s}} = 1.51 \text{ s}$

图 10-4　马赫锥

10.2　理想气体一元恒定流动的基本原理

10.2.1　理想气体一元恒定流动的基本方程

前面对不可压缩流体已作了详细的介绍,但是对于可压缩流体,它的密度 ρ 是在变化的,此时气体的运动规律和基本方程与不可压缩流体是完全不同的。本节主要讨论完全气体作一维恒定流动的基本方程。其结果对于大多数实际气体,例如空气、燃气、烟气等在常温、常压下,若不考虑黏性完全是适用的。基本方程主要是由连续性方程、欧拉运动微分方程和能量方程等组成。

1) 连续性方程

如图 10-5 为一维恒定气流,任取过流断面 A_1、A_2,断面上流速分别为 v_1、v_2,密度分别为 ρ_1、ρ_2。因为是恒定流,根据质量守恒定律,通过两断面气流的质量流量相等,即

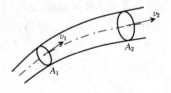

$$\rho_1 v_1 A_1 = \rho_2 v_2 A_2$$

$$\rho v A = C \qquad\qquad (10\text{-}13)$$

图 10-5　一维气流

式(10-13)即为一维恒定气流的连续性方程,它的微分形式为

$$\frac{\mathrm{d}\rho}{\rho} + \frac{\mathrm{d}v}{v} + \frac{\mathrm{d}A}{A} = 0$$

2) 欧拉运动微分方程

在一维恒定气流中,取长度为 $\mathrm{d}s$ 微段,并沿轴线方向为 s 轴。以 s 代替 x 方向,以 f_s 代替式中重力在 x 轴上的投影 f_x,如图 10-6 所示,应用理想流体欧拉运动微分方程式,可得到

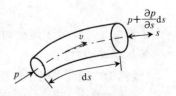

$$\frac{\mathrm{d}v}{\mathrm{d}t} = f_s - \frac{1}{\rho} \frac{\partial p}{\partial s}$$

对于一维恒定流动,上式中

图 10-6　一维气流微段

$$\frac{\mathrm{d}v}{\mathrm{d}t} = \frac{\mathrm{d}v}{\mathrm{d}s}\frac{\mathrm{d}s}{\mathrm{d}t} = \frac{\mathrm{d}v}{\mathrm{d}s}v$$

由于

$$\frac{1}{\rho}\frac{\partial p}{\partial s} = \frac{1}{\rho}\frac{\mathrm{d}p}{\mathrm{d}s}$$

在大多数工程气体动力学问题中,气体的重力可略去不计,故这里 f_s 不计,则得

$$\frac{\mathrm{d}v}{\mathrm{d}s}v = -\frac{1}{\rho}\frac{\mathrm{d}p}{\mathrm{d}s}$$

即

$$\frac{\mathrm{d}p}{\rho} + v\mathrm{d}v = 0 \qquad\qquad (10\text{-}14)$$

或

$$\frac{\mathrm{d}p}{\rho} + \mathrm{d}\left(\frac{v^2}{2}\right) = 0$$

上两式称为理想气体一元恒定流动的欧拉运动微分方程式。式中的密度 ρ 不再是常数,而 ρ、v、p 三者之间的关系由微分方程式来确定。为求解此方程式,除了要应用气流的连续性方程外,还必须补充气体状态方程,或者热力学过程方程。

3) 能量方程

理想流体欧拉运动微分方程在一定条件下积分可得伯努利方程。因此,式(10-14)在下列条件下,可得到不同形式的能量方程:

(1) 气体一维定容流动

定容指的是单位质量气体所占有的容积不变。因而定容过程实际上就是气体的密度不变,或者说是不可压缩气体。

当 $\rho =$ 常数, 积分式(10-14)得

$$\frac{p}{\rho} + \frac{v^2}{2} = C \qquad\qquad (10\text{-}15)$$

或

$$\frac{p}{\rho g} + \frac{v^2}{2g} = C \qquad\qquad (10\text{-}16)$$

上式为不可压缩流体不计质量力的能量方程,表示一维气流各断面上单位质量(或重量)具有的压能和动能之和守恒。

(2) 气体一维等温流动

等温过程是指气体在温度 T 不变条件下的热力过程。在等温流动中,$T =$ 常数,则气体状态方程

$$\frac{p}{\rho} = RT = C$$

以 $\rho = \dfrac{p}{C}$ 代入式(10-14) 积分得

$$\frac{p}{\rho}\ln p + \frac{v^2}{2} = C \qquad\qquad (10\text{-}17)$$

或者

$$RT\ln p + \frac{v^2}{2} = C$$

（3）气体一维等熵流动

在热力学中，无能量损失且与外界又无热量交换的情况下，为可逆的绝热过程，又称等熵过程。在等熵过程中由下式

$$\rho = p^{\frac{1}{k}} C^{\frac{1}{k}}$$

将上式代入式(10-14)积分，得

$$\frac{k}{k-1}\frac{p}{\rho} + \frac{v^2}{2} = C \qquad (10\text{-}18)$$

或者

$$\frac{1}{k-1}\frac{p}{\rho} + \frac{p}{\rho} + \frac{v^2}{2} = C$$

将式(10-15)和式(10-18)比较的话，后者比前者多了一项$\frac{1}{k-1}\frac{p}{\rho}$，在热力学中，这项正是在等熵过程中单位质量气体所具有的内能 e。式(10-18)表示为

$$e + \frac{p}{\rho} + \frac{v^2}{2} = C \qquad (10\text{-}19)$$

表明完全气体的等熵流动中，沿流束任意断面上，单位质量气体所具有的内能、压能和动能之和是不变的。

在实际的流动中，并不存在绝对的定容流动、等温流动和等熵流动，主要取决于工程中实际情况和哪一种流动最为接近，就用该流动条件下的能量方程。对完全气体等熵流动的能量方程式(10-18)不仅适用于无摩阻的绝热流动中，也可适用于有黏性的实际气流中，只要管材不导热，摩擦所产生的热量仍将保存在管道中，不过消耗的机械能转化为内能，但能量的总和仍保持不变。

【例 10-4】 用文丘里流量计来测量空气流量（图 10-7），流量计进口直径 $d_1 = 50$ mm，喉管直径 $d_2 = 20$ mm，实测进口断面处压强 $p_1 = 35$ kPa（相对压强），温度为20℃，喉管处压强 $p_2 = 15$ kPa（相对压强），试求空气的质流量。（设当地大气压 $p_a = 101.3$ kPa）

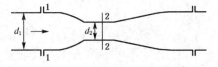

图 10-7　文丘里流量计

【解】 气流通过文丘里流量计时，由于流速大，流程短，气流和壁面接触极短，来不及进行热交换，且摩擦损失亦可不计，因此按一维恒定等熵流动来处理。

先计算进口断面 1-1 处、喉管断面 2-2 处空气的密度。

由式 $\rho = \frac{p}{RT}$，进口断面空气的密度

$$\rho_1 = \frac{p_1}{RT_1} = \frac{(35\text{ kPa} + 101.3\text{ kPa}) \times 10^3}{287\text{ J/(kg·K)} \times (273+20)\text{K}} = 1.62\text{ kg/m}^3$$

由 $\frac{p_1}{\rho_1^k} = \frac{p_2}{\rho_2^k}$，即

$$\rho_2 = \rho_2 \left(\frac{p_2}{p_1}\right)^{\frac{1}{k}} = 1.62 \ \text{kg/m}^3 \times \left(\frac{101.3 \ \text{kPa} + 15 \ \text{kPa}}{101.3 \ \text{kPa} + 35 \ \text{kPa}}\right)^{\frac{1}{1.4}} = 1.446 \ \text{kg/m}^3$$

由连续性方程式(10-13) $\rho_1 v_1 A_1 = \rho_2 v_2 A_2$，得

$$v_2 = \frac{\rho_1}{\rho_2}\frac{A_1}{A_2}v_1 = \frac{1.62 \ \text{kg/m}^3 \times \frac{\pi}{4} \times (0.05 \ \text{m})^2}{1.446 \ \text{kg/m}^3 \times \frac{\pi}{4} \times (0.02 \ \text{m})^2}v_1 = 7v_1$$

将以上量代入等熵能量方程式(10-18)

$$\frac{k}{k-1}\frac{p_1}{\rho_1} + \frac{v_1^2}{2} = \frac{k}{k-1}\frac{p_2}{\rho_2} + \frac{v_2^2}{2}$$

$$\frac{1.4}{1.4-1} \times \frac{136.3 \times 10^3}{1.62} + \frac{v_1^2}{2} = \frac{1.4}{1.4-1} \times \frac{116.3 \times 10^3}{1.446} + \frac{(7v_1)^2}{2}$$

解得
$$v_1 = 23.25 \ \text{m/s}$$

故空气的质流量

$$Q_m = \rho_1 v_1 A_1 = 1.62 \ \text{kg/m}^3 \times 23.25 \ \text{m/s} \times \frac{\pi}{4} \times (0.05 \ \text{m})^2 = 0.074 \ \text{kg/s}$$

10.2.2　滞止参数

当流体质点由某一个真实状态经等熵过程速度降为零,这时流体质点的状态称为对应于真实状态的滞止状态,流体质点所具有的流体参数称为该真实状态的滞止参数,以下标"0"表示。例以 p_0、ρ_0、T_0、c_0 分别表示滞止压强、滞止密度、滞止温度和滞止声速。一个真实流动过程中每一状态都有相对应的滞止状态和滞止参数,一般来讲它们是不相同的。在工程中,如气体从大体积的容器中流出(如煤气储气罐等),容器内气体的流速可视为零,则其他参数就是滞止参数;当气流绕过某物体,则驻点处气流的流动参数也是滞止参数。

根据滞止参数的定义,由绝热过程能量方程式(10-18)、式(10-19),可得到某一断面的运动参数和滞止参数之间的关系

$$\frac{k}{k-1}\frac{p_0}{\rho_0} = \frac{k}{k-1}\frac{p}{\rho} + \frac{v^2}{2} \tag{10-20}$$

$$\frac{k}{k-1}RT_0 = \frac{k}{k-1}RT + \frac{v^2}{2} \tag{10-21}$$

$$\frac{c_0^2}{k-1} = \frac{c^2}{k-1} + \frac{v^2}{2} \tag{10-22}$$

将滞止参数与运动参数之比表示为马赫数的函数,则式(10-21)变为

$$\frac{T_0}{T} = 1 + \frac{k-1}{2}Ma^2 \tag{10-23}$$

由等熵过程方程式、气体状态方程式和式(10-23),不难导出

$$\frac{p_0}{p} = \left(\frac{T_0}{T}\right)^{\frac{k}{k-1}} = \left(1 + \frac{k-1}{2}Ma^2\right)^{\frac{k}{k-1}} \tag{10-24}$$

$$\frac{\rho_0}{\rho} = \left(\frac{T_0}{T}\right)^{\frac{1}{k-1}} = \left(1 + \frac{k-1}{2}Ma^2\right)^{\frac{1}{k-1}} \tag{10-25}$$

由式(10-8)和式(10-23)得

$$\frac{c_0}{c} = \left(\frac{T_0}{T}\right)^{\frac{1}{2}} = \left(1 + \frac{k-1}{2}Ma^2\right)^{\frac{1}{2}} \tag{10-26}$$

根据上面四个参数比和马赫数的关系式,只需已知滞止参数和某一断面的马赫数,便可求得该断面的运动参数。

【例 10-5】 大容积压缩空气罐中的压缩空气,经一收缩喷管向大气喷出,设喷嘴出口处的大气绝对压强为 101.3 kPa,温度为 5℃,流速为 234 m/s,试求压缩空气罐中的压强和温度。

【解】 本流动可看作等熵流动。

压缩空气罐中的空气速度可视为零,其流动参数为滞止参数。

喷口出口处声速 $\quad c = \sqrt{\gamma R T} = \sqrt{1.4 \times 287 \text{ J/kg} \cdot \text{K} \times (273+5)\text{K}} = 334.2 \text{ m/s}$

马赫数 $\quad\quad\quad\quad Ma = \frac{v}{c} = \frac{234 \text{ m/s}}{334.2 \text{ m/s}} = 0.7$

由式(10-24)

$$p_0 = p\left(\frac{T_0}{T}\right)^{\frac{k}{k-1}} = p\left(1 + \frac{k-1}{2}Ma^2\right)^{\frac{k}{k-1}}$$

$$= 101.3 \text{ kPa} \times \left(1 + \frac{1.4-1}{2} \times 0.7^2\right)^{\frac{1.4}{1.4-1}} = 140.5 \text{ kPa}$$

由式(10-23)

$$T_0 = T\left(1 + \frac{k-1}{2}Ma^2\right) = 278\text{K} \times \left(1 + \frac{1.4-1}{2} \times 0.7^2\right) = 305.2\text{K} = 32.2℃$$

10.2.3　气流的可压缩性

空气在压强作用下的可压缩程度,用弹性模量 E(即压强变化量与单位质量空气体积的相对变化量之比)度量。E 与空气中声音的传播速度 c(称声速)有直接联系,因此声速是一个基本参数。c 越大表示越不易压缩。在可压缩流体中,只有将流动速度与声速进行比较才能表明压缩性是大还是小。马赫数(Ma)是衡量空气压缩性影响的最重要参数。在流场中,不同点的气流速度和当地声速都可能不同,因而 Ma 也经常不同。在绝热流动中,速度增大,Ma 数也随着增大。在绕飞行器的流动分析中,是否一定考虑空气的压缩性要看流动过程中产生的压强变化是否能引起显著的密度变化。Ma 小于 0.3 时,密度变化不到5%,一般可以把这种流动近似的看作不可压缩的;只有当 Ma 大于 0.3 时才考虑压缩性影响。压缩性不同,流动特性就不同,对空气动力的影响也不同。对于绕飞行器的流动问题,通常按前方未经扰动的来流 Ma 进行划分。当 Ma 小于 0.3 时,与不可压缩流动近似,称为低速流动；当 Ma 在 $0.3\sim0.8$ 之间，为亚声速流动，这时压缩性对空气动力特性的影响可通过对低速流动中的结果进行压缩性修正。当 Ma 在 $0.8\sim1.2$ 之间时，为跨声速流动，这时流场中会有局部超声速或局部亚声速区，一般会出现激波。在这个范围内，随着 Ma 的增大，空气动力系数会有很大变化。当 Ma 在 $1.2\sim5$ 之间时，为超声速流动；当 Ma 超过 5 时，为高超声速流动。

10.3　可压缩气体管道流动

在实际工程中，管道输送气体应用极为广泛，如煤气、天然气管道，高压蒸气管道等等。对于可压缩气体的管道流动，有时要考虑摩擦阻力和热交换对压缩性的影响，需针对不同的热力过程进行分析计算。

10.3.1　等温管流

在土建专业中，煤气管道一般不保温，管内煤气温度与周围土壤温度相同，这是与外界进行热交换的结果，所以是等温管流，可按等温管流计算。

前面讨论的一维流动等温、绝热、多变过程伯努利方程式，忽略了摩擦损失，如喷嘴流动。对于管流则必须考虑摩擦损失。气体沿等断面管道流动时（如图 10-8 所示），由于摩擦阻力存在，使其压强、密度有所改变，所以气流速度沿程也将变化。则达西公式 $\left(h_f = \lambda \dfrac{l}{d} \dfrac{v^2}{2}\right)$ 不能用于全长 l 上，只能适用于 $\mathrm{d}l$ 微段上，$\mathrm{d}l$ 微段上的单位质量气体摩擦损失为

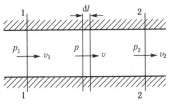

图 10-8　等温管流

$$\mathrm{d}h_f = \lambda \frac{\mathrm{d}l}{d} \frac{v^2}{2} \tag{10-27}$$

如果将摩擦损失这一项加进一维恒定流的欧拉运动微分方程式中，即得到气体管路的运动微分方程式：

$$\frac{\mathrm{d}p}{\rho} + v\mathrm{d}v + \mathrm{d}h_f = 0$$

$$\frac{\mathrm{d}p}{\rho} + v\mathrm{d}v + \lambda \frac{\mathrm{d}l}{d} \frac{v^2}{2} = 0$$

式中：λ——气流中的摩擦阻力系数。

同除以 $\dfrac{v^2}{2}$，得

$$\frac{2\mathrm{d}p}{\rho v^2} + 2\frac{\mathrm{d}v}{v} + \lambda \frac{\mathrm{d}l}{d} = 0 \tag{10-28}$$

根据连续方程，质量流量 Q_m 为

$$Q_m = \rho_1 v_1 A_1 = \rho_2 v_2 A_2 = \rho v A$$

因断面管道 A 是常数，则

$$\frac{v}{v_1} = \frac{\rho_1}{\rho} \tag{10-29}$$

等温流动有

$$\frac{p}{\rho} = \frac{p_1}{\rho_1} = RT = C$$

所以

$$\frac{\rho_1}{\rho} = \frac{p_1}{p}$$

代入式(10-29),得

$$\frac{\rho_1}{\rho} = \frac{p_1}{p} = \frac{v}{v_1} \tag{10-30}$$

将式(10-30)代入式(10-28),并对长度为 l 的 1-1、2-2 两断面进行积分:

$$\frac{2}{\rho_1 v_1^2 p_1} \int_1^2 p \mathrm{d}p + 2 \int_1^2 \frac{\mathrm{d}v}{v} + \frac{\lambda}{d} \int_1^2 \mathrm{d}l = 0$$

$$p_1^2 - p_2^2 = \rho_1 v_1^2 p_1 \left(2\ln \frac{v_2}{v_1} + \frac{\lambda l}{d} \right) \tag{10-31}$$

因管道较长

$$2\ln \frac{v_2}{v_1} \ll \frac{\lambda l}{d}$$

将对数项略去,得

$$p_1^2 - p_2^2 = \rho_1 v_1^2 p_1 \frac{\lambda l}{d} \tag{10-32}$$

$$p_2 = \sqrt{p_1^2 - \rho_1 v_1^2 p_1 \frac{\lambda l}{d}} = p_1 \sqrt{1 - \frac{\rho_1 v_1^2}{p_1} \frac{\lambda l}{d}} \tag{10-33}$$

等温时,$\frac{p_1}{p_2} = RT$,则

$$p_2 = p_1 \sqrt{1 - \frac{v_1^2}{RT} \frac{\lambda l}{g d}} \tag{10-34}$$

将 $\rho_1 = \frac{p_1}{RT}$,$v_1 = \dfrac{Q_m}{\dfrac{\pi}{4} d^2 \rho_1}$ 代入式(10-32),得

$$p_1^2 - p_2^2 = \frac{16 \lambda l R T Q_m^2}{\pi^2 d^5}$$

则

$$Q_m = \sqrt{\frac{\pi^2 d^5}{16 \lambda l R T} (p_1^2 - p_2^2)} \quad (\mathrm{kg/s}) \tag{10-35}$$

式(10-35)为等温管流的流量计算公式。需要指出的是,计算的质量流量是根据出口马赫数

Ma 是否等于或小于 $\sqrt{\dfrac{1}{\gamma}}$ 来检验它是否正确。在等温流动条件下，出口断面 Ma 不难大于

$\sqrt{\dfrac{1}{\gamma}}$。如果出口断面 Ma 值按式 (10-35) 计算大于 $\sqrt{\dfrac{1}{\gamma}}$，则实际流量只能按 $Ma = \sqrt{\dfrac{1}{\gamma}}$ 计算。

【例 10-6】 煤气管道的直径为 $200\ \text{mm}$，长为 $3\,000\ \text{m}$，入口压强 $p_1 = 980\ \text{kPa}$，出口压强 $p_2 = 400\ \text{kPa}$，地温 $15\,℃$，管道不保温。已知摩阻系数 $\lambda = 0.012$，气体常数 $R = 490\ \text{J/(kg·K)}$，绝热指数 $\gamma = 1.3$，求质量流量。

【解】 本题按等温管流计算，由式 (10-35)

$$Q_m = \sqrt{\frac{\pi^2 d^5}{16 \lambda l R T}(p_1^2 - p_2^2)} = 5.574\ \text{kg/s}$$

验算管道出口马赫数

$$c = \sqrt{\gamma R T} = \sqrt{1.3 \times 490\ \text{J/(kg·K)} \times (273 + 15)\text{K}} = 428.3\ \text{m/s}$$

$$\rho_2 = \frac{p_2}{R T} = 2.83\ \text{kg/m}^3$$

$$v_2 = \frac{4 Q_m}{\rho_2 \pi d^2} = 62.73\ \text{m/s}$$

$$Ma_2 = \frac{v_2}{c} = 0.15 < \sqrt{\frac{1}{\gamma}} = 0.88,\text{计算有效}$$

10.3.2　绝热管流

在实际工程中，如输气管道被包在良好的隔热材料内，气流与外界不发生热交换，这样的管道流动是绝热管流。

根据气体管路的运动微分方程式

$$\frac{\mathrm{d}p}{\rho} + v\mathrm{d}v + \lambda \frac{\mathrm{d}l}{d} \frac{v^2}{2} = 0$$

λ 取其平均值 $\bar{\lambda}$

$$\bar{\lambda} = \frac{\int_0^l \lambda \mathrm{d}l}{l}$$

因绝热流动时 λ 是随温度变化的，计算时可取摩擦阻力系数的平均值 $\bar{\lambda}$。但在实际中，仍可用不可压缩流体的 λ 近似计算。

将 $v = \dfrac{Q_m}{\rho A}$，并除以 v^2 代入式 (10-28)

$$\frac{\rho^2 A^3}{Q_m^2} \frac{\mathrm{d}p}{\rho} + \frac{\mathrm{d}v}{v} + \lambda \frac{\mathrm{d}l}{2d} = 0$$

将等熵过程 $\rho = C^{-\frac{1}{k}} p^{\frac{1}{k}}$ 代入上式

$$\frac{A^2}{Q_m^2} C^{-\frac{1}{k}} p^{\frac{1}{k}} \mathrm{d}p + \frac{\mathrm{d}v}{v} + \frac{\lambda}{2d} \mathrm{d}l = 0 \tag{10-36}$$

将上式对长度 l 的 1-1、2-2 两断面进行积分

$$\frac{A^2}{Q_m^2}C^{-\frac{1}{k}}\int_1^2 p^{\frac{1}{k}}\mathrm{d}p + \int_1^2 \frac{\mathrm{d}v}{v} + \frac{\lambda}{2d}\int_1^2 \mathrm{d}l = 0$$

则

$$\frac{k}{k+1}p_1\rho_1\Big[1-\Big(\frac{p_2}{p_1}\Big)^{\frac{k+1}{k}}\Big] = \frac{Q_m^2}{A^2}\Big(\ln\frac{v_2}{v_1}+\frac{\lambda l}{2d}\Big) \tag{10-37}$$

如管道较长,流速变化不大, $\ln\dfrac{v_2}{v_1}\ll\dfrac{\lambda l}{2d}$,略去对数项,并利用 $\dfrac{p_1}{\rho_1}=RT_1$, $A=\dfrac{\pi}{4}d^2$,得

$$Q_m = \sqrt{\frac{\pi^2 d^5}{8\lambda l}\frac{k}{k+1}\frac{p_1^2}{RT_1}\Big[1-\Big(\frac{p_2}{p_1}\Big)^{\frac{k+1}{k}}\Big]} \quad (\mathrm{kg/s})$$

空气管用上述公式计算绝热管流时,须验算出口断面的马赫数,符合 $Ma\leqslant1$ 计算有效。若出口断面 $Ma>1$,实际流动只能按 $Ma=1$ 计算。

【例 10-7】 绝热良好的输送管道直径为 100 mm,长度为 300 m,进口断面压强为 1 MPa,温度为 20℃,送气的质量流量为 2.8 kg/s,已知管道摩阻系数 $\lambda=0.016$,求出口断面的压强。

【解】 本题按绝热管流计算

$$\rho_1 = \frac{p_1}{RT_1} = \frac{10^6\,\mathrm{Pa}}{287\,\mathrm{J/(kg\cdot K)}\times293\,\mathrm{K}} = 11.89\,\mathrm{kg/s^3}$$

$$v_1 = \frac{4Q_m}{\rho_1\pi d^2} = \frac{4\times2.8\,\mathrm{m^3/s}}{11.89\,\mathrm{kg/m^3}\times3.14\times(0.1\,\mathrm{m})^2} = 30\,\mathrm{m/s}$$

由式(10-37),忽略对数项

$$\frac{k}{k+1}p_1\rho_1\Big[1-\Big(\frac{p_2}{p_1}\Big)^{\frac{k+1}{k}}\Big] = \frac{Q_m^2}{A^2}\frac{\lambda l}{2d}$$

$$p_2 = p_1\Big(1-\frac{k+1}{k}\frac{\lambda l v_1^2}{2dRT_1}\Big)^{\frac{k}{k+1}} = 0.712\,\mathrm{MPa}$$

验算管道出口断面的马赫数

$$\rho_2 = \Big(\frac{p_2}{p_1}\Big)^{\frac{1}{k}}\rho_1 = 9.33\,\mathrm{kg/s^3}$$

$$T_2 = \frac{p_2}{\rho_2 R} = 265.9\,\mathrm{K}$$

$$c_2 = \sqrt{\gamma RT_2} = 326.86\,\mathrm{m/s}$$

$$v_2 = \frac{\rho_1}{\rho_2}v_1 = 38.23\,\mathrm{m/s}$$

出口马赫数 $Ma = \dfrac{v_2}{c_2} = 0.12 < 1$，计算有效。

思考题

1. 试比较一维不可压缩管流的连续性方程和一维可压缩管流的连续性方程，并比较一维不可压缩管流的能量方程和一维可压缩绝热管流与管壁有摩擦情况的能量方程。

2. 什么是滞止参数？

3. 在超声速流动中，为什么速度随断面的增大而增大？

4. 在什么样的条件下，才可能把管流视为绝热流动或等温流动？

习题

一、单项选择题

1. 在气体中，声速正比于气体的（　　）。

A. 密度　　　　　　　　B. 压强　　　　　　　　C. 热力学温度　　　D. 以上都不是

2. 马赫数等于（　　）。

A. $\dfrac{v}{c}$　　　　　B. $\dfrac{c}{v}$　　　　　C. $\sqrt{\gamma \dfrac{p}{\rho}}$　　　　D. $\dfrac{1}{\sqrt{\gamma}}$

3. 在收缩喷管内，亚声速等熵气流随截面面积沿程减小，（　　）。

A. v 减小　　　B. p 增大　　　C. ρ 增大　　　D. T 下降

4. 有摩阻的等温管流 $\left(Ma < \dfrac{1}{\sqrt{\gamma}}\right)$ 沿程（　　）。

A. v 减小　　　B. p 增大　　　C. ρ 增大　　　D. Ma 增大

5. 有摩阻的超声速绝热管流，沿程（　　）。

A. v 减小　　　B. p 增大　　　C. ρ 增大　　　D. T 下降

二、计算题

1. 飞机在气温为 20℃ 的海平面上以 1 188 km/h 的速度飞行，马赫数是多少？若以同样的速度在同温层中飞行，求此时的马赫数。

2. 二氧化碳气体作等熵流动，某点的温度 $t_1 = 60℃$，速度 $v_1 = 14.8 \, \text{m/s}$，在同一流线上，另一点的温度 $t_2 = 30℃$，已知二氧化碳 $R = 189 \, \text{J/(kg·K)}$，$\gamma = 1.29$，求该点的速度。

3. 空气作等熵流动，已知滞止压强 $p_0 = 400 \, \text{kPa}$，滞止温度 $t_0 = 20℃$，试求滞止声速 a_0 及 $Ma = 0.8$ 处的声速、流速和压强。

4. 20℃ 的氮气绕物体流动，测得物体前面驻点气体的温度为 40℃，已知氮气 $R = 296 \, \text{J/(kg·K)}$，$\gamma = 1.4$，求气流的趋近流速。

5. 氦气在直径 $d = 200 \, \text{mm}$、长 $L = 600 \, \text{m}$ 的管道中作等温流动，已知进口断面的速度 $v_1 = 90 \, \text{m/s}$，压强 $p_1 = 1380 \, \text{kN/m}^2$，温度 $t_1 = 25℃$，氦气 $R = 2077 \, \text{J/(kg·K)}$，$\gamma = 1.67$，沿程摩阻系数 $\lambda = 0.015$。求：(1) 管道出口的压强和流速；(2) 如按不可压缩流体计算，求出口的压强和流速。

6. 空气从压强为 $300 \, \text{kN/m}^2$，温度为 15℃ 的大型储气罐中，经直径 50 mm、长 85 m 的管道中绝热出流，出口压强为 $120 \, \text{kN/m}^2$，沿程摩阻系数 $\lambda = 0.024$，求质量流量。

参考答案

1 绪 论

一、单项选择题

1. C 2. D 3. B 4. C 5. C 6. C 7. B 8. A 9. C 10. D

二、计算题

1. $1.605 \times 10^{-5} \ m^2/s$

2. $5.09 \times 10^{-3} \ Pa \cdot s$

3. $0.430 \ N \cdot s/m^2$

4. $1.98 \times 10^9 \ Pa$

2 流体静力学

一、单项选择题

1. A 2. D 3. D 4. C 5. C 6. B 7. A 8. C 9. B 10. C

二、计算题

1. $23\ 520 \ Pa$

2. (1) $h = 4.54 \ m$

   (2) M 点的相对压强 $P_M = -41.56 \ kPa = -4.24 \ mH_2O = -0.424 \ at$

   M 点的绝对压强 $P_{Mabs} = 56.44 \ kPa = 5.76 \ mH_2O = 0.576 \ at$

   M 点的真空度 $P_{Mv} = 41.56 \ kPa = 4.24 \ mH_2O = 0.424 \ at$

   (3) $-4.54 \ m$

3. $0.31 \ m$

4. $15.288 \ kPa$

5. $58.8 \ kN$；作用点位于水面下 $2.17 \ m$ 处

6. $392 \ kN$；作用点位于水面下 $2.165 \ m$ 处

7. $347.74 \ kN$

8. （略）

9. 距 B 点 $0.889 \ m$

10. $45.55 \ kN$；与水平方向的夹角为 $14.51°$

11. （略）

3 流体运动理论与动力学基础

一、单项选择题

1. B 2. A 3. C 4. B 5. D 6. A 7. B 8. C

二、计算题

  1. 6 m/s

  2. 1.49 m/s

  3. 2.61 m/s

  4. $5.61 \times 10^{-3} \, m^3/s$

  5. (1) 平均流速 $v = \dfrac{u_{max}}{2}$；(2) 动量修正系数 $\beta = \dfrac{4}{3}$；(3) 动能修正系数 $\alpha = 2$

  6. 流动方向为 A 流到 B，2.77 m

  7. 0.027 m^3/s

  8. $4.41 \times 10^4 \, Pa$

  9. 0.011 m^3/s

  10. 1.50 m^3/s

  11. $3.46 \times 10^5 \, N$

  12. 8.48 m^3/s；22.45 kN

  13. $3.92 \times 10^5 \, N$

  14. $C > B > A$，$\alpha = 180°$；2

4 流动阻力与能量损失

一、单项选择题

  1. C 2. C 3. B 4. C 5. A 6. C 7. C 8. D 9. B

二、计算题

  1. 层流

  2. 1:1:1

  3. 0.307 m/s

  4. 0.64 m

  5. 2.61 m

  6. (略)

  7. 层流；0.038；0.015 m

  8. 0.037 m^3/s

5 孔口、管嘴出流和有压管流

一、单项选择题

  1. B 2. B 3. C 4. C 5. D 6. A 7. C 8. B 9. A

二、计算题

  1. 收缩系数 0.64；流量系数 0.636；流速系数 0.993；孔口局部损失系数 0.014

  2. 7.89 小时

  3. $h_1 = 1.07$ m，$h_2 = 1.43$ m；$3.57 \times 10^{-3} \, m^3/s$

  4. 0.014 m^3/s；29.4 kPa

  5. 20.57 mH_2O

  6. 0.072 3 m^3/s

  7. (略)

  8. (略)

9. 1.61×10^6 Pa;降低

6 明渠流动

一、单项选择题

1. A 2. C 3. A 4. C 5. C 6. C 7. C 8. A 9. B 10. A 11. A 12. B 13. B 14. D

二、计算题

1. 1.665 m^3/s;1.04 m/s

2. 1.63/s;0.64 m/s

3. $b \times h = 2.18$ m $\times 1.09$ m

4. 0.001 6;1.33 m/s

5. 0.025

6. 1.0 m

7. 0.480 m^3/s;1.009 m/s

8. 0.006

9. 缓流

10. 缓流

11. 实际底坡 0.001 2；临界底坡 0.004；缓流

12. 5.67 m;51.87%

13. （略）

14. 0.202 m

7 堰流

一、单项选择题

1. C 2. B 3. D 4. A 5. C 6. A 7. D

二、计算题

1. 0.195 m^3/s

2. 0.241 m

3. 3.68 m

4. 1.26 m

5. 堰宽 17.15 m;最大下游水深 4.09 m

6. 1.18 m

7. （略）

8 渗流

一、单项选择题

1. D 2. A 3. B 4. D

二、计算题

1. 0.173×10^{-3} m/s

2. 5.157×10^{-4} m^3/s

3. 1.75 m^3/d

4. 0.001 47 m/s；1 020 m

5. 1.022×10^{-3} m/s

6. 2.52 m

9 量纲分析和相似原理

一、单项选择题

1. C   2. C   3. B   4. A   5. C

二、计算题

1. $s = kgt^2$，k 由实验确定

2. $Q = k_2 \dfrac{\Delta p}{l} \dfrac{r^4}{\mu}$，$k_2$ 为系数

3. （略）

4. 1

5. 5.443 mm；   0.526 m/s

10 可压缩气体的一元流动

一、单项选择题

1. D   2. A   3. D   4. D   5. C

二、计算题

1. 0.96；1.12

2. 225.1 m/s

3. $c_0 = 343.1$ m/s；$c = 323$ m/s；$v = 258.4$ m/s；$p = 262.5$ kPa

4. （略）

5. （略）

6. （略）

参考文献

［1］毛根海. 应用流体力学［M］. 北京：高等教育出版社，2006

［2］吴持恭. 水力学（第4版）［M］. 北京：高等教育出版社，2008

［3］刘鹤年. 流体力学（第2版）［M］. 北京：中国建筑工业出版社，2009

［4］施永生，徐向荣. 流体力学［M］. 北京：科学出版社，2005

［5］李玉柱，苑明顺. 流体力学（第2版）［M］. 北京：高等教育出版社，2008

［6］禹华谦. 工程流体力学（水力学）（第2版）［M］. 成都：西南交通大学出版社，2007

［7］程军，赵毅山. 流体力学学习方法及解题指导［M］. 上海：同济大学出版社，2004

［8］赵振兴，何建京. 水力学［M］. 北京：清华大学出版社，2005

［9］吴望一. 流体力学［M］. 北京：北京大学出版社，2004

［10］蔡增基. 流体力学学习辅导与习题精解［M］. 北京：中国建筑工业出版社，2007

［11］杜扬. 流体力学［M］. 北京：中国石化出版社，2008

［12］FINNEMORE E J，FRANZINI J B. Fluid Mechanics with Engineering Application ［M］. 10th ed. New York：McGraw-Hill Companies，2002

［13］刘树红，吴玉林. 水力机械流体力学基础［M］. 北京：水利水电出版社，2007

［14］陈义良. 物理流体力学［M］. 合肥：中国科技大学出版社，2008

［15］华腾教育教学与研究中心. 流体力学同步辅导及习题全解［M］. 北京：中国矿业大学出版社，2006

［16］陈玉璞，等. 流体动力学［M］. 南京：河海大学出版社，1990